Critical Thinking Skills
Third Edition

批判性思维训练手册

第三版

[英] 斯特拉·科特雷尔 著
丁国宗 译

中国友谊出版公司

图书在版编目（CIP）数据

批判性思维训练手册：第三版/（英）斯特拉·科特雷尔著；丁国宗译. -- 北京：中国友谊出版公司，2023.1（2023.6 重印）

ISBN 978-7-5057-5563-5

Ⅰ.①批… Ⅱ.①斯…②丁… Ⅲ.①大学生—思维方法—手册 Ⅳ.① B804-62

中国版本图书馆 CIP 数据核字 (2022) 第 161339 号

著作权合同登记号　图字：01-2022-6498

Text © Stella Cottrell, 2005, 2011, 2017
Illustrations © Stella Cottrell and Macmillan Publishers Ltd 2005, 2011, 2017
This translation of Critical Thinking Skills, Third Edition is published by arrangement with Bloomsbury Publishing Plc.

书名	批判性思维训练手册：第三版
作者	[英]斯特拉·科特雷尔
译者	丁国宗
出版	中国友谊出版公司
发行	中国友谊出版公司
经销	新华书店
印刷	北京天宇万达印刷有限公司
规格	787×1092 毫米　16 开 26.5 印张　529 千字
版次	2023 年 1 月第 1 版
印次	2023 年 6 月第 2 次印刷
书号	ISBN 978-7-5057-5563-5
定价	118.00 元
地址	北京市朝阳区西坝河南里 17 号楼
邮编	100028
电话	（010）64678009

目 录

序 言
第 1 节　批判性思维重要吗？　II
第 2 节　内容概要　III
第 3 节　术语　VII

第一章　批判性思维是什么？
第 1 节　批判性思维是什么？　3
第 2 节　推理　4
第 3 节　为什么要培养批判性思维能力？　6
第 4 节　基本的能力和态度　7
第 5 节　对准确判断的自我意识　8
第 6 节　个人的批判性思考策略　9
第 7 节　学术中的批判性思维　11
第 8 节　批判性思维的障碍　14
第 9 节　批判性思维：知识、技巧和态度　17
第 10 节　优先拓展项：提高批判性思维能力　18
本章小结　21

第二章　你擅长思考吗？
　　　　——提高你的思维能力
第 1 节　评估你的思维能力　25

第 2 节　集中注意力　32
第 3 节　分类　38
第 4 节　精读　41

第三章　他们的观点是什么？
　　　　——识别论辩
第 1 节　作者的立场　49
第 2 节　论辩：以理服人　51
第 3 节　识别论辩　53
第 4 节　找出结论　60
第 5 节　总结论辩的特征　61
本章小结　63

第四章　这是论辩吗？
　　　　——论辩与非论辩
第 1 节　论辩与分歧　67
第 2 节　非论辩　69
第 3 节　区分论辩和其他的信息　74
本章小结　78

第五章　他们说得怎么样？
　　　　——清晰、一致与结构
第 1 节　作者的立场有多清晰？　83
第 2 节　内部一致性　84

目 录

第 3 节　逻辑一致性　87
第 4 节　联合理由和独立理由　90
第 5 节　过渡结论　93
第 6 节　作为理由的过渡结论　95
第 7 节　总结性结论和逻辑性结论　97
第 8 节　逻辑顺序　100
本章小结　103

第六章　读懂言外之意
——识别潜在假设和隐式论辩

第 1 节　假设　107
第 2 节　识别隐藏的假设　109
第 3 节　被用作理由的隐藏假设　111
第 4 节　假前提　113
第 5 节　隐式论辩　116
第 6 节　外延和内涵　119
本章小结　125

第七章　这说得通吗？
——找出论辩的缺陷

第 1 节　假定因果关系　129
第 2 节　相关性与虚假相关性　130
第 3 节　不符合必要条件　133
第 4 节　不满足充分条件　135
第 5 节　虚假类比　138
第 6 节　偏离方向、共谋和排除　141
第 7 节　其他有缺陷的论辩类型　142
第 8 节　虚假陈述和琐碎化　146
本章小结　150

第八章　证据在哪里？
——寻找证据来源并进行评估

第 1 节　一手资料和二手资料　155
第 2 节　寻找证据　156
第 3 节　文献检索　157
第 4 节　可靠的信息来源　159
第 5 节　真实性和有效性　160
第 6 节　通用性和可靠性　162
第 7 节　选择最佳证据　163
第 8 节　相关证据和无关证据　165
第 9 节　有代表性的样本　168
第 10 节　确定性和可能性　170
第 11 节　样本量及统计　172
第 12 节　过度概括　173
第 13 节　控制变量　175
第 14 节　事实和意见　176
第 15 节　目击证人的证词　178
第 16 节　三角互证法　180
第 17 节　评估证据体系　181
本章小结　182

第九章　批判性阅读和做笔记
——对原始资料的选择、解释与记录

第 1 节　批判性阅读的准备　187
第 2 节　辨认理论视角　188
第 3 节　理论与论辩的关系　189
第 4 节　分类与选择　191
第 5 节　准确解读阅读的内容　193

第 6 节　做笔记以支持批判性阅读　194

第 7 节　有目的地阅读与做笔记　196

第 8 节　简洁的批判性笔记：分析论辩　198

第 9 节　简洁的批判性笔记：书籍　199

第 10 节　简洁的批判性笔记：文章和论文　200

第 11 节　做笔记时的批判性选择　201

第 12 节　记录信息来源　206

本章小结　209

第十章　批判分析型写作
——写作时的批判性思维

第 1 节　批判分析型写作的特点　213

第 2 节　为受众设置情境　215

第 3 节　参考文献的撰写　218

第 4 节　用来介绍推理线的词汇　220

第 5 节　用来强化推理线的词汇　221

第 6 节　标示不同的观点　222

第 7 节　用来指示结论的词汇　225

第 8 节　用来构建推理线的词汇和短语　226

第 9 节　得出试探性的结论　227

第 10 节　对论文的批判性分析：论文题目　230

第 11 节　题目中使用的学术关键词　231

第 12 节　对论文的批判性分析：阅读　232

第 13 节　批判分析型写作：引言　234

第 14 节　结构化论辩：论文的正文部分　236

第 15 节　结论：整合论辩　237

第 16 节　引用和参考文献　239

第 17 节　参考文献中应该包括什么？　241

本章小结　242

第十一章　分析在哪里？
——评估批判性写作

第 1 节　论文 1 的评估清单　247

第 2 节　论文 1　248

第 3 节　对论文 1 的评估　249

第 4 节　对论文 1 的评论　251

第 5 节　论文 2 的评估清单　253

第 6 节　论文 2　254

第 7 节　对论文 2 的评估　257

第 8 节　对论文 2 的评论　258

第 9 节　评估你的批判性写作　260

本章小结　263

第十二章　批判性反思

第 1 节　什么是批判性反思？　267

第 2 节　为什么要进行批判性反思？　270

第 3 节　确定你的方法和目的　271

第 4 节　总结：确定你的方法和目的　277

第 5 节　提纲：反思的方法　279

第 6 节　第一阶段反思和第二阶段反思　281

第 7 节　反思模型　285

第 8 节　确定你的反思模型　287

第 9 节　批判性反思的核心模型　289

第 10 节　将反思应用于专业实践　292

第 11 节　反思和专业判断　293

第 12 节　批判性反思的优劣　*295*

第 13 节　向他人展示你的反思　*297*

本章小结　*299*

第十三章　对未来职业和就业能力的批判性思考

第 1 节　批判地思考生活和规划职业　*303*

第 2 节　自我评估：批判地思考你的职业道路　*306*

第 3 节　批判地思考你的职业——采取行动　*309*

第 4 节　在求职时运用批判性思维　*310*

第 5 节　批判地考虑最适合你的工作　*311*

第 6 节　使用线索：雇主提供的信息　*313*

第 7 节　求职者的错误　*315*

第 8 节　雇主对批判性思维能力的需求　*319*

第 9 节　如何在工作中应用批判性思维？　*320*

第 10 节　向雇主展示批判性思维能力　*322*

第 11 节　检查表：求职时的批判性自我评估　*324*

本章小结　*326*

附　录

附录 1　第八、九、十一章的练习材料　*330*

附录 2　长文本的练习　*337*

附录 3　练习的答案　*381*

附录 4　在线检索文献：精选的搜索引擎和数据库　*400*

参考文献　401

致　谢　408

序　言

在批判性思维方面，没有人是绝对的初学者。我们大多数日常活动都需要用到一些基本的批判性思维能力，比如：

- 想清楚我们是否相信自己的所见所闻。
- 想办法确认某件事情的真实性。
- 在被怀疑时为自己辩护。

然而，能够批判地进行思考，并不意味着我们一直在批判地思考，也不意味着我们拥有很好的批判性思维能力。这很正常，因为我们并不需要批判地思考所有事物。

我们对日常生活中的事物已经有了一定程度的信任，因而不需要反复检查、确认每一个细节。当新情况出现时，我们需要判断自己需要多少新信息，思考自己可以接受多大程度的未知与怀疑。面对不同的处境，我们需要不同的知识，这些知识的类型、难度各不相同。比如，简单地打开灯、发明一种新的电路形式，或者医治触电的人，这三个任务就需要截然不同的知识，与之相应的批判性思维则包括：

- 在需要获取更多信息时，进行准确的判断。
- 高效地筛选出类型恰当、难度合适的信息。
- 在特定的情况下，运用恰当的批判性分析技巧。

这本书会帮助你提高批判性思维能力。

没有展现出什么批判性……

第 1 节　批判性思维重要吗？

批判性思维能力对于各个年龄段的人都非常重要，它适用于各种各样的情况。哪怕在日常生活中，运用批判性思维，也有许多益处。

完善批判性思维能力可以给人带来许多好处，比如：
- 在观看视频、阅读书籍等活动中汲取更多的知识。
- 更善于分辨别人的说法是否前后不一或妄下结论。
- 更快地发现对过往的问题、故事和案例的其他解释。
- 更快、更清晰地形成对问题的看法。

大多数专业领域的成功都需要优秀的批判性思维能力。不同级别的学术研究，也要求着越来越复杂的批判性思维水平。在工作和学习中，你可能需要在下面这些方面应用批判性思维能力：
- 所见所闻以及所做的事情。
- 阅读的材料。
- 对新情况、新事件的解释。
- 用文字或口头表达的内容。
- 学习和专业实践。

第 2 节　内容概要

1. 本书的目的

本书旨在帮助受众理解批判性思维的含义，并提高相关能力。这些能力对向更高层次的学术研究发展来说至关重要。批判性思维的基本概念可以帮助我们：

- 理解批判性思维中使用的概念。
- 培养更清晰的思维。
- 更有效地解释和提出论辩。
- 对自己的所见所闻更有洞察力。

本书不是对抽象推理或逻辑的高级研究，它主要侧重于可以在工作和学习中直接应用的批判性思维，帮助你反思自己的思维方式。关于抽象推理或逻辑方面的内容，你可以参考艾伦·加纳姆和简·奥克希尔的《思考与推理》(*Thinking and Reasoning*)，以及亚历克·费希尔的《论辩的逻辑》(*The Logic of Real Arguments*)。本书关注的是清晰思维的基础知识。

2. 写给批判性思维的初学者

本书将以实用的方式帮助你：

- 认识并理解批判性思维中的术语，让你能够听得懂这些术语并可以自己运用。
- 建立起运用批判性思维能力的信心。
- 仔细剖析其他人提出的意见、观点和论辩。
- 在合适的情况下，有理有据地驳斥他人的观点。

3. 写给学生

你会发现这本书特别有助于培养以下能力：

- 识别专业人士的观点。
- 更快找到文本中的关键论辩。
- 与同学或者专家进行辩论。
- 写出更好的批判性分析文章。
- 认识到批判性分析与其他类型的写作（如描写）之间的区别。

4. 本书的练习

批判性思维是一种思维活动，只进行阅读是不够的，它必须被实践。本书提供了一些练习，帮助你应用书中的知识，以锻炼相关的能力。在完成一个新概念的一两个练习后，你可能会觉得这个部分非常容易。如果是这样，就进入下一个部分。不过，许多人一开始会觉得批判性思维很难入门。如果你也是这样，请放心，它会随着练习而变得容易。

练习的答案在紧随其后的评论或附录 3 中。答案部分除了正确答案外，还解释了其背后的原因，以便进一步展开已经练习过的内容。它们有助于澄清你对批判性思维的理解。

书中的示例和练习材料涉及的话题很广泛，不过你并不需要掌握相关领域的专业知识。无论你的学科或兴趣领域是什么，都可以完成所有的练习，因为它们只要求你对所提供的材料进行批判性思考。

5. 本书的例文

（1）例文的作用

书中所有的例文都是特别设计的，以阐明每一章的要点，并提供练习的材料。这些例文借鉴了许多学科的知识，不过你不需要了解这些学科就能够读懂例文。

本书的例文都是原创的，不过有些借鉴了别人的写作材料。对于这一类例文，章节末尾会给出原始资料的详细信息，以便你能够进一步了解自己感兴趣的话题。

（2）短例文和长例文

本书大部分章节的例文都很短（尤其是前面几章），这是为了介绍新的学习要点，让你能够快速了解、应用这些要点。通常情况下，每个学习点都会提供三个以上的例子，因为三次是掌握新知识所需的最小练习次数。

在文章、书籍等其他阅读材料中，学习要点并不像前面几章例文那样明显。因此，你需要有意识地运用批判性思维，平衡不同的观点，权衡不同的材料，对材料进行综合思考以形成自己的判断。

第四章和第十一章提供了较长的练习例文，本书末尾也有一些，它们可以让你同时锻炼多方面的批判性思维能力。

6. 作者和受众

本书涉及批判性思维不同方面的内容，适用于各种媒介，比如书面、语音、视频。不过，为了简化文本，本书统一使用"作者"（author）和"受众"（audience）这两个词。

（1）作者

作者指通过书面、口头或者其他媒介创造信息的人。它不一定是指一本书的写作者。

（2）受众

受众指通过对话、书籍、电视、视频、播客或其他媒介接收信息的人。受众可以是观众、读者、听众或观察者。

7. 各章内容

本书从理解什么是批判性思维开始，通过在阅读和写作中运用批判性思维的策略与技巧，帮助你提高批判性思维的能力。

第一章 介绍了批判性思维，探讨了与之相关的基本技能与看法，以及提高批判性思维能力的益处。本章还强调了自我意识对做出正确判断的重要性，它能够为批判性思考带来适当的客观性。

很多人刚开始做批判性思考的练习时，会觉得它们很难。本章探讨了可能阻碍你发展批判性思维能力的障碍，以及克服这些障碍的方法。请你评估自己现在的能力，以便把重点放在书中对你最有用的那些内容上。

第二章 介绍了批判性思维的几个方面，如集中注意力、识别相似性和差异性、排序、分类和精读。这些技能是更高级的批判性思维能力和个人管理能力的基础，提高这些技能对工作和个人生活的许多方面都有益处。本章提供的材料可以帮助你评估你自己的水平，然后锻炼那些需要进一步发展的能力。

第三章 指出论辩是批判性阅读的一个核心方面。这一章介绍了批判性思维中论辩的主要特征和组成部分，并提供了识别这些不同部分的练习。这会帮助你在专业阅读中，更快地抓住重点。

第四章 建立在前三章的基础上，探讨批判性论辩和其他可能看似像论辩的写作类型（比如分歧）之间的差异。它还考察了在阅读时，如何对批判性论辩与总结、解释和描述进行区分。由于论辩可能会被其他细节掩盖，本章提供了识别主要论辩的练习，让你更容易抓住主要内容。这些技巧也有助于提高阅读的速度和准确性,并帮助你判断自己文章中的论辩是否清晰。

第五章 重点论述了推理的质量。这一章的练习将帮助你评估作者如何在结构、逻辑顺序、内部一致性、理由相互支持的方式,以及过渡结论的使用等方面表达他们的论辩。理解论辩的结构,既有利于提高阅读效率,也有助于构建自己的论辩。

第六章和第七章 帮助你学习分析论辩细节的技巧。这些技巧可以让你更深层次地阅读文章、解释论辩。这对评估学术观点尤其重要,例如,检验你是否理解合同的含义,或是否捕捉到观点之间的细微差别。如果你掌握了这些技巧,你将能够更好地参与到专家所提问题的论辩中,检查他们所说的内容是否一致,以及他们的论辩是否包含隐晦的缺陷。

第六章 关注言外之意,找出作者没有直接表达的立场和观点,这包括潜在假设和隐式论辩。这一章还探讨了作为论辩依据的前提的含义,以及如何识别假前提。最后,本章探讨了外延和内涵的定义,以及在论辩中识别内涵的重要性。

第七章 提供了一个评估论辩的不同视角,这次的重点是推理中的缺陷。它研究了因果之间的混淆,并介绍了"满足必要和充分条件"的概念。它还介绍了最常见的有缺陷的论辩类型,如虚假类比、情绪化的语言、同义反复和虚假陈述。

第八章 本章的重点是寻找、评估证据来源以支持论辩。它探讨了一手资料和二手资料之间的差异,研究如何进行文献检索,并为评估和选择不同类型的证据提供了标准。它还介绍了真实性、有效性、通用性、可靠性等概念。本章还探讨了一系列用于确保证据可靠的方法,如检查具有代表性的样本大小、概率级别,以及对证据进行三角化分析。

第九章 探讨了批判性思维在阅读和记录方面的具体运用方式,如对批判性阅读的内容进行定位、做出准确的解释、如何对材料进行分类和选择以确保更高效率的阅读与记录。它考察了理论与论辩的关系,并研究了理论分类的方法,以便比较不同的论辩过程。本章还强调注意证据来源的重要性,这是批判性记录的一个重要方面。

下面两章重点介绍了批判性思考在写作中的应用。

第十章 介绍了批判性写作的特点,强调了关注潜在受众以及为潜在受众设定情境的重要性。它详细地介绍了如何构建和标记论辩,以便受众清楚地了解论辩正处于哪个阶段并分辨出论辩的方向。批判性写作使用试探性的语言来表达结论,这一点也得到了检验。本章具体地探讨了如何将批判性思维运用到论文写作的各个阶段中。

第十一章 提供了评估两篇批判性文章的机会。本章的重点不在于确定和评估论辩,而是评估较长的文章。这两篇文章在批判性分析写作惯例的应用上有效程度有所区别。清单和评论可以帮助你完成任务并检查自己的回答。另一份清单是备选工具,供你使用或调整，来评估你自己的批判性写作。

第十二章 从不同的角度探讨批判性思维。批判性反思被越来越多地应用于工作和学习中。这一章提供了应对这种批判性任务的具体方法，引导你完成规划反思的步骤，以一种批判性的方式将个人经验与理论、实践联系起来，并对这些内容进行巧妙地评估。

第十三章 关注的是求职时运用批判性思维的技巧。它着眼于批判性思维与职业道路相关的各种方式，从如何选择到如何申请自己的工作，帮助你找到最合适的工作。这一章探讨了雇主对员工在运用批判性思维能力方面的需求，以及求职者相关的错漏之处。

> **提示：批判性反思**
> - 反思每一章的观点以及你目前处理这些问题的方法，会对你的学习和工作有很大益处。
> - 在阅读某一章节时，不时地停下来思考这些内容将对你的学习、写作或专业工作有何帮助，你会有更多的收获。
> - 花点时间停下来思考关键点的含义，会帮助你看到材料和批判性技巧对你的工作或学习有怎样的意义。
>
> 你可以在文本的不同地方随时停下，以思考某个特定的问题。你也可以记下你的想法，它能够帮助你形成和澄清自己的思路。为你的反思活动准备一个轻便的笔记本会很有用，当然，你也可以在你的设备上设置一个文件夹或笔记页来进行记录。

第3节 术语

在学习论辩时，会使用一些特定的术语。下面列出了一些学习批判性思维的初始阶段应当掌握的术语：

论辩（argument[①]）：用理由来支持一个观点，以说服已知或未知的受众。论辩可能包含分歧，但如果该分歧是基于理由的，就不仅仅是分歧。

[①] 本书中，"argument"一词有多种含义，既可指"论辩"，也可指"论点"。——编者注

总论点（the overall argument）：总论点代表了作者的立场。它由辅助论点或理由组成。"推理线"这个术语指的是为支持总论点而构建的一组理由或辅助论点。

辅助论点（contributing arguments）：单独的理由被称为论点或辅助论点。

断言（assertions）：不提供任何支持性证据或理由而做出的陈述。断言可能是真的，也可能是假的。

结论（conclusion）：推理应该指向一个终点，这就是结论。结论通常应与作者的主要立场密切相关。在批判性思维中，结论通常是从理由或证据中得出的推论，一篇文章的最后一部分常被称为结论。

过渡结论（intermediate conclusions）：作者可以在论辩过程中得出过渡结论，然后得出最终结论。每个过渡结论都只是基于一些证据或一组特定的理由，它们可为论辩的下一阶段提供证据或理由。

内部一致性（internal consistency）：当推理的所有部分都有助于得出结论时，论辩在内部就是一致的，在这样的论辩中，没有任何东西会反驳或破坏主要的信息。内部一致的论辩，可能在其他方面仍然是不一致的，例如与证据不一致或与该领域专家的意见不一致。

逻辑一致性（logical consistency）：当所有的理由都符合逻辑规律时，论辩在逻辑上是一致的，也就是说，每个论辩都以最佳顺序与前面或后面的论辩相关联，以支持一个案例。逻辑上一致的论辩在内部是一致的。在逻辑上一致的论辩中，理由是支持结论的。

推论（discursive）：推论性的写作发展和阐述一个论辩，沿着特定的方向从一个点到下一个点，依次得出结论。它以一种深思熟虑的方式，批判性地运用了基础证据和他人的论辩，总结其意义。

推理线（line of reasoning）：推理线是根据理由和证据呈现的顺序建立起来的。这个顺序应该让受众明白论辩如何被阐释，以及论辩的结构是什么。推理线有明确的方向，一条推理明显地指向下一条，而不是随意地从一个点跳到另一个点，让受众原地打转。

逻辑顺序（logical order）：好的论辩以清晰的结构呈现理由和证据，从而让信息建立在已经陈述过的内容基础上。参见"推理线"。

立场（position）：由推理支持的观点。

根本前提（predicate）：论辩的基础，论辩的目的，基本的观点，作为论辩基础的假设。例如"这个论辩以马克思主义对财富的解释为基础""这个项目以犯人无罪的假设为基础"。

前提（premises）：被认为是真的观点，用作论辩的基础；它还是论辩的基本组成部分，也即相信结论正确的原因。没有充分根据的前提被称为假前提。

命题（proposition）：被认为是正确的陈述，作为论据或理由供受众考虑。一个命题可能是正确的，也可能是错的。

理由（reasons）：为支持总论点或推理线而提出的辅助论点。

独立理由（independent reasons）：作者可以使用几个理由来支持结论，每一个理由本身可能是有效的，但与其他理由无关。

联合理由（joint reasons）：多个理由彼此之间相互关联、相互补充，并被用来支持一个论辩。

重要性（salience）："重要"仅仅意味着"与论辩相关"。

实质性观点（substantive point）：被提出的中心观点，或论辩的核心。当关键信息变得模糊的时候，特别是当一个论辩被转移到更小的问题上时，这个表达可以让受众把注意力集中在要点上。

同义反复（tautology）：作者用不同的语言表达相同的观点而出现的不必要的重复。例如，在拙劣的论辩中，当第一个理由只是以不同的方式重新出现时，作者可能会用同义反复来使其看起来好像有两个理由支持一个结论。

示例：关键术语的应用

- **命题 1**：探险队中有一名队员可能患有肺炎。
- **命题 2**：该地区预计会有一场强暴风雨。
- **命题 3**：在某些暴风雨中，山坡可能会很危险。
- **命题 4**：团队中的一些成员不熟悉这个地区，或不善于登山运动。
- **结论**：现在不是开始登山探险的好时机。

前提

现在不是探险队进入山区的好时机，因为预计会有暴风雨，而一些探险队员的健康状况和登山经验无法应对这一情况。

假前提

反对进行这次探险的论辩听起来很有说服力。然而，它可能是基于错误的前提：暴风雨可能不会来临，危险可能被夸大了；登山团队可能比描述的更有经验；或者团队成员可能只是轻微感冒。在这种情况下，反对发起这次探险的论辩是基于假前提。

根本前提

反对探险的论辩是基于这样一种假设，即探险队成员的安全应优先于探险的需求。

重要性

在是否进行这次探险的论辩中,安全问题是重要的。其他的事情可能对这个论辩来说不是很重要。例如,一个队员20年前在学校擅长运动,或者昨天打嗝,这些事实在讨论中可能并不重要。

第一章

批判性思维是什么？

学习目标

- 理解批判性思维是什么。
- 认识培养批判性思维能力的益处。
- 认识与批判性思维相关的个人品质。
- 认识培养良好批判性思维能力的障碍。
- 评估你当前对批判性思维的理解，并确定你需要改进的重点。

概述

本章是批判性思维的综合介绍。它考察了什么是批判性思维，与之相关的技巧以及阻碍批判性思维有效发展的障碍。许多人可能会觉得自己很难以合乎逻辑、一致且合理的方式来组织语言并表达自己的想法。本书认为，通过理解批判性思维的内涵和反复的练习，批判性思维能力可以被提高。

批判性思维是一种与思维运用相关的认知活动。学习以批判性分析、评估的方式思考，意味着要运用注意力、分类、选择和判断等思维能力。然而，很多有潜力的人，在批判性思维的发展上受到了阻碍，尤其是个人和情感方面的阻碍。

在本章的学习中，请思考：这些障碍会在多大程度上影响你的思考能力？你打算如何克服这些障碍？

第 1 节　批判性思维是什么？

> **提示：批判性思维是一个过程**
> 批判性思维是一个复杂的思考过程，涉及大量的内容，包括：
> - 辨认其他人的立场、论点和结论。
> - 评估不同的证据。
> - 公平地权衡与自己对立的论辩和证据。
> - 能够读懂言外之意，看到表面背后的东西，识别错误或不公正的假设。
> - 识别使某些立场比其他立场更具吸引力的技巧，例如错误的逻辑和劝说手段。
> - 有条理地思考问题，具有逻辑性和洞察力。
> - 在充分的证据与合理假设的基础上，判断论辩是否有效、公正。
> - 整合信息：汇总你对证据的判断以形成自己的新立场。
> - 以有条理、清晰、合理的方式表达观点，使其他人信服。

1. 怀疑与信任

恩尼斯指出了一系列与批判性思维相关的品质与能力，主要集中在：

- 怀疑地进行反思。
- 理性地进行思考。

在批判性思维中，"怀疑主义"指的是在思考时要保持一丝"礼貌"的怀疑。它并不意味着你要质疑一切，而是说，你在某一特定时间所知道的事情，可能只是事实的一部分。

批判性思维让你能够建设性地运用怀疑来分析眼前的事物，从而帮助你更好、更明智地判断某件事是否真实有效。为了正常生活，我们必须接受这个世界上至少有一些事物是真实的，这就需要信任。如果我们能够清楚地分析那些被我们判断为真实的事物，知晓它们的基础，我们就能更好地辨别什么时候信任是合理的、什么时候怀疑是有用的。

2. 批判性思维是一种方法，而非个性

有些人似乎天生多疑，而另一些人则更容易相信他人。这种差异可能是由过去的经验或个性导致的。然而，批判性思维并不是一种个性，它是一套以特定方式寻找证据的方法。多疑的人可以运用批判性思维来帮助自己相信结果的可能性，容易轻信的人则可以通过批判性思维建设性地使用怀疑。

3. 批判性思维与论辩

批判性思维的中心通常被认为是"论辩"。第三章阐明了批判性思维中论辩的特征，论辩在一定程度上指的是通过演讲、写作、表演等媒介传达出的信息。批判性思维帮助你更准确地识别或隐或显的信息，理解论辩的构建过程。

第 2 节　推理

1. 知晓自己的理由

批判性思维与推理有关，或者说，与理性思维能力有关。理性的意思是运用理由来解决问题。推理从我们自身开始，包括：

- 知道自身信念及行为的根据。
- 批判性地评估我们的信念和行为。
- 能够向他人展示我们的信念和行为的原因。

这听起来很容易，因为我们都理所当然地觉得自己知道自己的信念和原因。直到有人质疑我们为什么相信某事的时候，我们才会发现，自己没有真正想清楚所见所闻究竟是事情的全貌还是冰山一角，我们还可能会发现，自己原本以为是正确的东西，其实经不起推敲。

检验我们自身信念和推理的基础非常重要，这会帮助我们进行批判性分析。

2. 质疑自己的假设

我们的大脑喜欢假设自己是对的。研究表明，我们天生就会做出快速的假设——用

最简单的方法得出最有可能的结论，而不是放慢速度来细细检查自己的推理过程（卡内曼，2011）。这意味着我们很容易忽略重要的信息及相关事项。

关注我们的推理过程并系统地检查这一过程的基础，可以帮助我们发现自己的假设。当我们更了解这些假设时，我们才能够系统地检验它们。

3. 批判性分析他人的推理

批判性推理通常包括分析他人的推理，这既需要抓住总论点，也需要对总论点进行细致的分析和评估。

> **提示**
>
> 批判性地分析他人的推理包括：
> - 确定理由和结论。
> - 分析他们如何选择、组合、整理理由以构建推理线。
> - 评估理由是否支持结论。
> - 评估理由是否有充分的依据。
> - 辨别推理中的缺陷。

4. 构建并呈现推理

推理包括分析证据并从中得出结论，证据要支持结论。例如，我们认为今天很冷，不同意的人可能会问我们为什么这么想，我们可以使用温度计数值和天气状况来作为证据，相应的理由就是温度很低且地面有冰。

我们每天都在使用这样的基础推理。在学术和专业工作中，我们通常被要求使用正式的结构来呈现推理，如论文或者带有建议的报告。这需要额外的技能，比如：
- 选择并组织理由来支持结论。
- 以一致的方式陈述论辩。
- 遵循逻辑顺序。
- 有效地措辞以呈现推理线。

第 3 节　为什么要培养批判性思维能力？

1. 塑造我们的思维

如前文所述，我们很容易以为自己了解事情的全貌、知道正确的答案或最佳解决方案，但事实并非如此。我们也常常重复自己听到、读到的东西，却不进行任何思考。当我们只是在陈述那些我们认为不证自明的事情时，我们会觉得自己在使用批判性思维能力。

这些想法会导致较差的理解力、无意识的偏见、不公平以及错误的判断。其中大多数问题不大，但有些可能会造成严重的后果。批判性意识使我们的思维更加敏锐，这样我们就能更好地判断何时需要放慢速度，以对我们的思维过程和行为进行更系统的反思。

2. 辅助学术和职业生活

知识的发展、专业实践的进步需要你认识到现状如何以及哪些方面可以得到改进。这就要求你能够分析现有的知识，把它还原成像事实、证据、方法、假设之类的部分。

学术和调查研究要求我们放慢对信息的处理速度。使用批判性思维的方法并听取同伴的反馈有助于我们识别推理的缺陷。这将影响我们思维和行动的速度、准确性、效率和公平性。

3. 准确评判自己

如果运用得当，好的批判性思维能力可以帮助我们对自己的能力、兴趣和思维过程做出更加现实且准确的评价。这有助于我们在找工作、继续深造或选择人生时，做出更适合自己的决定。

> **提示**
>
> 良好的批判能力能够帮助你：
>
> - 识别自己和他人的假设。
> - 发现需要进一步调查的不一致处和潜在的错误。
> - 做出公平、合理的决策。
> - 避免被误导或欺骗。
> - 注意到相关的、重要的内容，因而节省时间和精力。
> - 更精确地完成任务。
> - 更清晰地思考和沟通。
> - 更好地解决问题，如确定需要改进的地方、评估潜在的解决方案。
> - 能够采取系统的方法，确保要素不被忽视。
> - 提高分析复杂信息的速度和准确性。
> - 有信心面对更复杂的问题和挑战。
> - 从不同的视角看待世界更多的可能性，具有更敏锐的意识。

第 4 节　基本的能力和态度

批判性思考很少发生在"真空"中，更高层次的批判性思维能力通常需要以下的能力和态度。

1. 基本的思维能力

批判性思维需要多种能力，如分类、选择、区分、比较和对比。第二章会进一步介绍它们。

2. 知识和调研

善于批判性思考的人，不需要太多的背景知识，就能够发现论辩的问题。但背景知识对于批判性思维确实有帮助。调查某一话题的背景信息，能够帮助你判断相关的事实、替代性的解释和观点是否已经被充分考虑。

3. 情绪管理

批判性思维听起来十分冷静，但它可以饱含情感，甚至是强烈的激情。这不难设想，毕竟推理要求我们在相反的观点之间做出决定。我们可能会不喜欢那些与自己的观点或信念相矛盾的证据。如果这些证据指向一个出乎意料且具有挑战性的方向，可能会引起意想不到的愤怒、沮丧或焦虑。

学术界通常喜欢认为自己只讲逻辑、不涉感情，所以一旦出现情绪，他们就会陷入困境。在这种情况下，管理好自己的情绪是很有用的能力。如果你能保持冷静，富有逻辑地陈述你的理由，你就能以令人信服的方式更好地论证你的观点。

> **提示：坚持、准确和精细**
>
> 批判性思维要准确和精细，可能需要你努力找到正确的答案。它包括：
>
> - 注意细节，记录那些能让你更好地了解整个问题的小线索。
> - 识别趋势和模式。可以通过仔细地了解信息、分析数据或识别重复和相似性来实现。
> - 重复。反复查看同一个地方，确保没有遗漏任何内容。
> - 采取不同视角。从多个角度审视同一信息。
> - 客观性。把自己的喜好、信念和兴趣放在一边，以获得最准确的结果和更深层次的理解。
> - 考虑影响和长远的后果。例如，一个在短期内看起来不错的想法，可能会产生不那么理想的长期影响。

> **反思：管理自己的情绪**
>
> - 当你遇到反对自己的意见时，什么情绪最难控制？
> - 你打算如何处理这个问题？

第 5 节 对准确判断的自我意识

好的批判性思维需要做出准确的判断。前面提到过，如果我们不能完全地了解影响我们判断的因素，我们就无法做出准确的判断。这些因素包括我们自己的假设、偏见、喜恶、信念，那些我们想当然地认为正常而可接受的东西，以及我们从未质疑过的、关于我们自己和世界的一切。

善于批判性思考的人往往有很强的自我意识。他们反思和评估自己的个人动机、兴趣、偏见、专业和知识上的差距。他们质疑自己的观点，并检查支持观点的证据。

变得更有自我意识需要勇气。发现自己不知道的事情会让人不安，因为大多数人都愿意认为自己了解自己。质疑我们的信念体系也是一个挑战。我们认为这些都是我们自身的一部分，如果我们觉得自己受到质疑，就会感到不安。

此外，批判性思维可能会让你在朋友、家人或同事中显得孤立，因为没有人能像你那样理解这些证据。为一种不同的观点争辩也需要勇气，当这种观点可能是错误的时候，就更是如此。

反思：影响思考的因素

- 有哪些因素在影响你的思考，让你无法做出准确的判断？
- 你将怎么应对这些因素呢？

反思：质疑他人观点

- 是什么在阻碍你，让你难以质疑他人的观点？
- 你打算怎么处理它们呢？

第 6 节　个人的批判性思考策略

下面，三位演讲者分别描述了他们对批判性思考的看法。

示例 1

- 我会先快速地浏览一遍，对文本有一个整体印象，同时留意我的第一反应，看它究竟是正确的还是与我相信的东西相矛盾。
- 我将所读的内容与我对这个话题已知的东西以及过去的经历相比较。
- 我一边读一边进行总结，把总论点记在脑中，以理解后续的内容。
- 我试图找出作者的立场或观点，一直在脑海中问："他想告诉我什么？"

- 当我阅读时，我会检查每个部分，追问自己是否知道它的含义。如果不知道，我会再检查一次，有时候第二次阅读会让含义更清楚。如果还不清楚，我会提醒自己稍后再来思考，因为这篇文章的其余部分可能会使它更清楚。
- 然后我会更仔细地阅读，看看作者提出的论据，检查我是否被这些论据说服。
- 如果我被说服了，我会考虑原因。是因为作者引用该领域专家的观点吗？文章中是否有看起来确实有说服力的研究证据？
- 如果我没有被说服，原因是什么呢？我会考虑是直觉层面的原因，还是有其他的原因。如果依靠的是直觉，我会检查自己是否有确凿的证据，比如我是否读过其他与之相矛盾的材料。
- 在此基础上，我会形成自己的立场。我会检查自己的观点是否有说服力，并思考：如果遭到质疑，我能坚持这个立场吗？

在这里，演讲者描述了一种以批判性的方式阅读和分析文章的总体策略。最后一点指的是，综合现有的材料以创造一个个人的立场，并对这一立场进行批判性分析。

示例2指出，在进行阅读时，除了文本或材料上的文字之外，还需要考虑到更广泛的背景及其他因素。

示例2
我花很大的精力寻找问题的核心：这篇文章到底说了什么，为什么这么说？答案可能不在文本中，它存在于更广泛的争论、文化冲突的历史中。令我惊讶的是，更广泛的背景、流行的争议，甚至是想要当众说出流行语的愿望，都会对一篇文章的真正含义产生影响。

第三位演讲者同意前两位的观点，但补充了一个维度。分析性的阅读让人能够关注细节，并考虑到许多不同的角度，这样就会衍生出大量的证据或一长串可供考虑的观点。批判性分析的一个重要方面就是对这丰富的信息进行筛选，并判断出什么是最重要的。

示例3
关键是能够在树林之中看到木材，也就是说，在一大堆不太相关的信息中找出什么是相关的。只有理解是不够的，你必须不断地评估它是否准确、是否触及问题的核心、是否是问题最重要的方面、是否是最好的例子，以及你对它的评判是否公正。

这三个例子说明了批判性思维过程的不同方面：
- 分析材料的策略。
- 理解更广泛的背景。
- 评估和选择的方法。
- 对自己的理解、解释和评价进行自我评估。

第 7 节　学术中的批判性思维

1. 理解力的发展

学生需要提高批判性思维能力，以挖掘学科知识中更深层次的内容，这样就能够通过研讨会、讲座或论文的方式，参与到学科主要理论和观点的讨论之中。

想要真正理解某个问题，最好的方法就是我们自己动手来对这个问题做基础研究。但是，作为本科生，我们没有时间对自己遇到的每一个问题都进行这样的研究。很多时候，我们对问题的深入理解，并非来源于直接的个人经验、实践与实验，而是出自对他人理论的批判性分析。

因此，学生需要学会批判地评估他人的研究成果。对于有的人来说，这很容易；但还有一些人，可能会草率地使用他人的研究成果，没有对这一研究成果进行充分的批判性分析，以确认其证据和推理是否能够支持所提出的主要观点。

学生需要发展批判性地评价他人工作的能力。有些人会觉得这不难，但大多数人往往太轻易地接受或应用别人的研究结果，而没有对其进行充分的分析，以核实其证据和推理是否支持所提出的要点。例如，博德纳（1988）认为，化学专业的学生无法"将所学知识应用到学习的专业领域之外"。他们"知道"却不"理解"。博德纳建议，学生们不应该只把注意力集中在书本里的标准化学计算上，而应该去寻找"我们怎么知道？""我们为什么相信？"之类问题的答案。

博德纳的说法很可能也适用于其他专业的学生。学生以及大多数普通人都毫不怀疑地依赖他人的研究成果，但这些研究有的只是基于极少量的样本，有的推理错误，有的早已过时。基于小项目、个别案件的研究证据往往被看作是毫无争议、具有普遍性的东西，它们年复一年地被引用，好像是绝对的真理。第八章将进一步探讨如何批判性地审查和评估证据。

> **反思：你"知道"却不"理解"吗？**
> - 在博德纳对学生的描述中，你有发现自己的影子吗？
> - 他建议的方法对你的学习和理解有什么启发？

2. 兼顾优劣两面

在学术语境中，"批判"包括对优点和缺点的分析。确定优势和令人满意的方面也很重要，不仅仅要指出弱点，还要评估哪些有用、哪些没用。好的批判性分析可以解释为什么某些东西是好的或坏的，为什么它有效或失败。仅仅列出优点和缺点是不够的。

3. 批判性分析在学术活动中的普遍性

在绝大多数学术项目中，学生都需要对自己获知的信息进行合理的、有证可依的批判性分析。即使面对的是大师的研究成果，也要运用这一方法。通常情况下，任何理论、观点、数据、研究领域或学科方法都可以被批判性分析。

4. 批判性分析的对象：想法或行为，而不是个人

一方面，人的观念、作品、理论和行为之间经常是不一致的；另一方面，人又与自己的观念、作品、理论、行为等密切关联。如果你需要对同学的作业进行批判性分析，所面对的情况也会是这样。尽管如此，你还是要记住，人与自己的作品是不一样的，他们可能也会批评自己的作品。以他人可以接受的方式给出负面的评价信息，也是批判性评估中很重要的一部分。

艾尔玛一向不会说话。

5. 不是非此即彼

在日常生活中，我们会不知不觉地认为事情要么是对的，要么是错的，不是黑的就是白的。但在学术界，答案往往出现在复杂的可能性中。更高层次思考的目的之一就是解决更复杂和更精妙的问题，而这些问题往往没有直接的答案。你可能已经发现，对一个学科的了解越多，就越难给出简单的答案。

6. 处理模糊和怀疑

在互联网触手可及的情况下，我们习惯于在问题出现的几分钟内就获得答案。然而，在学术界，问题往往出现在新的领域中，你可能很多年，甚至一生都找不到它的答案。如果你已经习惯于现成的答案，这可能会让你感到不舒服。

然而，这并不意味着你就可以接受模糊的答案。如果你看一下学术期刊上的文章，你会发现学者们的争论都很激烈，往往只集中在某一话题的一个细节上，且都十分精确。学生也需要培养运用证据来支撑详细的推理线的能力，这些证据可以出自其他人的研究。

我们需要记住，在学术工作（包括对贸易和工业的专业研究）中，研究者需要探究许多问题，与此同时，他们知道：

- 可能没有明确的答案。
- 可能需要几十年才能得到答案。
- 这些问题可能只是重大问题的极小部分。

> **提示：学生的批判性思维**
>
> 作为学生，批判性思维指的是：
>
> - 找出你所探讨话题的最佳证据。
> - 评估证据在支持不同论点时的力度。
> - 判断、总结现有证据的指向。
> - 构建一条推理线，帮助受众了解证据并引导他们得出你的结论。
> - 选择最佳案例。
> - 提供证据阐释你的论点。

第 8 节　批判性思维的障碍

批判性地进行思考并不容易。障碍因人而异，但通常都是可以被克服的。本节着眼于批判性思维的一些关键性障碍，并帮助你反思，这些障碍是否影响了你的思维。

1. 误解批判的含义

有些人认为"批判"就是做出负面的评论，因此，在进行分析时，他们只提到消极的方面。这是对批判的误解。正如我们之前所说，批判性评估要求识别积极、消极两面，判断哪些有效、哪些无效。

还有些人认为批判是不好的，觉得它本质上是一种消极的行为。他们担心，如果自己善于批判，就会被大家讨厌。因此，他们避免表达任何他们觉得负面的评价，只发表积极的评论。他们无法为可以改进的地方提供反馈。这往往是一种无益的方法，因为建设性的批判可以让事情更加清晰，并帮助人们脱颖而出。

2. 高估自己的推理能力

我们大多数人都喜欢认为自己是理性的。我们倾向于相信我们自己的信念体系是最好的（否则我们就不会持有这些信念），以为我们做什么、想什么都有充分的理由。

尽管某些时候的确如此，但这并不能准确描述人类的行为。在更多的时间里，我们的思维是自动进行的。这让我们的日常生活更有效率——我们不需要

在每次刷牙时都怀疑牙刷的安全性。

然而，这很容易导致不良的思维习惯。那些简单地凭着本能进行思考的人，虽然推理能力差，却可能会认为自己的推理能力特别好，因为没人说过不好。善于在争论中取胜的人，可能误以为胜利就是优秀推理能力的证据。但其实不是这样，赢得争论可能仅仅意味着你的对手没有发现你论辩中的问题，或者出于个人原因，比如为了避免冲突而放弃争辩。这样不精准的逻辑思维，对培养升学和专业工作所需的思维能力没有帮助。

3. 缺乏方法、策略或实践

有些人很想要变得更有批判性，但却不知道具体该怎么做；另一些人没有意识到，学校和日常生活中所使用的思维方法，对于更高层次的学术和专业工作来说不够严谨。绝大多数人都可以通过实践提升自己批判性思考的能力。

4. 不愿批判专家

批判自己尊敬的学者，分析他们的著作或文章，会令人感到焦虑。让那些所知不多的学生去批判更有经验的学者的作品，看起来可能有些奇怪。有些学生甚至会觉得，批判比自己更专业的学者是难以忍受、粗鲁而荒谬的事情。

如果你也是这样，请记住，对更有经验的人提出批判是大多数院校教学活动的一部分。批判性分析是非常重要且值得肯定的行为，老师们希望学生对已有的材料提出质疑。不过，适应这种思维方式需要一定的时间。

如果你觉得自己很擅长批判性思考，不要忘了，还有很多人不擅长它。世界上很多地方的学生，都需要通过僵硬的记诵与重复来表达对专家的敬重——太极拳或空手道等武术的学习者可能会特别熟悉这种教学方式。

5. 情绪因素

上面已经提到，情绪管理对批判性思考非常重要。批判性思考意味着要接受事物有多种可能的理解方式。在学术语境中，一种理论可能会颠覆你深藏已久的观点和信念，这会让人觉得很难接受，不管多聪明的学生，在遇到这个问题时，都会有类似的情绪反应。

如果学习的内容令我们困扰，这种困扰的情绪有可能帮助我们集中注意力，但通常来说，它会抑制我们清晰思考的能力。情绪类的内容可能会增加论辩的力量，但它也可能会破坏论辩。当情绪取代推理和论辩，成为论点的主体时，这种破坏尤其严重。批判性思考并不意味着你要放弃对自己来说很重要的信念，它指的是，你需要更多地考虑自己信念的依据，这样你才能公正地对待自己的观点。

6. 把获取信息当作理解

学习是一个提高理解力与洞察力的过程，许多老师会设置一些练习专门培养学生的这种能力。然而，学生有时候会误解老师的意图，他们更喜欢直接接收知识性的信息，而不是这类可以帮他们做出扎实判断的能力。

科威尔、基利、舍姆伯格和齐恩鲍尔（1995）出版的著作中提到了学生对学习批判性思维的天然抵触。学习批判性思维，意味着要接受一种新的学习方式。他们通过下面的对话，将这一问题呈现出来：

学生："我希望你把答案告诉我，我想知道正确答案。"
老师："我希望你成为一个批判的思想者，也就是说，我希望你们能够通过大量的提问，质疑专家的观点，找到你们自己的答案。这得很努力才行。"

如果你觉得批判性思考有时候很难，这是正确的，很多老师都会认可你的看法。如果批判性思考不难的话，你也就没有办法提高你的思维能力，让它达到新的水平。

7. 对细节不够关注

批判性思维要求精确，而精确则基于对细节的关注。以笼统、概要的信息为基础进行判断，很容易产生不良的批判。批判性思维活动要求你把注意力集中在手头的任务上，而不被其他有趣的事物干扰。

在批判性地评估论辩时，即使你不同意这个论点，你也有可能会发现它是一个好的、有效的论辩。记住这一点很重要。

8. 哪些障碍对你有影响？

在下面的表格中，勾选（√）出所有你认为可能影响你批判性思维能力的障碍。

障碍	对你有影响吗？
误解批判的含义	
高估自己的推理能力	
缺乏方法、策略	
缺乏实践	
不愿批判专家	
情绪因素	
把获取信息当作理解	
对细节不够关注	

反思：处理障碍

在接下来的几个月里，你可以做些什么来处理这些障碍？

第 9 节　批判性思维：知识、技巧和态度

1. 自我评估

按照下面的要求，给每一句话打分。

请注意，"非常不同意"得分为 0。

4 = 非常同意，3 = 同意，2 = 有点同意，1 = 不同意，0 = 非常不同意

事项	评分（4—0）
1. 我可以自在地指出专家著作中的潜在缺点。	
2. 我可以对某项活动中的某个具体要求保持专注。	
3. 我知道批判性思维中"argument"这个词的不同含义。	
4. 我可以分析论辩的结构。	
5. 我可以提出批判，并且不觉得这会让我成为一个坏人。	
6. 我知道什么是推理线。	
7. 我知道自己现有的信念会让我无法公正地看待某些问题。	
8. 我能够耐心地辨别论辩中的推理线。	
9. 我很擅长识别论辩中用来表示层次的信号。	
10. 在材料中找到关键点对我来说很容易。	

（续表）

事项	评分（4—0）
11. 我可以耐心地回顾事实，以得出准确的观点。	
12. 我擅长识别诡辩技巧。	
13. 我能够读懂言外之意。	
14. 评估支持论辩的证据对我来说很容易。	
15. 我会注意到小细节。	
16. 我可以公正地权衡各种观点。	
17. 如果我对某件事不确定，我会进行调查以了解更多。	
18. 我可以清楚地表达自己的观点。	
19. 我知道如何组织论辩。	
20. 我可以区分描述性写作和分析性写作。	
21. 我可以轻易发现论辩中的矛盾之处。	
22. 我擅长识别不同的模式。	
23. 我知道自己的成长经历可能会影响我，让我无法公正地看待一些问题。	
24. 我知道如何评估原始资料。	
25. 我明白为什么研究性的文章中经常使用模糊的语言。	
满分100分	

2. 解读你的分数

通过这份问卷，你可以对自己关于批判性思维的认知有更多的了解。分数越低，你可能就越需要提高自己的批判性思维能力。75分以上，说明你对自己的批判性思维能力比较自信，你可以在老师与同学的反馈中，检验这份自信是否准确。不过，只要你的得分低于100，就有提升的空间。如果你的分数低于45，可以在读完本书之后再试一次。如果得分依旧如此，那么你可能需要和你的辅导员、老师或者导师谈一谈，让他们帮助你一起克服这个困难。

第10节 优先拓展项：提高批判性思维能力

1. 自我评估

按照下面的要求，给每一句话打分。

在 A 栏中，确认你更想要了解批判性思维的哪些方面。你可以用 5—0 来给它们打分，5 表示"非常想"，0 表示"根本不想"。

在 B 栏中，考虑这一方面对你来说有多重要。你可以用 5—0 来给它们打分，5 表示"非常重要"，0 表示"根本不重要"。

把 A 和 B 栏的分数加起来，写到 C 栏里，就能知道你的优先拓展项是什么。

D 栏会告诉你应该到哪里去寻找关于这一点的更多信息。

想要提高的能力	A 想知道更多吗？	B 现在发展它有多重要？	C 优先拓展项得分	D 所在章节
1. 理解批判性思维的好处。				一
2. 对某一活动的具体要求保持专注。				二
3. 更注重细节。				二
4. 知道什么是推理线。				三
5. 知道论辩的构成部分。				三
6. 识别论辩中标示层次的词语。				三、十
7. 区分论辩与分歧。				四
8. 区分论辩、总结、描述和解释。				四
9. 从背景信息中找出关键点。				四
10. 能够分析论辩的结构。				五、十
11. 评估论辩是否内在一致。				五
12. 理解什么是过渡结论。				五
13. 能够构建论辩。				五、十、十一
14. 能够更好地领会言外之意。				六
15. 找出潜在的假设。				六
16. 辨认出前提错误的论辩。				六
17. 找出隐式论辩。				六
18. 理解内涵和外延的含义。				六
19. 注意原因、结果、关联和巧合是如何混淆的。				七

（续表）

想要提高的能力	A 想知道更多吗？	B 现在发展它有多重要？	C 优先拓展项得分	D 所在章节
20. 能够检查必要条件和充分条件。				七
21. 找出诡辩技巧。				六、七
22. 识别同义反复。				七
23. 找出有缺陷的推理。				六、七
24. 能够评估资料来源。				一、八
25. 理解真实性、有效性和可靠性的含义。				八
26. 评估样本的代表性。				八
27. 了解三角互证法的含义。				八
28. 检查可能性的不同层次。				八
29. 运用批判性思维进行记录。				九、十
30. 使用更有效的语言构建论辩。				三、十、十一
31. 用论文的方式清楚地表达自己的论点。				十、十一
32. 能够对任务或工作进行良好的批判性反思。				十二

2. 确定你的优先拓展项

- 从优先拓展项的表格中，找出你得分最高的三项；如果超过三项，就从中选取三项。
- 在这里写下你准备优先拓展的事项，以"我要……"开头，比如"我要学会识别同义反复"。

1. 我要
2. 我要
3. 我要

本章小结

批判性思维是一个过程，它以一系列的能力和个人素质为基础，并帮助你培养这些能力和素质。和其他的活动一样，它随着实践以及对所需求内容的正确认识而改进。对于一些人来说，它意味着改变行为，比如关注细节，或对自己的所见所闻保持反思的态度；另一些人则需要着重培养批判性思维的技巧，这也是本书的主要目的。

还有一些人不善于批判性思考，原因在于他们对批判的态度，或者对潜在结果持有的一种焦虑情绪。本章探讨了态度与情绪方面的问题对批判性思维的阻碍。有时候，意识到这些障碍，并对它们保持警惕，焦虑就会消退。但如果你觉得这些问题一直在持续，你可以试着和你的辅导员或老师谈谈你的问题，他们对这些问题有更多的经验，或许能够帮助你摆脱困境。

培养良好的批判性思维能力需要耐心和实践。与此同时，你的判断力会得到提升，你将更容易发现推理中的缺陷，更善于找到有助于自己做出选择的信息，对他人也更有影响力。

现在你已经对自己的批判性思维能力做出了初步的评估，接下来，你或许会希望先学习你所确定的优先拓展项。如果你已经开始致力于批判性思维能力的提升，这将是非常高效的方法。如果你是批判性思维的初学者，可以直接开始学习第二章的内容，它会帮助你检测、锻炼你的基础能力。你也可以从第三章开始，一直往后完成本书的学习，系统地提高批判性思考的能力。

第二章

你擅长思考吗？

—— 提高你的思维能力

学习目标

- 识别有助于批判性思考的基础思维能力。
- 评估你对模式的认知能力和对细节的关注程度。
- 练习集中注意力，帮助提高批判性思维能力。

概述

通常来说，我们都可以毫无困难地在日常生活中运用基本的思维能力。但如果要自发地将这种思维能力运用到新的语境中，比如解决更抽象的问题或进行学术研究，对有的人来说可能就会很难。在一定程度上，这是因为，人们虽然很熟悉自己在日常生活中所使用的思维能力，却没有充分意识到他们到底使用了哪些潜在的策略，因而无法把这些潜在的策略应用到新的语境中。我们在某一特定语境中对思维能力运用得越娴熟，就越难意识到我们的思维能力中包含着哪些潜在的东西。

批判性思维以一些潜在的思维能力为基础，比如：

- 集中注意力以识别细节的意义。
- 运用注意力，关注细节，以识别相似与差异、存在与缺失、顺序与序列等模式。
- 通过识别模式，对比、比较不同的事物，以预测可能出现的结果。
- 对事物进行分类、标记，以形成类别。
- 通过对类别的理解，确认新生现象的特征，并做出判断。

这些能力不仅有助于学术与职业生涯中的批判性思考，它们还会出现在你的求职过程中，被雇主考察。提高这些基础的能力，能够帮助你提升自己的求职能力。

接下来的几页是一些短小的自我评估练习，帮助你判断自己现在的能力水平。这些练习可以帮助你锻炼关注细节的能力以及思维方式。学生的批判性写作往往因缺乏对细节的持续关注而质量偏低。快速、有选择地关注细节将有助于你的学习。

你可以运用本章的练习来锻炼这些能力。如果这些练习对你来说非常简单，就向后进入更适合你的章节。

第 1 节　评估你的思维能力

1. 比较

识别相似性与差异性是批判性思维的一个重要的子能力，下面的练习将会帮助你检验自己在这一方面的水平。在下面的每组方框中，选出不同的那个，第一组为例子。

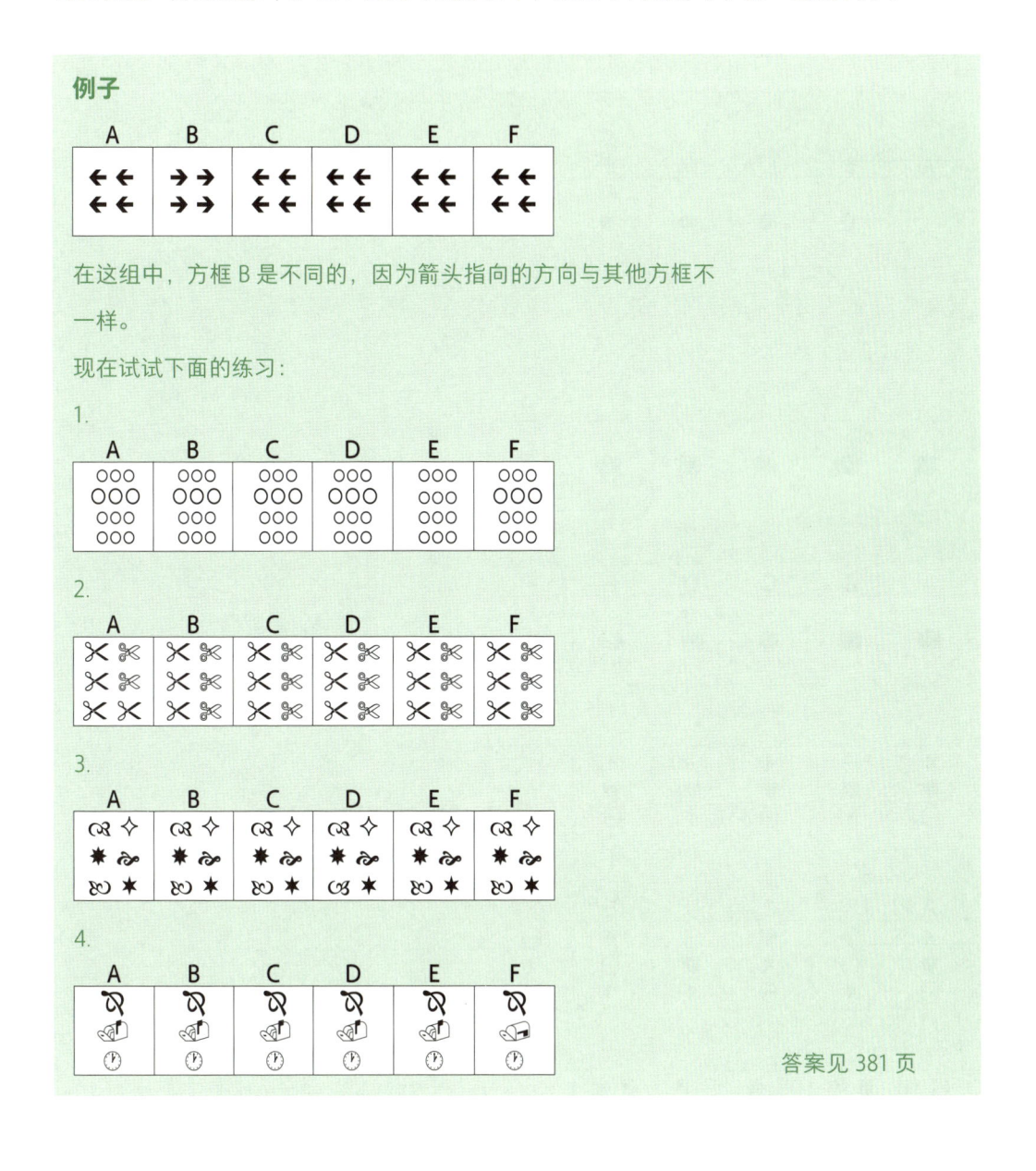

例子

在这组中，方框 B 是不同的，因为箭头指向的方向与其他方框不一样。

现在试试下面的练习：

1.

2.

3.

4.

答案见 381 页

2. 序列

这项练习可以帮助你评估自己识别序列结构的能力。每一组方框构成一个序列，每个序列下面是一组选项，从中选出一个替换问号以完成序列。

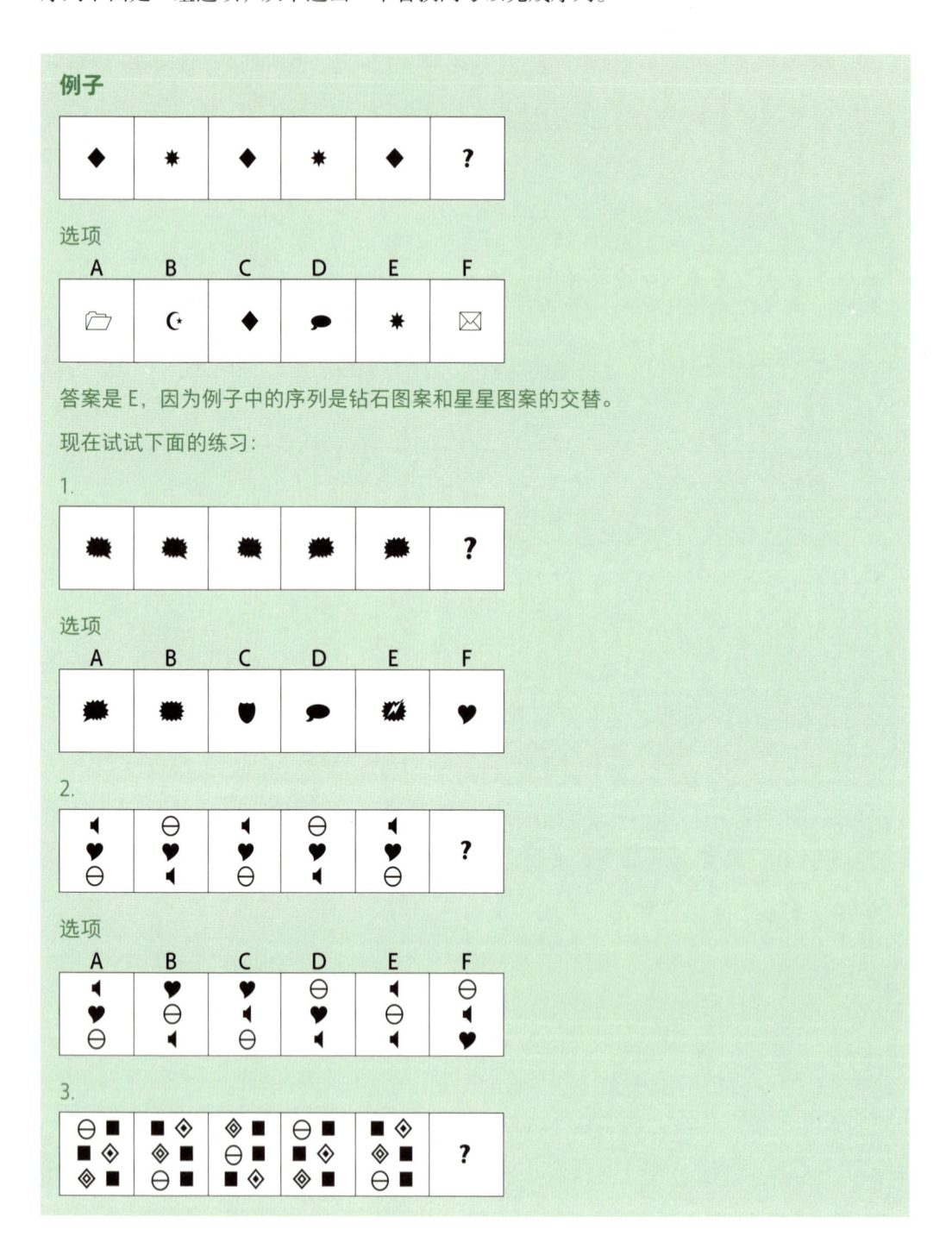

例子

答案是 E，因为例子中的序列是钻石图案和星星图案的交替。

现在试试下面的练习：

1.

选项

2.

选项

3.

选项

A	B	C	D	E	F
⊖ ■	■ ◆	■ ◆	■ ◆	◆ ■	■ ■
○ ◆	○ ◆	◆ ■	⊖ ■	■ ○	⊖ ◆
■ ■	⊖ ■	⊖ ■	⊖ ■	⊖ ◆	■ ◆

4.

∗	≤	∗∗	≡	∗∗	?
≡	∗∗	∗ ∗	∗	≤	
		≥			

选项

A	B	C	D	E	F
∗	≥	∗∗	≤	∗	∗∗
∗∗	∗	∗	∗∗	∗∗	∗∗
≡	∗	≥	∗∗	≤	≥

答案见 381 页

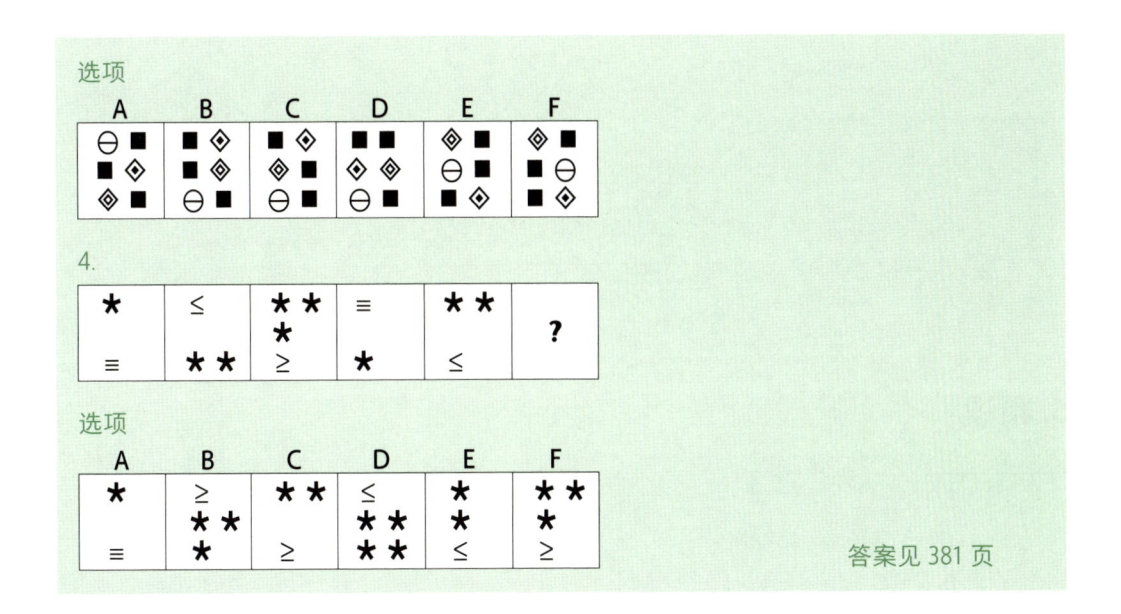

3. 分类

这项练习帮助你检验自己的信息分类能力。把每个题目中的词汇按照不同的特征分为两组，并指出每组的特征。每组词汇的数量可能不同。

1. 鼠标 打字 驱动器 打印机 说话 显示器 屏幕 滚动 进食
2. 金字塔 巨大的 绿洲 广大的 棕榈树 沙漠 硕大的 极大的 尼罗河 庞大的
3. 玛瑙 黄玉 银 红宝石 金 蛋白石 铂金
4. Empty Gate Shoal Divan burst chops Kenya hertz micro Pound

答案见 381 页

4. 遵循指示

回答以下问题：

1. 牛有几条腿？

   A. 牛有三条腿。

   B. 牛有两条腿和两条尾巴。

   C. 牛有四条腿和一条尾巴。

   D. 牛有四条腿。

2. 水是由哪些元素组成的?

　　A. 水由氧元素和氢元素组成。

　　B. 水可以以固体、液体或气体的形式存在。

　　C. 水由氧和氢组成,在地球之外的其他星球上,水十分罕见。

　　D. 水在冻结时形成冰,然后被认为是固体。　　　　　　答案见 381 页

5. 精读

这项练习可以帮助你检验自己的精读能力。每段例文之后都有几个关于该例文的问题,请圈出:

A. 该陈述符合例文所给出的信息。

B. 该陈述不真实,或不符合例文所给出的信息。

C. 你无法根据现有例文判断该陈述是否符合例文所给出的信息,或是否能从例文中合逻辑地推断出来。(思考你需要什么信息。)

例文 2.1
北极圈

北极圈位于北半球的最上方,它是一条寒冷而宽阔的带状区域,环绕着格陵兰岛和西伯利亚。北极圈的环境条件非常恶劣,植被稀疏,一年中绝大部分时间的气温都极低。北极地区的居民在夏天可以连续三个月毫无间歇地享受日光。但到了冬天,那里又会出现三个月的极夜,那时,月亮、星星、极光是仅有的自然光源。

1. 本文的主要论辩是北极的夏天很短。

　　A　B　C

2. 北极的植被不宜食用。

　　A　B　C

3. 在北极地区,太阳永远不会出现。

　　A　B　C

4. 北极地区一年中有九个月会出现全天日照或者部分日照。

　　A　B　C

5. 北极没有电。
   A B C

例文 2.2
乔治·华盛顿·卡弗

乔治·华盛顿·卡弗是著名的农业科学家。仅仅是他对花生的研究，就为 300 多种产品的开发做出了贡献。他将农作物应用到工业中，开发出了 100 多种新产品，如大豆就可以做橡胶替代品、油漆和纺织染料。1943 年，富兰克林·罗斯福总统为他建立了一座国家纪念碑以肯定他的功绩。卡弗成了许多群体的偶像：作为他所就读的大学录取的第一个黑人，他证明了一个从前的奴隶可以通过教育取得多大的成就；由于卡弗说过自己的灵感来源于上帝，宗教团体便把他的发明当作是上帝对唯物主义的祝福；美国南方商人则把卡弗看作是南方哲学与唯物主义的代表人物。在卡弗的帮助下，美国南部从一个只种植棉花的农业区，变成了一个可以种植多种农作物且能够对农作物进行加工的经济体。和许多伟人一样，卡弗的生平被加入了许多传奇色彩，如今已经很难将之与真相区分开。

6. 富兰克林·罗斯福接替乔治·华盛顿·卡弗成为美国总统。
   A B C

7. 1943 年卡弗去世后，罗斯福为他建造了一座纪念碑。
   A B C

8. 卡弗并不是一个真正的伟人，因为他的故事是建立在传说的基础上。
   A B C

9. 宗教团体认为上帝青睐唯物主义。
   A B C

10. 在卡弗之前，美国没有黑人学生上过大学。
    A B C

11. 在卡弗之前，美国南部是一个有工业出口的多种作物经济体。
    A B C

12. 卡弗帮助开发了 100 多种大豆的工业应用。

　　A　B　C

答案见 381—382 页

6. 找出相似之处

1. 下面哪一段话在含义上最接近例文 2.1《北极圈》?

　　A. 越往北去，自然环境越恶劣。北极地区气候寒冷，植被稀疏，可能一连数月都见不到日光。

　　B. 最好不要去北极地区，那里的环境条件非常恶劣，不过当地的居民很喜欢北极。他们喜欢夏季持续不断的阳光，还有自然的月光与星光。

2. 下面哪一段在含义上最接近例文 2.2《乔治·华盛顿·卡弗》?

　　A. 卡弗声称他的成功源于上帝的启示。这表明如果你相信上帝，他就会帮助你成为一个成功的发明家和唯物主义者。

　　B. 卡弗是美国南部黑人群体的重要偶像。他出生时是一名奴隶，但后来成了他所就读的大学录取的第一个黑人。美国南方的商人和宗教团体没有想到，教育会对一个他们看作奴隶的人产生这么大的影响。美国总统表彰卡弗，是因为他让美国南部地区的经济不再只依赖棉花。

　　C. 卡弗在农业科学方面的发明，让美国南方经济变得多样化。卡弗也因此在南方群体中成为带有传奇色彩的偶像。

答案见 382 页

7. 算出你的分数

对照附录 3 的答案，使用下面的评分表计算你的得分，并评估自己的表现。

题目	满分	你的分数
比较	4	
1	1	
2	1	
3	1	

（续表）

题目	满分	你的分数
4	1	
序列	9	
1	2	
2	2	
3	2	
4	3	
分类	14	
1	3	
2	4	
3	4	
4	3	
遵循指示	4	
1	2	
2	2	
精读	15	
1	1	
2	1	
3	1	
4	1	
5	1	
6	1	
7	2	
8	1	
9	1	
10	2	
11	1	
12	2	
找出相似之处	4	
1	2	
2	2	
合计	50	
将你的总分乘2，得出百分值	100	

8. 评估你的分数

这只是一个粗略的测试，帮助你评估自己批判性思维的基本能力。不善于进行批判性思考的人，往往会发现自己在这些基本能力方面也存在问题。不过未必一定是这样，很多原因会影响到人在完成不同任务时的表现。所以如果你得分不高或觉得这些练习很难，请不要气馁。

86—100　非常棒！这个分数表明你已经有很好的基本思维能力。

60—85　很好！如果这个分数在所有项目中分布得很平均，那么你已经有了很好的基础，可以发展出更为良好的批判性思维能力。记住你得分较低或者觉得困难的项目，然后进行更多的练习以加强你的基础能力。

30—60　不错！很显然，你有进一步提高批判性思维能力的基础。对于一些人来说，在实践中进行批判性思维要比抽象地完成练习题简单得多，很可能你也是这样。不过，你还是可以通过完成本章中后面的练习以及那些要求注意细节的任务来进一步巩固自己的基本能力。

30 以下　能够坚持完成这些任务，你已经做得很好了！可以再试试本章中的其他练习，看看能不能进一步提高你的基础思维能力。如果做完之后，你还是觉得批判性思考很难，试着和你的老师或辅导员谈谈这些测试，看他们是否能够提供帮助。

第 2 节　集中注意力

1. 注意的过程

注意和专心是不一样的。专心与保持对一项任务的专注有关，即使很难做到这一点。注意的过程可能包括这种专心，但也可能不包括。对批判性思维很重要的注意过程包括：

- 知道看哪里、把注意力集中在哪里。
- 能够意识到什么时候自己无法集中注意力、什么时候应该休息，这样我们才能保持敏锐的注意力。
- 养成阅读、写作、测试或考试时的惯例，这样我们就能有效地集中注意力。
- 了解笑话、谜题、电视节目、视频、不同类型的文本或口语信息的惯例或规则，以便有效地利用这些知识来引导我们的注意力。
- 意识到哪里可能有陷阱、错误印象或幻觉。

- 记住以前的经验，集中我们的注意力。

2. 自动思考和参考框架

我们可以训练注意力，从而更容易注意到相关的信息。很多时候，我们的大脑都是在"自动驾驶"，这足以应对批判性思维之外的许多活动。我们的大脑往往能有效地找到节省精神力的方法。在可能的情况下，它会走捷径，利用它已经知道的知识来理解它遇到的新事物。这通常基于粗略的估算，所以有时候并不准确。

我们的大脑利用它以前的经验提供框架，即所谓的"参考框架"，来对输入的信息进行分类。当大脑认为它知道自己在看什么时，它就会自然而然地停止对输入的经验进行分类。这就是光学幻觉或魔术技巧的工作原理：即使大脑被骗了，它也还是很自信，所以不会再寻找进一步的解释。

我们的参考框架或多或少是复杂的。在最基本的层面上，我们把情况分为安全和不安全两类，因为这有助于我们的生存。即使我们没有集中注意力去听，通常也可以从背景噪音中分辨出自己的名字，因为这也有助于我们的生存。我们根据词汇、知识和经验对其他信息进行分类。我们越是有意识地思考自己的经历是如何相互联系的，并把这些经历贴上标签，我们就越能够在需要的时候组织自己的想法，并以特定的方式引导自己的注意力。

> **练习：找到"t"**
> 阅读下面的句子，数一数字母"t"（包括"T"）出现了多少次。
> Terrifying torrents and long dark tunnels are used to create the excitement of the thrilling train ride at the park.
> 答案见 382 页

第 1 节的自我评估练习侧重于批判性思维的注意过程。为了完成那些练习，我们需要注意细节，以便在"大局"中发现模式。如果我们能识别模式，我们就能比较不同事物，找出相似和不同之处。如果我们能识别序列，我们就能更好地识别趋势，预测下一步并区分因果关系。

接下来的几页给出了更多培养注意力的练习。

练习：识别差异

找出下列方框中，不属于该组的那一项。

1.

| A | B | C | D | E | F |

8.

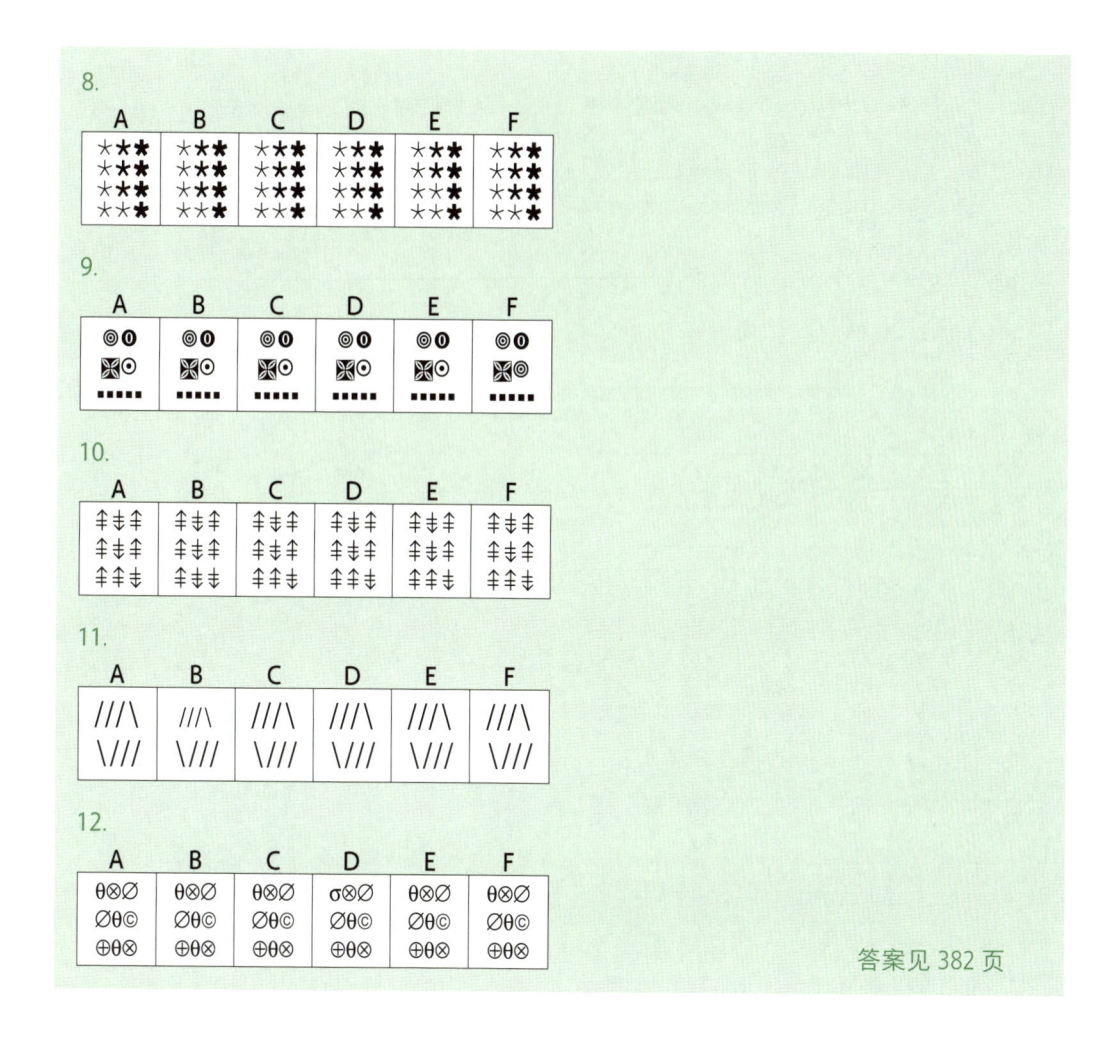

A	B	C	D	E	F
★★★ ★★★ ★★★ ★★★	★★★ ★★★ ★★★ ★★★	★★★ ★★★ ★★★ ★★★	★★★ ★★★ ★★★ ★★★	★★★ ★★★ ★★★ ★★★	★★★ ★★★ ★★★ ★★★

9.

A	B	C	D	E	F

10.

A	B	C	D	E	F

11.

A	B	C	D	E	F
///\\ \\///	///\\ \\///	///\\ \\///	///\\ \\///	///\\ \\///	///\\ \\///

12.

A	B	C	D	E	F
θ⊗∅ ∅θ© ⊕⊕⊗	θ⊗∅ ∅θ© ⊕⊕⊗	θ⊗∅ ∅θ© ⊕⊕⊗	σ⊗∅ ∅θ© ⊕⊕⊗	θ⊗∅ ∅θ© ⊕⊕⊗	θ⊗∅ ∅θ© ⊕⊕⊗

答案见 382 页

练习：识别序列

从下面的选项中选择一个答案，以替换问号完成序列。

1.

#	# #	# # #	## # #	## ## #	?

选项

A	B	C	D	E	F
# # #	## ## ##	#	# #	## ## #	## # #

2.

| ωξ | ωξ | ωξ | ωξ | ωξ | ? |

选项

A	B	C	D	E	F
ωξ ω	ωξ ω	ωξ ωξ	ω	ωξ	ω ξ

3.

| χχΧ
χχΧ
χχΧ | χΧχ
χχΧ
χχΧ | ΧχΧ
χχΧ
χχΧ | χΧχ
χχΧ
χχΧ | χχΧ
χχΧ
χχΧ | ? |

选项

A	B	C	D	E	F
ΧχΧ χΧχ	χΧχ χχΧ χχΧ	χΧχ χχΧ χχΧ	χΧχ χχΧ χΧχ	ΧχΧ χχΧ χχΧ	ΧχΧ χΧχ χχχ

4.

| ⊃ | ⊃
⊄ | ⊃
⊄
∉ | ⊃⊃
⊄
∉ | ⊃⊃
⊄⊄
∉ | ? |

选项

A	B	C	D	E	F
⊃⊃ ⊄ ∉	⊃⊃ ⊄⊄ ∉	⊃ ⊄⊄ ∉	⊃⊃ ⊄⊄ ∉∉	⊃⊃ ⊄ ∉	⊃ ⊄

5.

| ←Ψ
→↓
⇐↓ | Ψ↓
←Ψ
→↓ | ↓↓
Ψ↓
←→ | ↓⇐
↓→
Ψ← | ⇐→
↓↓
↓Ψ | ? |

选项

A	B	C	D	E	F
←← Ψ⇐ ↓↓	ΨΨ →↓ ↓↓	Ψ← ⇐↓ ↓↓	⇐Ψ ↓↓ ↓↓	→← ⇐Ψ ↓Ψ	←↓ ⇐↓ Ψ↓

6.

| ▪○
▪○ | ▪○
▪○ | ▪○
▪○ | ▪○
▪○ | ▪●
✻○ | ? |

选项

A	B	C	D	E	F

7.

选项

A	B	C	D	E	F

8.

选项

A	B	C	D	E	F

9.

选项

A	B	C	D	E	F

10.

选项

A	B	C	D	E	F

11.

选项

12.

选项

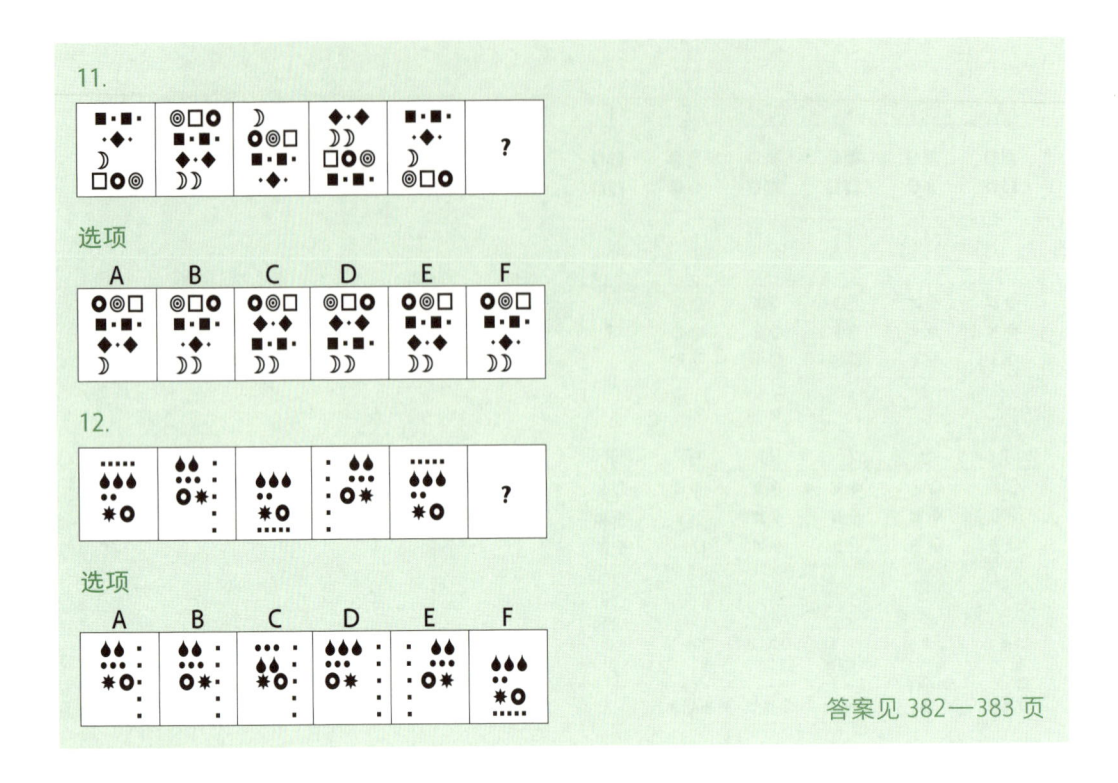

答案见 382—383 页

第3节 分类

分类能力对批判性思维很重要,因为它使你能够将信息分到合适的组中,并识别哪些信息与其他类型的信息有关联。在批判性分析中,这种能力可以帮助你做出正确的比较,将相似的事物放到同一类中。这在辩论、论文和报告等任务中,对构建复杂的论辩是非常必要的。

1. 比较

做比较本质上就是找出相似之处以及不同之处。根据上下文和比较的标准,相同的两个条目可以被认为是相似的或不同的,如下面的一组问题所示。

示例

1. 这八个词语有什么共同点?

斑马 猫 小狗 金鱼 鲸鱼 小猫 海豹 大象

> 2. 这些词语有什么共同之处，使它们与问题 1 中的词语有所不同？
>   猫 金鱼 小猫 小狗
> 3. 这两个词语有什么共同点使它们不同于问题 2 中的其他词语？
>   小猫 小狗

问题 1 中的条目均为动物，问题 2 是普通的家养宠物，问题 3 是幼小的家养宠物。从问题 1 到问题 3，选择的范围越来越窄，关注的特征也越来越细致。

2. 重要特征

"重要"仅仅意味着"与论辩相关"。在上面的例子中，你对动物和宠物的现有知识可能使你很容易识别每组条目共有的特征。当你认识到一组条目的共同特征时，实际上，你是在把这些条目分组，或者说分类。类别只是一组具有共同特征的条目。任何类别都是可能的，比如高而尖的物体、绿色蔬菜、现任首相等。

> **练习：分类**
> 确定以下词组的类别（也就是说，每一组有什么共同点）。
> 1. 池塘 湖泊 海 水池
> 2. 印度人 爱尔兰人 伊朗人 玻利维亚人
> 3. 巢穴 窝 畜栏 洞穴 笼子
> 4. 生物学 化学 物理学 地质学
> 5. creates stellar engines soothes
> 6. decide deliver denounce devour
> 7. never seven cleverest severe
> 8. 记忆 语言 解决问题
> 9. 阑尾炎 扁桃体炎 结肠炎
> 10. rotor minim deed peep tenet
> 11. 21 35 56 84 91
> 12. 獾群 牛群 蚁群 羊群 人群
>
> 答案见 383 页

分类不仅要识别重要的共同特征，还要拥有正确的背景知识和词汇，以便在识别后对群组进行分类标记。在尝试描述上面一些组的特征时，你可能已经遇到这个问题了。良好的背景知识和词汇量确实能让你更容易快速查找、分类和使用信息，从而提高批判性思维的效率。

上面的条目不难分类，因为你已经知道它们是一个类别，你只需要找到已经形成的群组的重要特征就可以完成分类。在没有预先分好组的情况下，识别模式的能力可以帮助你更好地找到相似性。

练习：将文章分类

分析下面各组例文，找出最相似的两段。

例文 2.3
物质

A. 不同的时代对物质进行分类的方式不同。亚里士多德认为，所有物质都由空气、土、火和水组成。这一观点流行了很长时间。今天，我们根据化学性质，将物质分为液体、固体和气体。

B. 物质的分类体系随时间推移而改变。虽然我们现在根据化学性质来对物质进行分类，但亚里士多德的土、火、空气和水的体系曾沿用很久。

C. 不同的时代以不同的方式分类物质。亚里士多德认为所有物质都是由空气、土、火和水组成，这一观点显然是错误的，它已经被我们现在的观点取代，我们根据化学性质来描述液体、固体和气体。

例文 2.4
受膏[①]油

A. 当伊丽莎白二世加冕为英国女王时，她被涂上了混合精油的受膏油。这种混合精油的受膏油包括肉桂、玫瑰、茉莉和灵猫香，是在麦西亚的埃格福斯时代被发明的。埃格福斯是第一个以旧约的方式受膏的英国国王。从那以后，这种方式一直被沿用，

[①] 受膏（anoint）来源于基督教传统，通常指以油或香油抹在受膏者的头上，使他接受某个职位。——译者注（若无特殊说明，本文注释皆为译者注）

受膏油在加冕礼之前由王室医生准备。

B. 国王和王后的受膏伴随着芳香，受膏油由王室医生配制，含多种精油。伊丽莎白二世的受膏油包括肉桂、玫瑰、茉莉、灵猫香、麝香和橙花。这种混合受膏油已经沿用了数百年，也许可以追溯到 785 年，那时麦西亚的埃格福斯是第一个以旧约的方式受膏的英国国王。

C. 精油一直在加冕仪式中发挥着重要的作用。当伊丽莎白二世加冕为英国女王时，药剂师按照旧约的方式为她准备了包括肉桂、茉莉、安息香和橙花的混合精油。可能早在 785 年，麦西亚的埃格福斯加冕的时候就使用了这种成分的精油。

例文 2.5

右脑

A. 大脑控制着我们辨别真实事物的能力。一旦大脑受到损伤，不管是哪一边，人都可能会无法执行诸如区分母亲和橱柜这样的任务。如果右脑受损，人可能就会失去想象力，他们也可能无法设想自己所面对的问题；左脑损伤的话，并不会这样。

B. 右脑控制着我们识别外部世界真实事物的能力，例如将母亲与橱柜区分开来。当右脑受损时，有些人发现自己无法识别或设想自己的问题。左脑损伤就不会这样。

C. 我们识别真实事物的能力是由右脑控制的。如果右脑遭受损伤，人可能会发现自己无法想象这种破坏会产生什么问题；而患有左脑半球综合征的人就能够理解这种综合征造成的问题。

答案见 383 页

第 4 节　精读

批判性思维经常要求你以非常精确的方式阅读，要注意细节，以便准确地解释。这可能要求你读得慢一些，但是，通过练习，你的批判性阅读速度会逐渐提高。本章提供了精读的练习。

在下面的练习中，你需要解答一系列关于例文的选择题。每篇例文后都有一组问题。依次浏览这些例文，在开始阅读下一篇例文之前核对前一篇问题的答案会更有助于你的学习。如果有的题目你没有做对，在开始新例文之前，想一想你错在哪里。

练习

每段例文之后都有几个关于该例文的问题，请圈出：

A. 该陈述符合例文所给出的信息。

B. 该陈述不真实，或不符合例文所给出的信息。

C. 你无法根据现有例文判断该陈述是否符合例文所给出的信息，或是否能从例文中合逻辑地推断出来。（思考你需要什么信息。）

例文 2.6
传统的传说

美洲的传统传说取材于非常多的民族和地区。这些传说涵盖了许多群体的特殊经历：应对自然灾害、迁徙、与动物的接触、旅行和变革等。它们被提炼成神话，许多民族可以从中看到自己的故事。这些传说体现了宇宙的主题，如东、南、西、北的方向。传说不仅仅是离奇古怪的故事，它们延续了信仰和宗教的传统，将人们以文化和道德的方式联系起来。

1. 传说服务于社会和文化的目的。
   A B C

2. 许多不同的民族有共通的传说主题。
   A B C

3. 所有的传说都涉及宇宙的主题，如东、南、西、北的方向。
   A B C

4. 这篇文章表明，如果你理解了这些神话，你就会有更好的方向感。
   A B C

5. 虽然不同的人创造了不同的传说，但传说都是一样的。
   A B C

6. 这篇例文认为，人们有共同的经历，在别人创造的传说中可以看到自己的故事。

A B C

例文 2.7

变革

疾病和发育障碍会带来意想不到的好处。虽然他们会带来不快甚至痛苦，但也能让我们直面生活中最想要的东西，许多人将疾病视为一种变革性的事件。当某些机会消失时，另一些机会会出乎意料地出现。例如，当大脑的某些神经通路被阻断时，其他的一些神经通路就会被迫采取行动，产生新的行为方式，有时甚至是新的存在方式。

7. 疾病和发育障碍是神经发育所必需的。

A B C

8. 大多数人认为疾病是一种变革性的事件。

A B C

9. 如果一个人因为某种疾病而丧失了从事某项活动的能力，那么他就有可能学会另一种能力。

A B C

例文 2.8

临床试验

新药上市前必须经过临床试验。药物临床试验的原始数据很少被公布，而公布出来的内容可能会非常具有误导性。如果数据表明一种药物有益，那么临床试验的结果很可能会被公布，而表明同一种药物无效的试验结果则不会被公布，公众无法得知这些信息。结果就是，研究新药的学术文章（通常基于公布的数据）可能非常不准确，我们对疾病的理解也会被扭曲。例如，人们普遍认为抑郁症是由缺乏血清素引起的。临床试验已公布的数据表明，服用提高血清素水平的药物将大大降低自杀风险。《新脑科学》（*The New Brain Sciences*）（罗斯，2004）对此提出了质疑，认为此类药物非但不能降低自杀的影响，甚至可能增加自杀的风险，而且几乎没有证据表明抑郁症与血清素水平有关。

10. 对抑郁症原因的解释是有缺陷的。
    A B C
11. 与表明药物有益的试验结果相比，临床试验的原始数据被发表的可能性更低。
    A B C
12. 临床试验进行得不够频繁，不足以确定药物的效果是否会随着年龄的增长而改变。
    A B C
13. 学术文章通常比制药公司的试验结果更准确。
    A B C
14. 血清素水平下降会增加自杀的风险。
    A B C

例文 2.9
帮助他人
如果一个拄着拐杖的人摔倒了，他可能很快就会得到帮助。这表明人是无私的，但并不是每个人都能得到这样的帮助。与那些正在流血或毁容的人相比，有三分之一的人更愿意帮助那些跛脚的人。如果一个人看起来受了重伤，帮助者更可能通过联系专业人员来提供间接帮助。如果帮忙的成本低或善意的行为有用，人们会更愿意提供帮助。如果受害者看起来像喝醉了，几乎所有的潜在帮助者都会逃跑。但是在美国，黑人更愿意帮助黑人醉酒者，白人更愿意帮助白人醉酒者（比利文等，1981）。在其他情况下，帮助受害者的意愿没有明显的种族差异。

15. 一个没有流血的醉酒者比一个流血的醉酒者更可能得到帮助。

　　A　B　C

16. 一般来说，白人比黑人更有可能帮助其他白人受害者，除非他们喝醉了。

　　A　B　C

17. 毁容的人比跛足的人更不容易得到帮助。

　　A　B　C

18. 如果人们觉得自己的行为有用，他们更愿意帮助别人。

　　A　B　C

19. 人们可能认为，帮助一个拄着拐杖的人的成本很低，或者在这种情况下提供帮助是有用的。

　　A　B　C

答案见 383—384 页

提示：检查你的方法

如果你没有把所有的问题都答对，在继续下一篇例文之前，想一想你错在哪里。如果你不清楚为什么会答错：

- 把这篇例文多读几遍，将注意力集中在与你做错的问题相关的句子上。
- 仔细阅读每一个字，检查你是否读错了什么。
- 检查你是否匆忙得出了文章中没有证据的结论。
- 检查你是否把自己的设想加进了文章之中，或做出了不合逻辑的推断。
- 你是否把其实并不存在的信息带到了例文中？只可以使用例文中的信息——而不是你的常识。

资料来源

　　Carwell, H. (1977) *Blacks in Science: Astrophysicist to Zoologist* (Hicksville, NY: Exposition Press).

McMurray, L. (1981) *George Washington Carver* (New York: Oxford University Press).

Piliavin, J. A., Dovidio, J. F., Gaertner, S. L. and Clark, R. D. (1981) *Emergency Intervention* (New York: Academic Press).

Rose, S. (2004) *The New Brain Sciences: Perils and Prospects* (Milton Keynes: The Open University).

Sachs, O. (1985) *The Man Who Mistook His Wife for a Hat* (London: Picador).

Worwood, V. A. (1999) *The Fragrant Heavens: The Spiritual Dimension of Fragrance and Aromatherapy* (London: Bantam Books).

第三章

他们的观点是什么？

—— 识别论辩

学习目标

- 确定论辩的关键组成部分。
- 学会分辨信息中的理由、结论和论辩。
- 练习识别简单的论辩。

概述

批判性思维注重"论辩"。本章探讨批判性思维语境中论辩的含义，以及如何识别其关键特点。如果你能发现主要论点，你就能更好地将注意力集中在重要的材料上，从而直接阅读最相关的材料，通过更有效的阅读来节省时间。

本章中有许多短小的例文，可以帮助你练习批判性思维的能力。值得注意的是，这些练习可能会要求你对论辩做出判断，但不会问你是否同意它们。你可能不同意论辩中的理由或结论，但批判性思考要求的是根据论辩的形式特征（如推理的质量）对论辩进行评估，而不是核查这些论辩是否支持我们自己的观点。优秀的批判性思维能力会让我们在不同意某观点的情况下，也能够识别出好的论辩；相应地，哪怕某个论辩的观点与我们一致，我们也能够识别出它不好的地方。

道格从来都抓不住重点。

第 1 节 作者的立场

在我们阅读、看电视或听别人说话的时候,我们面对的是他人的论辩,而他人想要传达的观点或立场支撑着这些论辩。

请注意这些作者的观点是如何与下面的总论点相联系的。

> 我们应该延长犯罪者的刑期。(1)
>
> 延长刑期没有用。(2)
>
> 太空旅行是好事。(3)
>
> 我们不需要太空旅行。(4)

名词解释:论点

在批判性思维中,"论点"这个词有两种用法:

- 辅助论点:单个的理由被称为"论点"或"辅助论点"。
- 总论点:总论点代表了作者的立场。它由辅助论点或理由组成。"推理线"这个术语指的是为支持总论点而构建的一组理由或辅助论点。

总论点	辅助论点
(1)应该延长刑期。	重罚可以使罪犯却步。目前对犯罪的惩罚过于宽松,不能威慑犯罪分子。自从减刑以来,犯罪增加了。受害者需要看到犯罪者受到惩罚。
(2)延长刑期不是制止犯罪的办法。	即使在惩罚更重的时候,犯罪率也很高。监狱教会人们如何更熟练地成为罪犯。被监禁的罪犯获释后更有可能参与严重的犯罪活动。 大多数罪行是由文盲和缺乏工作技能的人犯下的。我们需要的是教育,而不是惩罚。
(3)我们应该投资太空旅行。	许多发现源于太空旅行。更多地了解我们生活的宇宙对我们来说是很重要的。太空旅行所需的燃料在未来的某一天可能会消失,所以我们应该在有机会的时候使用它。
(4)我们应该停止对太空旅行的投资。	太空旅行是昂贵的,且花费远超收益。在太空旅行之外,有更迫切需要投资的项目。将来可能会有更好的太空旅行燃料替代品。

练习：找到作者的立场

通读以下例文，找到作者的立场：

- 快速浏览例文，注意你的第一印象，着力于抓住作者的立场（例文的主要信息）。
- 接着快速地精读例文，检查自己获取的信息是否正确。这将使你了解自己在快速阅读时捕捉信息的准确程度。

例文 3.1

出庭律师与客户没有太多的直接接触，但你可以找到一份更符合自己喜好的法庭工作。一个有抱负的出庭律师，需要更仔细地选择自己的工作领域，找到工作模式与自己最契合的法庭工作。每个领域的法庭工作，工作模式都不相同。刑事律师可能把大部分的时间都花在法庭中，而税务律师可能每个月只有一天是在法庭里的。辩护工作在办公室工作的时间比在法庭更多。

例文 3.2

一直到近代，疾病的性质和起源都还是不清楚的。19 世纪末，普鲁士科学家科赫提出了一套现在被称为科赫假设的方法。他在实验室里用濒死家畜的血液培养细菌做实验。当这些培养物被注射到健康的活畜体内时，它们也感染了同样的疾病。当时，这些发现是惊人的。科赫已经能够提供证据证明疾病是由细菌传播的。他对医药史上方法论的进步做出了重要贡献。

例文 3.3

对喜欢历史的旅行者来说，撒哈拉是一个非常值得认真探索的地方。在撒哈拉的土地之下，埋藏着许多古老的建筑。撒哈拉东部的某个地方，可能有消失已久的泽祖拉绿洲。传说中的城市廷巴克图坐落在它的西部。许多人都试图找出被这片沙漠覆盖住的文化遗迹。

例文 3.4

人们最初认为,7 岁以下的孩子无法理解他人的观点,也无法完成计数和测量之类的任务。然而,孩子无法做到这些,并不是因为他们自身能力不足,而是因为他们无法理解要做什么以及为什么要这么做。如果孩子不明白任务的目的,或是不理解描述任务的语言,他们就会觉得这些任务很难。但如果是对孩子来说有意义的任务,即使是更小一些的孩子,也能够完成之前人们认为孩子无法做到的事情。比如,与泰迪熊或是饮料相关的问题,对于很小的孩子都是有意义的,而烧杯、计数器之类的任务,对他们则没有任何意义。

答案见 384 页

拓展练习

阅读你所学专业 3 本书或 3 篇文章的引言和结论部分,并思考:

1. 引言是否很好地传达了作者的立场,作者试图说服你接受的内容是否清楚?
2. 结论在多大程度上阐明了作者的立场?

第 2 节　论辩:以理服人

1. 说服与理由

在日常用语中,"论辩"可能意味着沟通不畅、关系糟糕、感情不好,甚至可能具有攻击性。

但作为批判性思维的一部分,"论辩"仅仅意味着提出支持你立场或观点的理由。如果其他人接受这些理由,他们更有可能被说服而同意你的观点。

> **提示**
>
> 论辩包括：
> - 立场或观点。
> - 说服他人接受这一观点的动机。
> - 支持该观点的理由。

识别论辩，需要记住以下问题：
- "这篇文章、这个项目的目的是什么？"
- "我应该从中得到什么主要的信息？"
- "作者希望我相信、接受或做什么？"
- "他们提出了什么理由来支持自己的立场？"

在大多数情况下，作者的目的是说服我们接受某个特定的观点，因为他们相信这一观点。然而，有时候，他们可能有明显的或隐藏的既得利益。这可能是因为他们与不同流派的学者有着长期的竞争关系，也可能因为他们为某家公司工作，而这家公司希望受众购买它的产品或认可他们关于健康、污染或基因的特定观点。

作者也可能会有意或无意地在内容中加入自己的政治、宗教或意识形态观点，这并不一定使他们的论辩无效，但了解他们的理论立场往往很重要，以便确定这些立场对推理线的影响。

2. 模糊论辩

有时候，为了日常的目的，一个陈述可能是清晰且没有争议的。例如：
- "下雨了"——很明显这是说正在下雨。
- "吃鱼的人都生病了"——这是对事实的观察。
- "我 4 分钟跑了 1 英里①"——这是经过计时和观察的陈述。

但更常见的是那些复杂的陈述。有些人想要表达的观点可能并不明确，有时候我们可能怀疑他们所说的只有一半是事实。当我们说"你的意思是什么？"或"你想说什么？"时，我们就已经意识到这一点了。我们可能想知道某人是如何得出一个特定结论的——他们表达的内容似乎"说不通"。如果这种"说不通"很明显，我们可以指出来，并化解误解。

---

① 英里为英美制长度单位，1 英里约 1.6093 千米。

但是，当我们阅读书籍或看电视时，作者无法当面回答这些问题。这个论辩可能非常复杂，需要花时间仔细分析、精读或观察来澄清推理线。作者也可能以缺乏证据、不合逻辑或结论不清晰的方式给出信息。在这种情况下，批判性思维特别重要，因为我们不能直接与作者沟通来了解论辩。

第 3 节　识别论辩

名词解释：命题与结论

- **命题**：被认为是正确的陈述，作为论据或理由供受众考虑。一个命题可能是正确的，也可能是错的。
- **结论**：推理应该指向一个终点，这就是结论。结论通常应与作者的主要立场密切相关。

本节将讨论如何在一篇文章中找到关键的信息，以识别论辩，你可以先查看序言部分第 3 节的术语表辅助学习。现在，试试看你能否识别出例文 3.5 的主要论辩。

> **例文 3.5**
> 这个地方非常出名，但出名的原因并不光彩。在过去的 5 年里，由于司机拐弯速度过快，格林路与米尔街的交会处已经发生了十几起重大交通事故。当地的一位艺术家摄影记录下了所发生的主要事故。一些游客成为受害者。道路的拐角处现在已经安装了新的测速摄像头，这有助于降低发生事故的可能性。

你可能会注意到，例文 3.5 中的一些陈述和信息增加了我们对事故现场的了解，但对总论点没有帮助。我们用加粗的字体标示出这些信息：

这个地方非常出名，但出名的原因并不光彩。 在过去的 5 年里，由于司机拐弯速度过快，格林路与米尔街的交会处已经发生了十几起重大交通事故。**当地的一位艺术家摄影记录下了发生的主要事故。** 一些游客成为受害者。道路的拐角处现在已经安装了新的测速摄像头，这有助于降低发生事故的可能性。

如果去掉加粗的文字部分，主要论辩就会变得更清晰：

  在过去的 5 年里，由于司机拐弯速度过快，格林路与米尔街的交会处已经发生了十几起重大交通事故。一些游客成为受害者。道路的拐角处现在已经安装了新的测速摄像头，这有助于降低发生事故的可能性。

然后我们可以用自己的话把要点分离出来：
- **命题 1**：格林路与米尔街的交会处发生了许多交通事故。
- **命题 2**：司机拐弯速度太快。
- **命题 3**：道路拐角处安装了新的测速摄像头。
- **结论**：现在交通事故应该会少一些。
- **总论点**：测速摄像头将减少交叉路口的交通事故数量。

当命题和结论被识别时，总论点变得更加明显。

名词解释：前提、假前提与根本前提
- **前提**：被认为是真的观点，用作论辩的基础。它是论辩的基本组成部分。
- **假前提**：后来被证明是错误或者不真的命题。
- **根本前提**：论辩的基础，论辩的目的，基本的观点，作为论辩基础的假设。例如："这个论辩以马克思主义对财富的解释为基础""这个项目以犯人无罪的假设为基础"。

对于例文 3.5，我们可以进一步说：
- 这是一个论辩，因为给出了支持结论的理由。支持这一结论的理由是：司机拐弯时速度过快，结果发生了许多交通事故。
- 这个论辩的基础，或者说这个论辩是建立在这样一个前提上的，即司机会注意到测速摄像头并降低他们在那个街角的车速。如果你不同意这一点，你可能会认为该结论是基于一个"假前提"。

现在，试试找出例文 3.6（1）的主要论辩。

第 3 节 识别论辩 55

> **例文 3.6（1）**
> 坑底（地名）应该成为一处重大考古遗址。以前，人们认为在村庄附近发现的 3 大块花岗岩是上个冰河时代末期冰川融化沉积下来的。最近又出土了 11 块新石头。这个地区现在已被农田覆盖。航空摄影显示该地区值得挖掘。这 14 块石头的布局表明，它们原本是一个不寻常的椭圆形构造的一部分。它们彼此间隔大约 2 米，可能是先民出于宗教目的摆放的。地理学家认为，它们不太可能是由冰川或其他自然原因造成的。最近在那里出土的工具，是这个国家有史以来最古老的工具之一，这让该地区引起了更多人的兴趣。挖掘工作由国家彩票资助。

例文 3.6（2）把对总论点没有帮助的背景材料及细节信息加粗了，使论辩的要点更加突出。阅读本段时，想一想结论出现在什么位置。

> **例文 3.6（2）**
> 坑底应该成为一处重大考古遗址。**以前，人们认为在村庄附近发现的 3 大块花岗岩是上个冰河时代末期冰川融化沉积下来的。**最近又出土了 11 块新石头。**这个地区现在已被农田覆盖。航空摄影显示该地区值得挖掘。**这 14 块石头的布局表明，它们原本是一个不寻常的椭圆形构造的一部分。它们彼此间隔大约 2 米，可能是先民出于宗教目的摆放的。地理学家认为，它们不太可能是由冰川或其他自然原因造成的。最近在那里出土的工具，是这个国家有史以来最古老的工具之一，这让该地区引起了更多人的兴趣。**挖掘工作由国家彩票资助。**

把次要信息删除，前提和结论就会更清楚：

> **例文 3.6（3）**
> 坑底应该成为一处重大考古遗址。最近又出土了 11 块新石头。这

> 14块石头的布局表明，它们原本是一个不寻常的椭圆形构造的一部分。它们彼此间隔大约2米，可能是先民出于宗教目的摆放的。地理学家认为，它们不太可能是由冰川或其他自然原因造成的。最近在那里出土的工具，是这个国家有史以来最古老的工具之一，这让该地区引起了更多人的兴趣。

然后我们可以把要点分离，并用自己的话表达出来。请注意，在这个例子中，结论出现在论辩的开头，支持这个观点的理由如下：

- **结论**：坑底应该成为一处重大考古遗址。
- **命题1**：新出土的11块石头，改变了人们对该地区的认知。
- **命题2**：已发掘出的14块石头布局非常特别。
- **命题3**：这些石头的布局表明它们是被人为放置的。
- **命题4**：这些石头不太可能是自然原因造成的。
- **命题5**：该地区出土的工具可被列为这个国家有史以来最古老的工具之一。
- **论辩**：布局不寻常的椭圆形构造和在坑底发现的古老工具让坑底有成为一个重大考古遗址的价值。

我们可以进一步说：

- 这是一个论辩，因为它给出了支持结论的理由。理由有两点：一是该地区出土的石头布局特别，可能是先民出于宗教目的摆放的；二是该地区发掘的工具极为古老，引起了很多人的兴趣。
- 这个论辩的根本前提是：被特别放置的石头，出现的时间应该与古老工具所在年代相同，或者更早。然而，这可能是一个虚假的根本前提，因为这些石头可能是后来埋下的。这可能对该遗址在考古学上是否有吸引力产生影响。

在阅读中你会发现，就像上面的例文一样，很多时候，文章中的前提、结论、附加信息、无关信息并不会直接显现出来。这时，如果你能先找到结论，再去找支持性的其他信

息就会容易很多。

> **提示**
> 找到结论，关键信息就会变得更清晰。

练习：识别简单的论辩

通读下面的例文，确定哪些是论辩，哪些不是。如果你不确定，重新排列句子，看看这能否帮助你找到结论和支持结论的理由。

例文 3.7
我喜欢那张画。它的色彩营造出绚烂的日落效果，令人赏心悦目。人物也很有趣，画得很好。这是一幅好画。

例文 3.8
饼干可能会损害你的牙齿。我们通常是在早餐已经消化得差不多的上午吃饼干。饼干公司和其他食品制造商一样，为了消费者的健康和安全，要求员工戴帽子以固定住头发。

例文 3.9
量子物理学已经发现了在长宽高和时间维度之外存在更多的维度，这一点现在大多数人都熟知。这类研究需要花费很长的时间。时空连续体的其他方面也有新的科学发现。

例文 3.10
花衣魔笛手吹起了一支魔笛，山的一侧打开了。他让镇上的孩子进入山中，山门在他们身后关闭，所以他们永远地消失了。孩子们的父母再也没有见过自己的孩子。这正是花衣魔笛手的目的。他对镇上的人很生气，因为这些人让他把老鼠从镇上赶走，却拒绝付钱给他。他的行为不是偶然，而是一种报复。

例文 3.11
火车晚点了。一定是信号故障。

例文 3.12
之前，人们预计昨天上午 9 点苏格兰上空会出现日食。很多人来了。当他们到达时，天空仍然清晰可见，但后来天变得多云了。当你看日食时，你必须保护你的眼睛，不能直视太阳。

例文 3.13
窗户咯咯作响，门砰砰作响。气氛是紧张的，我们都吓坏了。周围弥漫着一种奇怪的声音。一定是有鬼。

例文 3.14
许多人在成年以后才开始学习阅读。虽然约翰和米兰达小时候阅读能力很差，但成年后他们的阅读水平赶上了同龄人。他们喜欢参加当地的扫盲班。近年来，近 100 万人通过成人课程提高了阅读能力。

例文 3.15
植物生长需要氮。虽然空气中有氮，但植物不能从空气中吸收它。相反，它们依靠土壤中的细菌，在一个被称为"固氮"的过程中吸收氮。细菌将氮转化为硝酸盐，让植物更容易通过根部进行吸收。

答案见 384—385 页

练习：理由与结论
找出例文的主要论辩、理由和结论。你可以标记出理由和结论，以帮助找到主要论辩。

例文 3.16
上个月底，一对老年夫妇在河边遛狗时，发现了一具人类骸骨。他们认为，这涉及一起谋杀，与当地一个讨人厌的家庭有关。警方调查了这家人，但排除了他们参与其中的可能性。这些骨头应该有几百年的历史了。历史学家证实，玛勒河流经一些靠近古代墓地的地方，还有记录显示，很久以前也有尸体被河水冲上来过。这具骸骨的出现是近 150 年来的第一次。最近的暴风雨使河水上涨了半米。这具骸骨很可能是被河水冲上来的,而非被当地的一个家庭谋杀。

例文 3.17
单子叶植物只有 60 种,通常被称为海草。海草虽然种类不多,却对南极洲外所有大陆的海岸生态系统都做出了重要贡献。直到 20 世纪末人们才发现这一点。在河口和海湾等浅水区,海草是最主要的植被形式,供养着大量的海洋生物。它们为许多鱼类提供营养,其中包括不少可供商用的鱼类。进一步而言,如果没有海草,沿海地区的生物多样性将严重衰退。联合国赞助了《世界海草图集》(*World Atlas of Sea Grasses*)(格林和肖特,2004)的出版,帮助人们认识海草的重要性。

例文 3.18
米哈里·契克森米哈认为,现代社会中的人们普遍不快乐的原因是,人们被世界现有的方式禁锢,却无法让世界变成本应成为的样子。虽然大多数人都知道我们会从善良、友爱、体贴中获益,但我们很快就会忘记它。我们为得到自己想要的东西而活着,尽管我们知道这个世上有人一无所有。我们认为那些一无所有的人离自己很远,或是没有自己重要,所以我们会去买新的电视机、运动鞋,而不愿意把钱交给陌生人。我们时常会忽视那些有助于改善环境的基本原则。比如,我们知道以碳为基础的能源是有限的,但我们仍然使用煤炭、天然气和石油,好像它们不会被用完。当我们这样做的时候,不快乐就会出现。人类现在面临的挑战是找到一种让彼此更融洽,并且与我们生活的宇宙更加和谐的行为方式。

例文 3.19
重要的是,孕妇和免疫力较差的人要意识到猫的潜在危险。许多人将猫作为宠物养在家中,却没有意识到它们可能藏匿的危险。猫是传染性弓形虫的宿主,而弓形虫是一种会在哺乳动物(如人

> 类）中引起弓形虫病的原生动物。原生动物是月牙形的，在自然界中很常见，但在具有传染性的阶段依靠猫作为宿主。成年人如果被感染，很少会表现出明显的疾病症状。但是，如果孕妇受到感染，胎儿会被寄生虫影响，遭受严重的先天性损伤，情况糟糕的话，婴儿可能会失去视力，并有运动缺陷。在免疫力较差或患有艾滋病的人群中，弓形虫病可导致癫痫发作和死亡。这种疾病的症状在猫身上并不明显，所以没有办法知道某只猫是否携带风险。
>
> 答案见 385 页

第 4 节　找出结论

> **名词解释：作为推论的结论**
> 在批判性思维中，结论通常是一个推论，它将论辩组织起来，并对如何解释命题做出合理的假设。这个推论可能会对某事物的含义或最佳行为策略做出解读。

> **练习**
> 现在先检验一下，你是否能够熟练地识别出表示结论的信号词。再看一遍例文 3.5、3.6 和例文 3.16—3.19，找出其中表明结论的信号词，然后阅读评论。

评论

（1）结论的位置

　　结论常出现在文本的结尾，如例文 3.5、3.15 和 3.18。有些作者喜欢先陈述他们的理由，然后他们把这些总结起来作为结论的一部分，接下来再对推理的重要性进行推论。

　　不过，检查文章、段落的开头句也很有用，如例文 3.6、3.17 和 3.19。一些作者选择在文章开头陈述结论来确立自己的立场，然后他们提供理由来支持它，解释他们是如何得出推论的。

（2）作为解释性总结的结论

在例文 3.16 中，结论也是解释性的总结。最后一句话汇总了这段话中的信息，为所发生的事情建立起了逻辑联系。批判性思维的结论不仅仅是总结，总结可以成为结论的一部分。在例文 3.16 中，结论不仅仅是一个总结，因为：

- 它包含了解释事件的一些关键点。
- 它还对这种解释正确的可能性做出判断。

作者用这些手段来说服受众接受自己的解释。

（3）挑战和建议

例文 3.18 和 3.19 的结论提出了挑战或建议，它们推测了为达到特定效果需要什么样的行动。这样的推论往往预示着结论。

（4）信号词

作者可以用词来指示或暗示即将得出结论，如例文 3.17 中的"却"。这样的词语后面并不总是跟着结论，但它们表明那里是值得检查的。查找"因此""所以""结果""最后"或其他有"因此"暗示的短语。

（5）表示推论的词

对于推论性的结论，有必要找出其他表明作者在进行推论的词语，包括"这应该""结果""这将""这会有""这可能""这意味着""实际上"等；也要找出那些表达否定的同类词语，比如"这不应当""这不应该"。

示例

例文 3.5：这有助于降低发生事故的可能性。

例文 3.6：坑底应该成为一处重大考古遗址。

第 5 节 总结论辩的特征

不是所有信息都包含论辩。在批判性阅读或听取信息时，检查论辩的关键特征可以帮助我们节省时间。本书后面会探讨隐式论辩，帮助你找到隐藏论点。在这里，我们关注的是显式论辩，即以一种相对开放的方式表达论辩。现在，我们已经确定了在识别论辩时要寻找的六个要素，见下表：

这是一个论辩吗？	
1. 立场	作者有一个试图说服受众接受的立场或观点。
2. 理由或命题	理由用于支持结论，也被称为"辅助论点"或"命题"。
3. 推理线	推理线是一组按逻辑顺序排列的理由。它就像一条路径，引导受众一步一步地通过理由走向预期的结论。它应该是有序的，以便从一个理由清楚而有逻辑地推出下一个理由。在拙劣的推理线中，很难看出作者是如何从理由推出结论的。
4. 结论	论辩指向结论，它通常是作者希望受众接受的观点。不过，作者表达的结论与作者的立场可能不一致。
5. 说服	论辩的目的是说服受众接受某种观点。
6. 信号词和短语	它们可以帮助受众跟随论辩的走向。

有一些捷径可以帮助我们更快地找到文章段落的主要结论。这里仅仅是指应该看哪里，因为作者可能并没有使用这些方法。

找到结论的线索	
1. 开头	开头就给出结论，如第一句、第二句或初始段落。
2. 结尾	最后给出结论，如最后两句或两段。
3. 解释性的总结	寻找解释推理线或进行推论的总结，它通常会将所有证据都汇集在一起，出现在文本末尾。然而，要注意，总结并不一定就是论辩的结论。
4. 信号词	寻找用来表示结论即将出现的词语。

（续表）

找到结论的线索	
5. 挑战与建议	它们通常是结论的一部分，包含作者的立场或指向立场。
6. 表示推论的词语	寻找表达推论的词语。

本章小结

本章讨论了识别论辩的方法。论辩陈述某个观点或看法，试图让受众相信这种观点。

作者想要让受众接受自己的观点，并不意味着他们的观点是清晰的。本章和第五章都探讨作者如何通过糟糕的表达模糊了自己的立场。第六章和第七章则探讨了作者如何通过隐藏自己的立场，说服受众接受他们的论辩。

如果我们能识别论辩，我们就更能意识到何时有人正试图说服我们相信他们的观点。这可以使我们对他们的推理过程更加警觉，以更好地分析他们的论辩。了解论辩的基本组成部分可以帮助我们识别论辩。在检验阅读材料是否为论辩时，我们需要寻找旨在说服我们的理由，以及作者希望我们接受的结论。

第 5 节开头的表格总结了论辩的关键组成部分。这一节的内容可以帮助我们集中精力阅读文本的主要信息，让阅读更有效率。

在批判性思维中，论辩由组成一个推理线的理由构成，其目的是说服潜在的受众。它还包括一个结论，这个结论是根据理由做出的推论。引出结论的推理线有时候会隐藏在与结论不直接相关的其他信息中，这可能会分散受众对论辩的注意力。良好的批判性阅读要求识别论辩的主要特征，这可能也是区分论辩与其他材料所必需的能力。

资料来源

律师的工作：Boyle, F. (1997) *The Guardian Careers Guide: Law* (London: Fourth Estate).

儿童认知能力的发展：Donaldson, M. (1978) *Children's Minds* (London: Fontana).

撒哈拉：Sattin, A. (2004) *The Gates of Africa: Death, Discovery and the Search for Timbuktu* (London: HarperCollins).

海草：Green, E. P. and Short, F. T. (2004) *World Atlas of Sea Grasses* (Berkeley, CA: University of California Press).

第四章

这是论辩吗？

——论辩与非论辩

学习目标

- 理解论辩与分歧之间的区别。
- 识别非论辩的形式，如总结、解释和描述。
- 区分分析性写作和描述性写作。
- 从无关的材料中筛选相关信息。

概述

在第三章中，我们已经学习过，论辩有一些特定的特征。不过，非论辩的信息，可能也会包含类似的特征。本章将会探讨这些容易与论辩相混淆的信息，比如分歧、总结、解释和描述。

识别论辩与非论辩，能够让你对材料进行分类，从而帮助你进行批判性分析。反过来，批判性分析又会让你更高效地识别、理解材料。最重要的信息通常都包含在论辩中，所以识别论辩会很有帮助。

批判性分析要求将真正重要的信息与其他信息区分开。在论辩之中，你很容易被无关信息干扰，从而错失论辩。如果你可以识别论辩与非论辩，你就能够：

- 准确地集中注意力，更高效地利用时间。
- 确保你的关注点在合适的材料上。
- 避免浪费精力分析不重要的观点。
- 在自己的写作、报告中，更高效地引用相关信息。

检查自己写作的内容是否能够构成一个论辩，也会对你的学业有好处。许多学生自以为完成了一个强有力的论辩，但实际上只是对所读材料进行了总结或复述，这是他们获得较低分数的原因。

第 1 节　论辩与分歧

论辩不等于分歧。你可以不同意别人的观点，但不需要指出你为什么不同意，也不需要说服他们换一种方式思考。在批判性思维中，立场、同意、分歧和论辩是有区别的。

名词解释：立场、同意、分歧和论辩

- **立场**：一种观点。
- **同意**：同意别人的观点。
- **分歧**：持有与他人不同的观点。
- **论辩**：用理由来支持一个观点，以说服已知或未知的受众。论辩可能包含分歧，但如果该分歧是基于理由的，就不仅仅是分歧。

示例

- **立场**：基因工程真的让我担心，我认为应该终止它。

  （没有给出原因，所以这只是一个立场。）

- **同意 1**：我不太懂基因工程，但我同意你的观点。

- **同意 2**：我对这个问题了解很多，我同意你的观点。

  （没有给出任何理由，所以这也只是同意。）

- **分歧**：这不能说服我。我认为基因工程非常令人兴奋。

  （没有给出任何理由，所以这只是一个分歧。）

- **论辩 1**：应该限制基因工程的发展，因为没有足够的研究可以告诉我们在没有天敌的情况下培育新品种会发生什么。

- **论辩 2**：通过基因工程来改善健康、延长寿命的可能性，为许多目前没有有效治疗方法的患者带来了希望。我们应该尽快推进基因工程的发展以帮助这些人。

示例中的论辩，使用理由支持自己的立场，以说服他人。要注意，上面的论辩只是简单的论辩，它们没有推理线，也没有提供任何证据。如果没有这些，论证将不得不依赖其

他的因素来获得力量，比如语调、肢体语言或对受众的了解（如受众对结果有既得利益）。

> **练习：论辩与分歧**
> 判断下面的例文是论辩还是分歧。选 A 表示该例文是论辩，请说明原因；选 B 表示该例文是分歧。
>
> **例文 4.1**
> 第二语言或多种语言会给人带来许多好处。使用多种语言的人对语言的结构有更好的理解，因为他们可以在两个不同的系统中进行比较。只说一种语言的人缺乏这一基本的参考点。在很多情况下，第二语言可以帮助人们更好地理解和欣赏他们的第一语言。
>
> **例文 4.2**
> 补充疗法是一种越来越受欢迎的补充治疗形式。使用这些疗法的人认为，反射疗法、顺势疗法和指压疗法是对医学专业护理的补充。实际上，有些人认为这些疗法比传统药物更有效。神奇疗法的轶事案例比比皆是，有人相信这种方法可以与医学方法在同等条件下竞争。这并不能令人信服。
>
> **例文 4.3**
> 每年都有几个年轻人死于建筑行业的培训过程中。法律已经对工作中的健康和安全问题做出了规定，但一些雇主认为这些规定实施起来太昂贵，而且监督起来也很麻烦。他们说，年轻人在工作中没有足够的责任感，所以他们也无法阻止其死亡。这不是一个好的论辩。
>
> **例文 4.4**
> 现在，人们的政治意识比以往任何时候都要弱。数百年来，人们冒着巨大的个人风险为造福他人的事业而奋斗。这在现在已很罕见。直到 20 世纪 80 年代，一些国家的人民还经常举行集会，以支持其他国家。现在，集会更多是为了个人利益，比如更高的工

资或学生助学金，而不是为了更广泛的世界问题，就连像选举投票这样的低风险活动，投票率也很低。

例文 4.5
海平面和气温一直起起伏伏。研究表明，如果地球真的在变暖，那也是由地球气温的自然变化及太阳风的影响导致的。有人宣称，工业化和碳氢化合物的燃烧，对气候变化影响甚微。我认为，反对全球变暖的论辩是危险的。

例文 4.6
有些人说打孩子对他们没有害处，我不同意这一点。打孩子当然会伤害到孩子，不只是身体的伤害，还有心理的。打别人是一种侵犯，成年人无法容忍这种侵犯。许多成年人没有意识到打人的残忍，恰恰是因为他们小时候被打过从而错误地认为这是正常的。然后，他们继续攻击其他弱势群体，从而形成了一种恶性循环。

答案见 385—386 页

第 2 节　非论辩

1. 描述

描述介绍了一件事情是如何完成的，或者它是什么样子的。它们没有对事情如何发生或为什么发生给出合理的解释，也没有评估其结果。在报告和学术写作中，描述应该是真实、准确、没有价值判断的。描述有时与批判性分析相混淆，因为两者都可以详细地介绍问题。描述性细节并不是为了说服听众接受某种观点，而是为了让听众对所描述的对象或问题有更全面的印象或理解。

示例 1
将该溶液放置在一个试管里，加热到 35 摄氏度。少量的黄色蒸气被释放出来，它们是无味的。向溶液中加入 40 毫升水，然后加热至沸腾。这一次，灰色的蒸气被释放出来。水滴聚集在试管的一侧。

这描述了在实验中所采取的步骤。仔细描述方法步骤是撰写实验研究报告过程的重要组成部分。这种描述不需要给出任何理由，对实验结果的分析将出现在报告的另一部分中。

> **示例 2**
> 这幅画描绘了几个人聚集在一间农舍和农舍周围的田野里。这些人穿着农民的衣服。他们位于房子与树的阴影中。从他们的脸或衣服上，我们无法辨认出任何个人特征。相比之下，委托创作这幅画的贵族则穿着精致、个性化的服装。这些贵族都位于画作的前景，在充足的阳光下，面部特征清晰可辨。

该段落描述了一幅风景画的一些显著特征。作者选择的细节暗示了一种观点。然而，这并不是很明确。如果再加上一个结论，这些细节可能会变成有用的命题以支持一个论点，即在特定的时间和地点，富人和穷人在艺术中被描绘的方式不同。然而，该段落不包含结论，所以是一个描述而不是一个论辩。

> **示例 3**
> 通常，当人们看到熟悉的物体（如大象、树、碗和电脑）时，他们会立即知道那是什么。他们能识别出事物的整体模式，而不需要从声音、气味和颜色等其他感官信息中推断它可能是什么。然而，患有视觉失认症的人无法以这种方式把握到模式——他们无法通过视觉识别物体。如果他们用手描绘物体的轮廓，他们可能会认出一头大象，但他们看不见大象。他们能看见一些东西且知道他们看见了什么，但是他们看不见大象。

在这个例子中，作者描述了视觉失认症的情况。该段落以作者对病症的认知为根据，是对事实的报道。作者没有试图说服受众接受某种观点。你可以通过查看该段落以及支持它的理由来检查这一点。"然而"这个词，经常与一个论辩方向的改变联系在一起，但在这里，它表示描述方向的变化。

2. 解释

解释似乎具有跟论辩一样的结构。它可能包括陈述和理由，引出最终的结论，还像论辩一样使用信号词。但是，解释并不试图说服受众接受某种观点。解释被应用于：

- 解释某件事情发生的原因或方式。
- 指出理论、论辩或其他信息的意义。

示例 4

调查发现，行车过程中，司机困倦和长时间开车是造成事故的主要原因。因此，高速公路上设立了更多的服务区，让司机可以休息一下。

上面的例子解释了为什么要在高速公路上设置更多的服务区。

示例 5

孩子们吃这些蘑菇，是因为它们看起来很像超市和餐桌上的蘑菇。他们没有被教导如何分辨蘑菇是否有毒，也没有被告知不要吃在灌木丛发现的蘑菇。

上面的例子解释了为什么孩子会吃有毒的蘑菇。如果再增加一句话，比如"因此我们需要教育孩子关于蘑菇的知识"，这将成为一个论辩，而该解释将成为一个理由。

3. 总结

总结是较长的信息或文本的简化版本。一般来说，总结会重复关键点，以强调已经说过的内容，让受众关注最重要的信息。结论可以包括对已说过内容的总结。总结通常不介绍新材料。

下面的示例给出了制作蛋糕的步骤。它不构成一个论辩。最后一句话只是对前面内容的总结。"因此"一词通常表示一个论辩的结论，但在这里，它被用于引出最后的总结。

示例 6

做这种蛋糕，需要同等重量的自发面粉、人造黄油和糖。大约每 50 克面粉加一个鸡蛋。将所有材料放入一个碗中，用力搅拌 3 分钟。把配料充分混合，倒入一个刷过油的模具中，放在 190 摄氏度的烤箱中烤 20 分钟，直到面团变大，颜色变得金黄，远离模具的两侧。不同的炉子可能需要设置不同的时间。冷却后再加入果酱和奶油等装饰物。因此，要想做蛋糕，只需购买原材料，拌匀，在 190 摄氏度下烤，放凉，再装饰即可。

下文是对例文 3.18 的总结。

> **示例 7**
> 米哈里·契克森米哈认为，人之所以不快乐，是因为我们不够关注自己希望的世界是什么样子。也正因如此，我们会自私地行动，只关注眼前的利益，而忽视了对他人和环境的长期影响。他希望我们能与周围更广阔的世界更和谐地相处。

> **练习：这是什么类型的信息？**
> 阅读下面的例文，辨认它们是论辩、总结、解释还是描述，并说明理由。
>
> **例文 4.7**
> 对于人和机器来说，太阳系都是不适合居住的地方。尽管这样，在 1957 年至 2004 年期间，还是有超过 8000 颗卫星和航天器从 30 多个国家发射到了太空。超过 350 人在太空中飞驰而过，却没有全部都返回地球。位于赤道附近的发射基地（如圭亚那的库鲁发射基地）使火箭能够充分利用地球的自转。
>
> **例文 4.8**
> 新生婴儿在出生的头三个月，可能无法监控自己的呼吸和体温。与母亲一起睡觉的婴儿，可以跟着母亲学习呼吸与睡眠，这对他们的成长发育很有好处。这些婴儿比独自睡觉的婴儿醒得更加频繁。此外，和孩子一起睡觉的父母也可以更好地看到孩子夜间的活动。因此，与父母一起睡觉的孩子更安全。
>
> **例文 4.9**
> 这篇文章概述了独立哈欠和传染性哈欠的区别。它特意提到了普拉特克教授的研究，该研究表明只有人类和类人猿会"共情地"打哈欠。这篇文章接着说，那些更容易在别人打哈欠时打哈欠的人也更有可能擅长推断别人的心理状态。最后，这篇文章指出了

打哈欠的一些社会益处，这表明传染性哈欠可能帮助群体同步他们的行为。

例文 4.10
村庄的位置靠近城市的外围。这座城市开始一步一步地侵占它、吞噬它。不久，村庄就完全消失了，成为东海岸正在形成的卫星城的一部分。在西边，群山环抱着村庄，把它困在城市和远处的群山之间。从城里出来，只有一条路穿过村庄，通到山里。

例文 4.11
这两只玩具老鼠的大小和形状都一样，所以狗很困惑。虽然一只老鼠是红色的，一只是蓝色的，但是米斯蒂不能仅通过观察就分辨出哪只老鼠是它的玩具。像其他的狗一样，它需要闻它们，用它的嗅觉来区分它们，因为它不能辨别不同的颜色。

例文 4.12
莎士比亚的《罗密欧与朱丽叶》以意大利的维罗纳为背景。在戏剧的开始，罗密欧渴望着另一个年轻的女人，但很快就在一个舞会上爱上了朱丽叶。尽管罗密欧和朱丽叶的家族彼此敌对，但他们还是在朋友和修士的帮助下举行了婚礼。不幸的是，在一个悲剧性的转折中，他们认为对方已经死去，而后双双自杀。

例文 4.13
这个学生参加研讨会迟到一小时，有许多的原因。首先，一口锅着火了，在厨房里引起了一场小小的灾难，他花了 20 分钟整理好厨房。然后，他找不到钥匙，这又浪费了他 10 分钟的时间。接着，就在他关上门的时候，邮差来了，说有一个包裹要签收。邮差的钢笔坏了，这又耽误了一些时间。最后，他必须拿出他曾经遗落在包底的钥匙，重新打开门，并把包裹放在桌子上。

> **例文 4.14**
>
> 直到 2003 年，人们才在英国诺丁汉郡的克雷斯韦尔峭壁上发现了第一批冰河期雕刻的马、野牛和马鹿。然而，出现这种疏忽的部分原因是，人们认为在英国找不到这样的作品。事实上，在最初的洞穴调查中，专家们并没有注意到他们周围的艺术品。
>
> **例文 4.15**
>
> 在英国克雷斯韦尔峭壁上发现的马、野牛和马鹿的浅浮雕与在德国发现的浮雕有着惊人的相似之处。如果两种不同的文化之间没有联系，就不可能产生如此相似的绘画。这表明，在冰河时期，欧洲大陆和英国之间的文化联系比以前人们认为的更紧密。
>
> **例文 4.16**
>
> 最近，研究冰河时代的专家们兴奋地发现了证据，证明冰河时代欧洲大陆不同区域的人们之间存在着某种文化联系。在回访英国的克雷斯韦尔峭壁时，他们发现了马、野牛和马鹿的图像，与德国所发现的图像非常相似。在洞穴墙壁上还发现了其他图像，对它们的解读存在很多争议，一些专家认为那些是舞女的形象，而另一些专家则不赞成。

答案见 386 页

第 3 节　区分论辩和其他的信息

1. 多余的信息

通常，论辩会与其他信息一同出现，它可能被下面这些信息包围着：
- 引言。
- 描述。
- 解释。
- 背景信息。
- 总结。

- 其他无关的材料。

> **示例**
> 人们用卫星成像来核对 1539 年绘制的洋流地图上的水温漩涡。这张地图是由瑞典制图家奥劳斯·芒努斯绘制的。人们认为，圆形的漩涡位于蛇和海怪之间，纯粹是出于艺术的考虑。然而，漩涡的大小、形状和位置与水温的变化非常接近，这不可能是巧合。这张地图很可能是对在冰岛南部和东部发现的海洋涡流的精确描述。人们认为，地图制作者是从汉萨同盟的德国水手那里收集信息的。

示例分析

- **总论点**　一张旧海图很可能精确描绘了部分海洋的情况。
- **描述**　这段话的开头就描述了用于测试地图的方法：人们用卫星成像来核对 1539 年绘制的洋流地图上的水温漩涡……
- **背景信息**　人们用卫星成像来核对 1539 年绘制的洋流地图上的水温漩涡。这张地图是由瑞典制图家奥劳斯·芒努斯绘制的。人们认为，圆形的漩涡，位于蛇和海怪的图片之间，纯粹是出于艺术的考虑。
- **支持其结论的理由**　请注意，这一理由逻辑上遵循对漩涡的描述，并很好地驳斥了漩涡主要是出于艺术考虑这样一种观点：漩涡的大小、形状和位置与水温的变化非常接近，这不可能是巧合。
- **结论**　从逻辑上得出了结论：该地图很可能是对在冰岛南部和东部发现的海洋涡流的精确描述。
- **解释性细节**　这段文章结尾的信息有助于解释地图绘制者是如何获得绘制地图的信息的：人们认为，地图制作者是从汉萨同盟的德国水手那里收集信息的。

2. 提升你的能力

如果你能识别出不同种类的材料，你便能在阅读时更快速地对文本进行分类。你或许可以浏览文本，找出其中的论辩。如果一时找不到，可以试试在理由和结论处画线或做其他标记。把这个技巧用自己的话记录下来。

练习：找出论辩

阅读例文 4.17 并找出：

- 结论。
- 支持结论的理由。
- 作者对敌对论辩的考虑。

以及其他类型的信息，例如：

- 引言。
- 描述。
- 解释。
- 总结。
- 背景信息和其他无关的材料。

例文 4.17

外星人存在吗？

1：一些国家的人很不认同其他星球上有生命的看法。而在另外一些地方，人们不仅相信地球之外存在生命，还努力与他们沟通。对于外星是否有生命存在这个问题，肯定既有怀疑者，也有支持者。

2：这个问题有一个传统论辩，被称为"充分理论"（plenitude theory），该理论认为，宇宙中存在那么多的星球系统，不可能只有地球上有智慧生命。确实，认为只有地球才有智慧生命，是非常愚蠢且自大的。赞成权变理论（contingency theory）的人则认为事实并非如此，他们的论辩也很有说服力。他们认为，生命是一个快乐的意外，是偶然的现象。他们声称，导致生命进化的过程如此微妙而复杂，发生一次已经非常难得了。

3：这样看来，人们对外星生命是否存在这个问题的看法确实差异极大。不过，外星确实不大可能有智慧生命。100 多年来，无线电波一直在追踪其他星球的生命，寻找生命的迹象，但是到目前为止还没有发现任何东西。如果其他星球存在有智能的生命，我们现在很可能已经发现了一些迹象了。

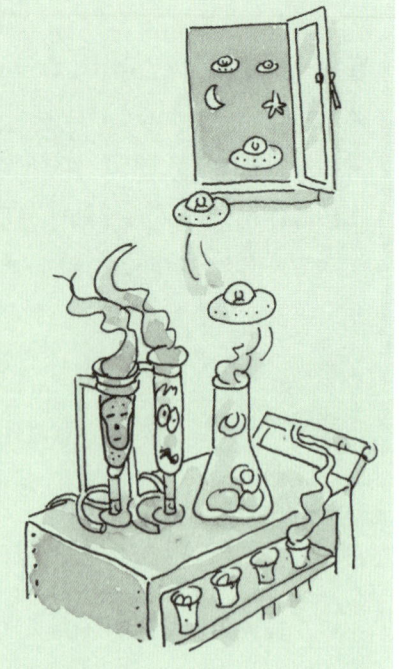

4：目前来看，关于外星生命最有说服力的论辩出自趋同理论（convergence theory）。趋同理论指的是这一情况，即两个不同的物种分别面临一个问题，并独立得出相同的解决方案。例如，蝙蝠和鸟类都进化出翅膀来飞行。同样，章鱼和鱿鱼都拥有相机一般的眼睛。不同的物种各自进化，独立地适应环境。这表明，尽管宇宙存在无限的可能性，大自然往往会自我重复。

5：莫里斯（2004）认为，如果大自然曾经产生出某种东西，就很可能会再次创造它。然而，莫里斯也认识到，生命的基本形成条件在宇宙中可能是罕见的。大自然可能愿意再次创造人类一样的生命，但条件也许不合适，很可能形成生命所需的严格条件不会再次出现。其他的星球不太可能与太阳的距离完全一致，也不太可能有合适的引力、水、大气以及化学物质与物理条件的恰当组合。

6：虽然趋同理论表明大自然倾向于复制相同的结果，而充分理论认为，星球系统的多样性增加了外星生命的可能性，但它们没有绝对的说服力。生命诞生的条件如此苛刻而复杂，它已经发生了一次，很难再发生第二次。

例文 4.17《外星人存在吗？》的分析

论辩：

- **结论**：外星确实不大可能有智慧生命。例文的最后一句话总结了支持这个结论的理由。

- **理由 1**："100 多年来，无线电波一直在追踪其他星球的生命，寻找生命的迹象，但是到目前为止还没有发现任何东西。"

- **理由 2**："生命诞生的条件如此苛刻而复杂，它已经发生

> 我们的防护罩已经打开了，船长。这次地球人也不会发现我们的任务！

> 还是没有。没有其他智慧生命的迹象。

了一次，很难再发生第二次。"
- **作者对敌对论辩的考虑**：作者反驳了趋同理论、充分理论，并以此作为支持结论的理由。

其他类型的信息：
- **引言**：第1段设置了背景，表明在这个问题上存在着很大的分歧。
- **描述**：第2段后半部分描述了权变理论。他们列出了这个理论的要点。虽然作者确实将这个论点描述为"很有说服力"，但没有给出任何理由说明它为什么有说服力，所以这是描述，而不是论辩或解释。在这种情况下，描述也可能是对较长理论的总结。
- **解释**：第4段解释了趋同理论。与第2段后半部分不同，这些不仅仅是简单地列出或描述理论；相反，作者给出例子来阐明理论的含义，并从这些例子中得出一般的原则，即"这表明，尽管宇宙存在无限的可能性，大自然往往会自我重复"。
- **对前面材料的总结**："这样看来，人们对外星生命是否存在这个问题的看法确实差异极大。"（第3段首句）
- **背景信息**：第2段提供了背景信息，帮助设置场景，"这个问题有一个传统论辩……不可能只有地球上有智慧生命"。直到第3段中间，论据才被引入。进一步的背景信息在第2段的后面，"赞成权变理论的人则认为事实并非如此……导致生命进化的过程如此微妙而复杂，发生一次已经非常难得了"。

本章小结

这一章探讨了如何区分论辩和其他类型的信息。这些信息会与论辩相混淆，可能因为日常语言中对"论辩"一词的解释，也可能是因为某个信息具有论辩的外观。

批判性思维有时会与分歧混淆。然而，在批判性思维中，论辩指的是通过一组理由来支持一个结论，说服他人接受某个观点。论辩可能会包含分歧的部分要素，但并不一定会包含。相反，在批判性思维中，不涉及推理的分歧就不是一个论辩。

描述，即阐述一件事情是如何完成的，或它是什么样子。描述可以是详细的，因此有时会与包含详细分析的批判性推理混淆。描述不会以推理的方式表达事情是如何发生的或为什么发生，也不会评估其结果。在报告和学术写作中，描述应该是真实、准确、不涉及价值判断的。在开始评价某一话题之前，简明扼要的描述可以更好地介绍话题。

解释和总结看起来与论辩在结构上很像，因为它们也可能会包括理由、结论以及与论辩相似的信号词。然而，解释并不试图说服受众接受某种观点。它们被用来解释"为什么"或"如何"，或引出意义，而不是"支持"或"反对"。总结可能是论辩的一个较短版本，但是它们的功能是缩减信息的长度。

识别论辩与非论辩，可以加快你的阅读速度，因为你可以更快地找出文本中的关键点。它也有助于理解，因为你更有可能为自己的目的找出要点。这些技能将在第九章（阅读）和第十章（写作）中详细介绍。

资料来源

幸福的本质：Csikszentmihalyi, M. (1992) *Flow: The Psychology of Happiness* (London: Random House).

18世纪绘画中的社会等级：Barrell, J. (1980) *The Dark Side of the Landscape: The Rural Poor in English Painting, 1730–1840* (Cambridge: Cambridge University Press).

Arnheim, R. (1954, 1974) *Art and Visual Perception: The Psychology of the Creative Eye* (Berkeley: University of California Press).

婴儿猝死综合征：Trevathan, W., McKenna, J. and Smith, E.O. (1999) *Evolutionary Medicine* (Oxford: Oxford University Press).

传染性哈欠：Platek, S. et al. (2003) 'Contagious Yawning: the Role of Self-awareness and Mental State Attribution', *Cognitive Brain Research*, 17 (2): 223–7.

Farrar, S. (2004a) 'It is Very Evolved of Us to Ape a Yawn', *Times Higher Educational Supplement*, 12 March 2004, p. 13.

岩洞壁画艺术：Farrar, S. (2004b) 'It's Brit Art, but Not as We Know It', *Times Higher Educational Supplement*, 16 July 2004.

航海图研究：Farrar, S. (2004c) 'Old Sea Chart is So Current', *Times Higher Educational Supplement*, 16 July 2004.

地球外的生命：Morris, S. (2004) *Life's Solution: Inevitable Humans in a Lonely Universe* (Cambridge: Cambridge University Press).

Pagel, M. (2004) 'No Banana-eating Snakes or Flying Donkeys are to be Found Here', *Times Higher Educational Supplement*, 16 July 2004.

第五章

他们说得怎么样？

—— 清晰、一致与结构

学习目标

- 检查论辩的清晰度和内部一致性。
- 识别论辩的逻辑一致性。
- 检查逻辑顺序。
- 理解联合理由和独立理由的含义。
- 识别过渡结论并了解它的作用。

概述

在第三章中，我们已经学习过，论辩有六个特征，包括：

- 作者的立场。
- 命题或理由。
- 推理线。
- 结论。
- 说服。
- 运用指示词或信号词。

不过，这些特征只能够帮助我们确认作者是否使用论辩，却不能够告诉我们论辩的质量，比如它是否有良好的结构和一致性。本章着眼于作者如何构建清晰、一致、符合逻辑的论辩。你将有机会更深入地了解，一个论辩是如何通过联合理由、独立理由、过渡结论和逻辑顺序，被组织成一条推理线的。

通过理解论辩的结构，你可以：

- 使用论辩的结构来集中阅读。
- 通过理解论辩的一个部分与另一个部分之间的联系来提高理解能力。
- 应用这种理解，为自己的论辩建立模型，将之运用到论文和报告中。

第 1 节　作者的立场有多清晰？

清晰是构建一个好论辩的重要因素。有时作者会给出大量有趣的信息，但真正的观点却迷失在细节中。如果作者的立场明确，那受众就更能理解他想要表达的意思，并一直跟随着这一论辩。

在一个好的论辩中，作者的立场将通过以下几种方式体现出来：

- 介绍性的语句。
- 最后的语句。
- 结论。
- 整体的推理线。
- 对论辩的总结。
- 仔细选择事实，以免论辩失败。

练习

阅读以下例文，并思考：

- 作者的立场清晰吗？
- 是什么让作者的立场清晰或不清晰？

例文 5.1

大象的大脑是人类的 5 倍大。有些人认为大象非常聪明，如果这是真的，它们是比人类聪明 4 倍吗？不过，也许我们不应该这样看。毕竟，按照大小来比较大型动物和小型动物的大脑可能不公平。或许，重要的是相对大小呢？人类大脑的重量相当于体重的 2.5%，而大象的大脑还不到总体重的 0.25%。按比例来说，人类的大脑比大象的大脑大 9 倍。也许是大脑和身体的比例起了作用？如果真是这样的话，那么有更重大脑的鼩鼱就会比人类和大象更聪明——但是它就知道吃东西而已。

例文 5.2

个体有自由意志，所以可以控制自己的命运。与此同时，群体也发挥着作用。例如，坎贝尔 1984 年的研究表明，常与男孩交往的女孩比常和女孩交往的女孩更有可能看到打架，并参与打架。这表明攻击性行为受到社会环境的影响，而不仅仅是受性格的影响。在日常生活中，我们的自我意识相信自己在做独立的决定。我们知道自己有选择，而且我们为自己做决定。群体也可以强迫成员做出决定，有时他们自己都没有意识到。

例文 5.3
这份报告考察了某地区是否应该新建一个体育中心。市场调查显示，该地区的人对一个新的体育中心需求不大。然而，该地区很少有人使用体育设施来改善他们的健康。政府正试图鼓励人们对自己的健康负起责任。新建一个体育中心将有助于实现这个目标。该地区的人们没有意识到健康的问题，对体育也不感兴趣。政府可能会提供补贴。

答案见 386 页

第 2 节　内部一致性

1. 清晰和内部一致性

论辩是提出清晰观点的重要方面，这样，推理的所有部分都有助于得出结论，且没有任何内容会反驳或破坏主要信息。缺乏一致性会让论辩变得晦涩难解，受众将因此无法辨认出作者的意图。

示例 1
苹果对你的牙齿有好处。酸有腐蚀性。苹果主要由酸组成，所以对牙齿不好。

在这里，信息缺乏内部一致性。受众无法判断苹果是否对牙齿有益。

2. 包含敌对论辩

强有力的推理通常会考虑到不同角度的观点，包括那些似乎与论辩相矛盾的观点。好的论辩通过以下方法来处理这种矛盾：
- 在整个推理过程中，明确受众应该采取的立场。
- 在介绍其他观点时表达清楚。
- 反驳不一致的观点，并说明为什么这些观点不那么令人信服。
- 通过展示总论点是如何成立的，来解决所有明显的矛盾。

> **示例 2**
> 苹果比精制糖对牙齿更有益。有些人认为苹果主要是由酸组成的，而酸会损害牙釉质。然而，如果留在牙齿上，任何食物都会损害牙齿。精制糖对牙齿的伤害尤其大。与大多数甜食相比，苹果是一种更有益的选择，因此长期以来，牙医一直推荐苹果。

这里的论辩是内在一致的：苹果比精制甜食对牙齿更有好处。所有的理由都支持这一点。敌对论辩（酸腐蚀牙齿）也在其中，但它的重要性被弱化了。

值得注意的是，总论点之所以站得住脚，部分原因是它的措辞更加具有试探性，便于辩护。说某事"比……更有益"比绝对地说"……是好的"更容易，绝对地说"苹果是好的……"并不适用于所有情况。

3. 精确

示例 2 表明论辩可能需要非常精确的措辞，不精确的措辞常导致论辩不一致，如示例 3 所示。

> **示例 3**
> 苹果对你的牙齿有好处，牙医早就推荐吃苹果了。不过苹果主要是由酸组成的，而酸会腐蚀牙釉质，这种情况似乎很奇怪。然而，这种酸相对来说是比较无害的了，苹果肯定比精制糖做成的零食（如糖果和蛋糕）更有益。

在这里，论辩的结构相对较好，比示例 1 更一致，但它仍然不是一致的论辩。作者的开场白是"苹果对你的牙齿有好处"。然而，在文章的最后，作者认为这种酸"比较无害"，"苹果比……更有益"。这种相对益处的说法与"苹果是好的"的绝对观点是不一样的，因此信息在内部是不一致的。

练习：内部一致性

通读下列段落。

- 判断每段例文是 A（内部一致），还是 B（不一致），并阐明理由。
- 对于不一致的部分，思考如何调整它们使之一致。

例文 5.4

在体育比赛中，应该禁止使用所有能够提高成绩的药物，因为这些药物会给服药者带来不正当的优势。要禁止被抓住的服药者再参加任何国内和国际的体育比赛，因为他们没有遵循公平比赛的精神。不过，如果有人出于医学考虑，确实需要药物，他们应该被允许参加比赛，因为这些人没有打算作弊。

例文 5.5

教练应该阻止运动员服用提高成绩的药物，因为这些药物会对他们的健康产生严重影响。有些药物使用后会导致身体变形、皮肤状况恶化，让服药者产生更强的好胜心，还有一些药物使用后的长期效果尚不清楚。另一方面，有些人（比如患有哮喘的人）需要含有这些药物成分的药品。对他们来说，服药可能比不服药更有益。因此，完全禁止使用能提高成绩的药物是错误的。

例文 5.6

电视真人秀无法提供公众想要的东西。太多的节目都制作得很廉价，把镜头对准那些期望短暂成名的普通人。因此，对高质量节目的投资正在减少。电视节目的种类要少得多。数字电视所承诺的多样性并未实现。昨晚，几乎全国的人都开始观看最新真人秀的最后一集，而不是尝试其他的选择。那些电视剧、好的喜剧节目和调查充分的纪录片到底是怎么了？

例文 5.7

乡村正在消失。城市周围，那些被称为"绿化带"的绿地和林地，对保持乡村之美至关重要，而超过 8% 的乡村现在已经被开发。绿化带对不断发展的城市至关重要，它是城市的"肺"，帮助城市"呼吸"。不幸的是，大量新建房屋从城市向外延伸，乡村正在迅速消失。过不了多久，它就会消失。一旦这种情况发生，就很难（如果不是不可能的话）恢复失去林地和树丛的复杂生态系统。

例文 5.8

克里斯托弗·哥伦布向西航行，试图寻找东印度群岛。然而，在那之前，人们都相信世界是平的，认为哥伦布会航行到世界的边缘。公元 4 世纪的基督教作家，如拉克坦修斯和印第科普莱特斯，把世界描绘成一个长方形，但他们的观点影响不大。奥古斯丁、阿奎那和艾尔伯图斯等中世纪著名学者知道世界是圆的，但他们的思想集中在更高层次的宗教问题上。在哥伦布时代，塞拉曼加的学者做了比哥伦布更精确的计算，他们知道地球的形状，意识到哥伦布低估了去东印度群岛的距离。学者们反对哥伦布的航行，但哥伦布坚持要去。如果没有他的勇气，美洲可能永远不会被发现。

答案见 386—387 页

第 3 节　逻辑一致性

在清晰一致的论辩中，理由会支持结论。评估论辩时，我们需要检查作者给出的理由是否支持结论。换句话说，我们需要检查论辩是否说得通，这其实就是在检查逻辑的一致性。

有时，作者在论辩中迷失，得出的结论与给出的理由不符。有时候，论辩的理由可能不够充分，我们觉得作者仿佛在抓救命稻草，希望我们不会注意到逻辑的疏漏。下面，请考虑示例 1 中，为什么理由无法支持结论。

> **示例 1**
> 昨晚车站附近发生了一起谋杀案。车站附近总是有年轻人在闲逛，所以谋杀案可能是他们中的某个人干的。地方议会应该禁止年轻人在车站附近闲逛。

在示例 1 中，结论是"应该禁止年轻人在车站附近闲逛"。支持这一结论的理由是，发生谋杀的车站附近经常有年轻人闲逛。这个理由不支持这个结论，因为没有任何证据表明：

- 那些年轻人确实犯了谋杀罪。
- 那些年轻人犯了谋杀罪，所以其他年轻人也会这样。
- 对年轻人的全面禁令可以防止可能出现的谋杀。

缺乏证据是一部分原因。与此同时，它也是错误的推理，因为结论不符合给出的理由。另一种可能的结论是，如果谋杀发生时这些年轻人就在附近，他们可能已经看到或听到了有助于破案的东西。下面，阅读示例 2，看看你是否可以找到结论和支持结论的理由。

> **示例 2**
> 农村的学生在学校中的表现比城市的学生要好。在农村长大的孩子对家庭的生计以及照顾弱小的动物有更多的责任感。这促生了一种更成熟的态度，让他们更懂得尊重生命。城市中的孩子通常拥有更多的物质财富，但他们往往并不重视这些物质财富。他们也不太会尊重父母和老师。城市的孩子应该被送到农村去上学，这会让更多的孩子懂得尊重且行为良好。

在这个示例中，最后两行给出了结论：如果把孩子从城市送到农村的学校，他们的态度和行为将会得到改善。主要理由是农村地区的孩子更懂得尊重且行为更得体。

然而，农村孩子之所以有所谓的较好行为，是因为他们在家庭中承担的责任，而不是学校本身。城市孩子不会仅仅因为去农村学校上学就承担起这种责任，因此，从逻辑上讲，改换学校不会导致城市孩子行为上的改变。示例中给出的理由为另一种结论提供了更好的依据：如果赋予城市儿童更多的责任，他们的行为可能会得到改善。

练习：逻辑一致性

通读下列的例文，判断它们的逻辑是否一致，选 A 表示一致，选 B 表示不一致。请说明理由。

例文 5.9

海洋的最深处被称为深海区。大陆架上的次深海区是深海区的一部分，深得连光线都透不进去。尽管一片漆黑，动物却仍然在那里繁衍生息。人类是动物王国的一部分。既然动物在次深海区能生存，那么人类也可以在没有光线的环境中生存。

例文 5.10

如果工人没有特别注意健康和安全，建筑工地就会发生事故。许多员工在遵守健康和安全指导方面很松懈，这意味着明年建筑工地的事故将会增加。

例文 5.11

虽然体育、媒体、大众文化等学科，涉及对科学原理应用理论的理解，但在大学中、公众视野中，它们的地位还是低于历史、古典文学等对智力要求更低的学科。部分原因是前者吸引了更多工人家庭出身的学生，而选修这些学科的学生比选修传统学科的学生收入要低。这使得工人家庭出身的人长期从事低收入工作。因此，应该鼓励工人家庭出身的学生学习历史等传统的学科。

例文 5.12

随着时间的推移，沉积层逐渐堆积起来，填满了山谷和海洋，直到形成一系列的岩石。最古老的岩石总是在底部，除非岩石的底部被翻卷过来，如折叠或断层。当地下或火山中有太多的熔岩时，熔岩就会强行穿过沉积层，这被称为火成岩，它们硬化成火山岩脉，切割了许多的沉积岩。因此，当火成岩穿过一系列沉积岩时，它们总是会比周围的岩层年轻。

> **例文 5.13**
> 找到一个绝对寂静的地方是不可能的。现在，无论你走到哪里，都会听到手机铃声、人们的喊叫、汽车喇叭声、大型手提式收录机里倾泻而出的音乐声，或是个人音响里刺耳的微弱音调。你根本无法找到一个没有被声音打破寂静的地方，噪声污染肯定在变得严重。

> **例文 5.14**
> 现在，计算机可以在国际象棋等复杂游戏中与人类竞争，并击败人类。但上个世纪末之前，人们都认为这是不可能的。从那时起，计算机内存变得越来越大，运转速度越来越快。现在，很大的内存可以存储在很小的空间里。计算机没有情感，而情感是同情他人所必需的能力。不过，终有一天，计算机将在所有方面超越人类。

答案见 387 页

第 4 节　联合理由和独立理由

如果作者给出了两个或两个以上的理由来支持一个结论，这些理由可能是：
- 联合理由。
- 独立理由。

1. 联合理由

在这种情况下，不同的理由在某种程度上相互联系并相互加强。

> **示例 1**
> 英国的雇主积极地鼓励老年人留在工作岗位上是很重要的。首先，随着人口老龄化，英国将没有足够的年轻人进入劳动力市场来满足经济的需求。其次，老年人用一生所积累的技能和经验对经济有益。此外，老年人往往拥有罕见的技能和实用的看法，而这些是无法速成的。

示例中，结论出现在第一句，给出的理由都与经济发展所需要的技能有关，并且相互支持：

- 没有足够的年轻人参加工作。
- 老年人具备相关的技能和经验。
- 老年人的技能和看法往往很罕见，也很难获得。

2. 独立理由

作者可以用几个理由来支持这个结论，每个理由都是有效的，但与其他理由无关。

> **示例 2**
> 英国的雇主积极鼓励老年人留在工作岗位上是很重要的。老年人往往拥有罕见的技能和有用的看法，如果他们提前离开工作岗位，这些能力和经验会被浪费掉。此外，长时间的全职或兼职工作被认为对健康有好处。再者，储蓄和养老金也不足以满足退休人员 30 年或更长时间的需求。

在这里，所有的理由都支持这个论辩，但又相互独立：

- 首先是效益方面的考虑（稀有的技能）。
- 第二点涉及健康问题。
- 第三点涉及个人财务。

要判断每个单独的理由是否足以支持论辩，给出多个不充分的理由并不能构成一个好的论辩，如下例所示。

> **示例 3**
> 英国的雇主积极鼓励老年人留在工作岗位上是很重要的。首先，老年人有权享有更好的生活水平。其次，如果他们不在这里工作，许多人将移民。第三，老年人喜欢认识年轻人，而在工作场所外他们很难获得这样的机会。

这三个理由本身可能都是正确的，它们放在一起，会让人觉得该示例是一个好的论辩。然而，雇主可能会认为这三个理由都是社会的问题，无法成为留住老年员工的商业理由。

练习：联合理由和独立理由

阅读例文，判断例文使用的是联合理由还是独立理由。例文的结论部分已经用粗字体标出。

例文 5.15

应该允许 16 岁以上的年轻人投票。他们纳税，所以对他们的钱如何使用应该有发言权。他们能为自己的国家战斗和牺牲，因此应该有权在国家的政治进程中发表意见。如果他们有政治义务，他们也应该有政治权利。

例文 5.16

探险队留下了许多的垃圾、损坏的设备和其他无用的东西，它们正逐渐破坏北极的景观。现在进行的大量探险活动几乎没有发现什么有用的东西。此外，考察队的需求扭曲了当地的经济。探险时常是不安全的，队员的生存也不能得到保证。因此，**应该大大减少对北极的探险次数。**

例文 5.17

说谎有时是正当的。谎言会伤人，但真相可能会更伤人。人们并不总是需要听到真相——谎言有时可以提供一种实用的应对机制来处理困难的情况。此外，人不可能总是说真话，因为我们不清楚什么构成了真相。例如，夸张是谎言的一种形式，但它也包含一些真相。谎言是社会关系的重要组成部分：我们说谎是为了维持友谊和保持社会的和谐。

例文 5.18

作者跟随乐队去巡回演出。她拜访了他们的家，与乐队队员住在同一家旅馆，并参加了他们的家庭聚会和葬礼。她拥有自己的乐队也已经好几年了，所以她能够从内部了解摇滚乐队的生活。不过，她从来没有加入过这个乐队，也没有和这个乐队竞争过，这让她能够客观地描述这个乐队的盛衰、它的音乐和队员们的生活。因此，**本书向我们忠实地再现了这个摇滚乐队的生活。**

例文 5.19

知识管理对企业越来越重要。没有它，资源就会被浪费。例如，许多公司都没有很好地利用员工的培训与经验，将这些知识传递给其他员工。此外，不善于管理知识的企业对潜在客户来说可能显得不那么与时俱进，因此也就不那么有吸引力。随着网络信息的普及，企业需要采取策略来帮助员工在情感上应对过载的信息。

例文 5.20

人们花了很长时间才学会欣赏马格利特的艺术，因为**他几乎没有给人留下理解他作品的线索**。他的艺术很大程度上依赖于潜意识，但他坚决拒绝透露自己的生活，这本可以帮助公众理解他潜意识的运作。他甚至拒绝谈论他早年生活的基本情况。由于他不同意基于个人问题和经历对艺术进行诠释，马格利特几乎没有给出有助于这种诠释的信息。

答案见 387—388 页

第 5 节　过渡结论

在较长、较详细的推理中，可能有几组理由支持结论。在一个结构合理的论辩中，应该对这些理由进行排序，以便：

- 把相似的理由归为一组。
- 每组理由都支持一个过渡结论。
- 所有的过渡结论都支持推理线。

作者可以根据每组理由得出一个过渡结论。这有助于受众记住论辩的不同阶段。过渡结论就像一个阶段和下一个阶段之间的垫脚石，有助于构建论辩。

示例 1

吸烟者应该被给予更多的吸烟自由，并为他们做出的选择承担更多的个人责任。许多人都知道香烟会给健康带来很大的风险，但这些风险是成年人自愿承担的。大多数吸烟者计划在风险变得极端之前戒烟。成年人应该允许自己决定是否吸烟，而不是在香烟包装上发出警告。吸烟者至少要支付和其他人一样多的税和保险。他们因购买香烟需要支付额外的税，而且通常还需要支付更高的保险费用。尽管如此，一些医生还是拒绝给他们提供医疗服务。吸烟者应该享有和其他纳税人一样的医疗保健权利。吸烟者也应该有与其他人相同的公共空间访问权。在一些国家，吸烟者几乎找不到吸烟的地方。无论天气如何，他们都被迫在外面。吸烟者正在成为社会的弃儿，而曾经吸烟是最具社会性的活动。

在上面的例子中，结论在文章的开头：吸烟者应该为他们所做的选择承担更多的个人责任。

示例 2 复制了示例 1 的内容，但强调了过渡结论。请注意，过渡结论既可以介绍一组新的理由，也可以总结已经给出的理由。

示例 2 中有三组理由，每一组都与一个被加粗的过渡结论相联系。

示例 2

许多人都知道香烟会给健康带来很大的风险，但这些风险是成年人自愿承担的。大多数吸烟者计划在风险变得极端之前戒烟。**成年人应该允许自己决定是否吸烟**，而不是在香烟包装上发出警告。

吸烟者至少要支付和其他人一样多的税和保险。他们因购买香烟需要支付额外的税，而且通常还需要支付更高的保险费用。尽管如此，一些医生还是拒绝给他们提供医疗服务。**吸烟者应该享有和其他纳税人一样的医疗保健权利。**

吸烟者也应该有与他人相同的公共空间访问权。在一些国家，吸烟者几乎找不到吸烟的地方。无论天气如何，他们都被迫在外面吸烟。吸烟者正在成为社会的弃儿，而曾经吸烟是最具社会性的活动。

练习：过渡结论

找出例文 5.21 的总论点和过渡结论。

例文 5.21

虽然大多数吸烟者都说他们喜欢吸烟，但他们中的许多人还是希望自己不吸烟。一位记者写过："感觉我就像在烧钱。"香烟可以占到个人消费总支出的一半。通常来说，随着人们借款的增多以及支付利息，香烟的总消费有时会被隐藏起来。然而，许多吸烟者都很清楚，吸烟浪费金钱。吸烟对长期健康同样具有毁灭性的影响。就像吸烟者常在银行累积债务一样，他们的健康也在累积着看不见的赤字。人们很容易忘记吸烟对健康的影响。疾病和死亡的警告似乎还要很久才会真正出现。不幸的是，一旦肠癌、肺癌、喉癌或胃癌发作，任何行动往往都为时已晚。此外，这些疾病在吸烟者还年轻的时候就会突然发作。吸烟者在他们的周围散发强烈的、令人不快的气味，在未经他人同意的情况下影响了别人。吸烟会损害嗅觉，所以吸烟者没有意识到他们给别人带来了多少难闻的气味。有些人认为在户外吸烟可以清除那些难闻的气味，但事实显然并非如此。此外，研究发现，常在户外吸烟的人所住房屋中属于香烟的化学物质的含量是不吸烟者房屋的 7 倍以上。有毒化学物质挥之不去，影响其他人的健康，这有时甚至是致命的。无论是在室外还是室内，吸烟不仅会伤害吸烟者，还会伤害其他人，这种伤害是应该被禁止的。政府应该采取强有力的措施，提高人们对吸烟危害的认识，并在公共场所禁烟。

答案见 388 页

第 6 节 作为理由的过渡结论

过渡结论可以有两个目的：

- 总结。
- 作为理由。

1. 总结性的过渡结论

在论证过程中总结论辩，用更易于理解的语句澄清论辩。它还能强化信息，提醒听众注意总论点。在一个好的论辩中，作者将：

- 按照逻辑对理由进行分组。

- 用一句话或一段话来总结每组理由，这个总结可用作过渡结论。

2. 作为理由的过渡结论

过渡结论也可以用作理由。作者可能需要先建立过渡结论，然后才能把它用作理由。换句话说，一组理由被用来支持一个过渡结论，然后这个过渡结论成为支持整个结论的理由。

> **示例**
> 大学希望用客观的方法来批阅学生的作业，但客观是需要时间的。老师需要花大量的时间检验自己对学生答案的理解。多项选择题只有一个正确答案，因此不存在主观判断的机会，这使得整个评分系统更加公平。多项选择题的测试可以用计算机快速、客观地进行打分。多项选择题提供了一种更快、更公平的评分方法。随着学生人数的增加，大学希望更好地利用老师的时间。因此，大学应该更多地使用多项选择题进行测试。

这里的结论是"大学应该更多地使用多项选择题进行测试"。

过渡结论是"多项选择题提供了一种更快、更公平的评分方法"。

为了说明大学应该使用多项选择题，作者举了一个例子来证明多项选择题是一种快速而客观的打分方式。支持过渡结论的理由是，多项选择题只有一个正确答案：

- 可以客观评分。
- 可以快速评分。

运用过渡结论的论辩结构

个别理由	→	作为细节支持过渡结论	→	形成更重要的理由	→	支持主要论点或结论
理由（1） 理由（2） 理由（3）		这三个理由都支持过渡结论1		过渡结论1 成为理由1		这两个理由支持总的结论
理由（4） 理由（5）		这两个理由都支持过渡结论2		过渡结论2 成为理由2		

> **练习：作为理由的过渡结论**
>
> 在每段例文中找出两个用作理由的过渡结论。每篇例文的总结论都在最后一句。
>
> **例文 5.22**
>
> 攻击他人是违法的。打耳光是一种攻击形式，它即使不会造成身体上的伤害，也会造成心理上的伤害。它应该一直被视为违法行为。这条规则适用于成年人，但在儿童身上却常常不被承认。打耳光被认为是一种有用和必要的纪律形式。也有人认为孩子不是独立的存在。这不是一个有效的论点。儿童可能依赖于成人，但他们仍然是人。**因此，打孩子也应该算作法律上的侵犯。**
>
> **例文 5.23**
>
> 很多人在讨论中说得太快，因为他们担心会出现沉默。当被问及这个问题时，人们通常会承认他们说得早是为了确保讨论中没有间隙。他们不习惯在谈话中沉默，也不知道如何巧妙地应对沉默。他们会觉得在讨论中沉默是令人不安和尴尬的事情。然而，沉默可以是有益的。首先，它为反思留出了时间，使发言者能够做出深思熟虑而准确的回应，为讨论做出更多贡献。其次，它给更多人提供了首先发言的机会。**为了更有效地进行讨论，我们需要有技巧地管理沉默。**
>
> 答案见 388—389 页

第 7 节　总结性结论和逻辑性结论

注意到总结性结论和逻辑性结论之间的区别是重要的。

1. 总结性结论

总结性结论就是将前面的信息汇总成一个较短的总结。例如，如果一篇文章提出了两个主要的观点，一个总结性的结论会简短地概述这些观点。总结性结论往往在不做判断的情况下结束一篇文章或一场辩论,如示例1。

> **示例1**
> **胃溃疡的原因是什么?**
> 过去人们认为胃溃疡是由压力引起的。工作太辛苦或忧虑太多的人会产生很多的胃酸,而胃酸过多会导致溃疡。现在许多人仍然持这种观点。不过,研究表明,70%的胃溃疡可能是由幽门螺杆菌引起的。幽门螺杆菌会改变胃壁,使其更容易受到胃酸的影响。这种细菌感染可以用抗生素治疗,不用强迫病人降低压力水平。因此,现在一些人认为胃溃疡是由压力引起的,另一些人则认为是由感染引起的。

在示例1中,作者陈述了两种相反的观点,但并没有使用证据得出一个合逻辑的结论,即哪种观点是胃溃疡最可能的解释。最后一句话作为结论,只简单地总结了前面的内容。这个例子没有逻辑结论,所以它不是论辩,只是带有总结性结论的总结。

2. 逻辑性结论

逻辑性结论是基于理由的推论,它不仅仅是对论据或证据的简单总结,而是分析理由,根据理由进行判断。

> **示例2**
> **怎样预测火山喷发的时间?**
> 预测火山喷发并不是一门精确的科学。监测山顶的火山活动往往不能帮助我们预测火山侧翼的状态,例如火山侧面的喷发。监测西西里岛埃特纳火山的科学家认为,他们已经可以确认一种联系,即在这种侧翼的火山活动之前会有几个月的山顶活动。然而,1995年埃特纳火山开始有山顶活动,但此后6年侧翼都没有发生火山喷发。他们认为埃特纳火山的喷发规律比他们最初判断的要复杂得多,其他火山也可能如此。因此,一个时期的山顶活动不一定可以用来预测侧翼的火山活动。

在示例2中,结论用"因此"一词表示。作者从理由中推导出一个结论,所以它是论辩。结论是,火山顶部有大量活动时,并不意味着熔岩将开始从火山的侧面喷发。这显然是基于一项判断,即最近对埃特纳火山的研究打破了早先的研究结论(认为火山侧翼活动和山顶活动之间存在更密切的联系）。

练习：总结性结论和逻辑性结论

判断例文中的结论是总结性结论还是逻辑性结论，并说明该例文是否构成论辩。

例文 5.24

罪犯是天生的还是后天养成的？

20 世纪 60 年代，雅各布斯等人提出，犯罪行为中有很强的遗传成分。不过，心理学家鲍尔比认为，犯罪行为是由成长环境造成的，而非遗传因素。鲍尔比指出，相当多的罪犯在遭受虐待或缺乏情感温暖的家庭环境中长大。最近，威尔逊和赫恩斯坦提出，如果一个人的基因使他更容易犯罪，并在成年后面临额外的压力因素，如童年期受虐待或成年期滥用药物，那么他更有可能犯罪。虽然基因可能使人易于犯罪，但它不是人犯罪的理由。由于许多罪犯都经历过虐待和被忽视的童年，所以更公平地说，犯罪是环境而不是基因的结果，罪犯是后天养成的，不是天生的。

例文 5.25

真人秀对电视节目有益吗？

近年来，电视上真人秀节目的数量大幅增长。真人秀节目制作成本低廉，制片人认为，观众希望在屏幕上看到"真实的人"。然而，批评人士抱怨说，真人秀节目是以牺牲原创戏剧或时事节目为代价的，电视节目的整体质量正在下降。因此，一些人认为真人秀对电视节目有好处，因为它们既便宜又受欢迎，而另一些人则认为它们导致了劣质电视节目的泛滥。

例文 5.26

取消债务的真正成本是多少？

禧年组织呼吁取消第三世界国家的债务。有人担心，这意味着商业银行或西方政府将被迫承担严重的经济损失。罗博特姆认为，债务实际上可以在所有人都只付出很少代价的情况下被取消。他认为现代经济中货币的主要形式是银行信贷。尽管银行有平衡资产和负债的会计规则，但信贷并不以实物形式存在。它不是坐在保险库里等待使用或借出的钱——它是数字货币或虚拟货币。因此，如果银行没有义务维持资产和负债之间的均衡，那么它们可以取消第三世界的债务，而不必从储备中拨出等量的钱来支付这些债务。因此，取消债务涉及虚拟货币，如果第三世界债务被取消，银行将不会遭受真正的财务损失。

例文 5.27
有机食品的味道更好吗？
有机食品的支持者认为，有机食品不仅比商业生产的食品更健康，而且味道更好。菲利翁、阿拉齐（2002）与经过培训的小组成员一起对有机和非有机的果汁与牛奶进行了盲品。他们的结论是，有机果汁的味道确实更好，但有机牛奶和传统牛奶的味道没有区别。然而，有机产品的支持者坚持认为，有机食品味道更好是常识，因为它是在更健康的条件下生产的。因此，虽然有机产品味道更好的科学证据有限，选择有机产品的消费者仍然相信它。

答案见 389 页

第 8 节　逻辑顺序

1. 逻辑顺序

推理线或整体的论辩，应该有一个明确的方向，而不是以随机的方式从一个点跳到另一个点，带着受众兜圈子。示例 1 中，作者从一个点移动到另一个点，没有方向或逻辑顺序。

示例 1
宠物能提高生活质量，它们带来的好处大于要付出的代价。不过，宠物可能会破坏家具。

> 抚摸宠物被认为可以减轻人的压力。动物在地毯和窗帘上留下的气味会影响房产的价值。许多人认为和宠物聊天可以帮助他们解决个人的问题。宠物的问题是可以解决的，不是无法克服的。

示例 1 的作者可以通过以下方式构造更符合逻辑的论辩：

- 将相似的论点组在一起。
- 首先提出支持其论点的理由，以便形成一个好的论辩。
- 建立论辩后，再考虑相反的理由，证明这些理由为什么不重要或不那么有说服力。

比较示例 1 和示例 2，看看它们的相同与不同之处。

> **示例 2**
> 宠物能提高生活质量，这在几个方面是显而易见的。例如，抚摸宠物可以减轻压力，许多人觉得和宠物聊天可以帮助他们解决个人的问题。在屋子里养动物有一些缺点，比如家具损坏或者气味难闻。然而，这些问题很容易克服。养宠物的好处大于坏处。

2. 如何应对糟糕的逻辑顺序？

如果你面对的是像示例 1 那样混乱的论辩，对它进行如下排序会对你有帮助：

- "支持"和"反对"的论辩列表。
- "支持结论的论据"和"不支持结论的论据"。

现在请思考如何对示例 3 进行上述排序。

> **示例 3**
> 未来，核电站不是有效的能源来源。建造核反应堆比建造化石燃料发电站要昂贵得多。煤、天然气和石油等化石燃料是一种日益减少的资源，因此核燃料为未来提供了一种有用的替代能源。核反应堆退役的成本也很高，因此长期来看可能效益不高。化石燃料越来越难找到，煤炭成本可能会上升，从而使核燃料更具吸引力。目前还没有找到储存核燃料的真正安全的方法。替代燃料的研究已经进行了一段时间，取得了一些成功。太阳能和废弃物中的甲烷只是化石燃料的两种替代品。

支持核电站的论据	反对核电站的论据
• 随着储量减少，化石燃料将变得更加昂贵。 • 化石燃料可能会用完。	• 建造核电站的成本更高。 • 停止使用核电站的成本更高。 • 没有真正安全的方式储存核废料。 • 存在矿物燃料的其他替代品。

练习：逻辑顺序

下面的例文没有遵循逻辑顺序，这让我们很难理解它的推理线。制作一个列表，记录例文的问题，然后重新排列句子，以改善论辩的结构。

例文 5.28
昼夜节律

1：实验中，人类志愿者在地下恒定的光线里待了几个星期。2：一开始，他们的生物钟和睡眠模式被打乱了。3：几个星期后，他们的生物钟恢复到正常的24小时昼夜节律，跟外面的世界大致一致。4：我们通过暴露在阳光下来调节自己的生物钟，它会对光线和黑暗的模式做出反应。5：我们的身体对生物节律的反应比对时钟时间、外界干扰的反应更敏感。

6：自从人类基因图谱成为基因组计划的一部分，我们对昼夜节律及其在遗传条件中的作用逐渐有了更深入的了解。7：有些家庭的遗传条件使人对昼夜节律不那么敏感。8：这或许有助于解释这些家庭中出现的睡眠障碍模式。9：工作模式、休息模式、建筑、照明、食品、药物和医疗都在与我们的生物钟竞争。

10：这些生物节律被称为昼夜节律，它在鸟类中的作用尤其强烈。11：对人类来说，它特别受到我们大脑底部、下丘脑前部的视交叉上核控制。12：如果这部分大脑受损，人就会失去正常的24小时生物钟的感觉，那样的话，只要睡着，就是夜间。13：对其他人来说，昼夜节律比预期的要强烈得多。14：长期与太阳节律

> 失去联系的宇航员会发现自己很难适应昼夜节律。15：许多人需要药物来帮助他们入睡。
>
> 16：夜班工人即使上了 20 年的夜班，也无法调整昼夜节律来适应夜间工作的需要。17：某些疾病，如消化性溃疡和心脏病，以及车祸风险的增加，在夜班工人中更为常见。18：由于扰乱昼夜节律的长期影响尚未被发现，我们应该注意确保轮班工人和因遗传条件而对 24 小时生物钟不敏感的人的健康。19：一些精神疾病，如精神分裂症和双相情感障碍，可能也与昼夜节律的功能失调有关。

答案见 389—390 页

本章小结

本章探讨了评估论辩的方法。好的论辩不一定是正确的论辩，但它可以比正确的论辩更有说服力。理解如何很好地组织论辩会让你能够：

- 以令人信服的方式构建自己的论辩。
- 对说服你的究竟是论辩的组织形式，还是论据和论辩本身的质量做出判断。

本章从作者的立场开始。作者的立场在论辩中并不总是显而易见。但如果能够确定作者的基本立场，就更容易预测支持该立场的理由与逻辑结论。这将帮助你理解论辩，也有助于评估论辩的质量。作者的立场通常呈现在结论中。

如果清楚自己的立场，并能得出反映这一立场的结论，那构建论辩也会容易许多。如果你无法做到这一点，你的思维可能会变得混乱，需要进一步的工作来确定你真正的想法以及支持该想法的理由。

本章的其他内容，大多以明确的立场为基础。清晰的立场有助于对观点进行分类，以便于区分支持论辩的观点和反对论辩的观点。这对论辩内部的一致性有益，因为强有力的论辩会以不会破坏总论点的方式呈现明显矛盾的信息。的确，妥善考虑后的明显的矛盾可以加强总论点。

明确了哪些信息支持论辩之后，就更容易以逻辑的方式对论辩进行排列，以便将类似的论点组合在一起。这可以帮助受众看到论辩的不同部分是如何相互关联的。好的论辩会按照逻辑顺序呈现材料，也就是说，它能使材料有最好的意义，这样每一个观点似乎都能很自然地与它前面的观点相关联。遵循逻辑顺序的论辩可以有许多种表达方式，需要牢记的是，无论是哪种方式，目的都是有序地引导观众理解一系列清晰、有条理且有意义的关键点。第十章将会进一步讨论这一点。

资料来源

脑容量：Greenfield, S. (1997) *The Human Brain: A Guided Tour* (London: Phoenix).

哥伦布以及地球形状：Eco, U. (1998）*Serendipities: Language and Lunacy* (London: Weidenfeld & Nicolson).

女孩打架：Campbell, A. (1984) *The Girls in the Gang* (Oxford: Basil Blackwell).

马格利特：Hammacher, A. M. (1986) *Magritte* (London: Thames & Hudson).

昼夜节律：Foster, R. (2004) *Rhythms of Life* (London: Profile Books).

说谎：Stein, C. (1997) *Lying: Achieving Emotional Literacy* (London: Bloomsbury).

第六章

读懂言外之意

——识别潜在假设和隐式论辩

> **学习目标**
>
> - 辨认潜在的假设和隐藏的假设。
> - 判断什么时候论辩可能基于假前提。
> - 理解隐式论辩的含义,并能够识别这种论辩。
> - 理解内涵和外延的含义,并能够在论辩中识别它们。

概述

在前几章中，我们讨论了论辩的外在特征，但并没有完全呈现出论辩的各个方面。因为论辩往往是建立在未阐明的假设和潜在的说服技巧之上的。这一章探讨导致这一点的部分原因，并提供识别潜在假设和隐式论辩的练习。

论辩的前提也不总是显而易见的，它们常包含潜在假设或错误信息。如果前提不合理，无论辩论得多么充分，论辩还是会失败。这意味着考虑论辩的前提与考虑推理一样重要。

本章还简要介绍了可以加强论辩的潜在信息，它们可以增强论辩的说服力。如果我们能识别出信息的外延，我们就能更好地了解到论辩的结构，并决定我们是否同意其基本的观点。

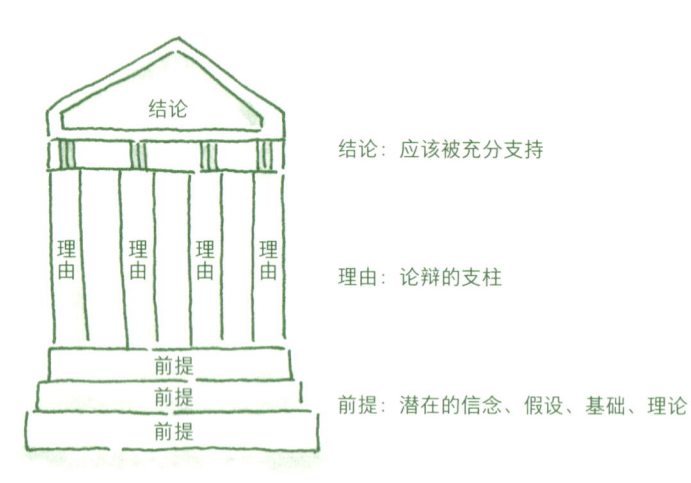

结论：应该被充分支持

理由：论辩的支柱

前提：潜在的信念、假设、基础、理论

在正确前提的基础上，强有力的理由支持着好的结论。

第 1 节　假设

1. 什么是假设？

在批判性思维中，"假设"指的是论辩过程中所有被认为是理所当然的东西，它们可能是事实、观点或信念，虽然没有被陈述得很明确，但却是论辩的基础。没有它们，就不可能得出同样的结论。

2. 正确使用假设

大多数论辩都包含了假设。实际上，作者是在引导受众接受这些假设是真的，而非证明它们是真的。通常，这是为了节省时间和简化论辩。我们不需要证明一切。当做出适当的假设时，作者会认为受众理应知道且很可能会赞成这些假设。

> **示例**
> 假期是放松和享受的时间。今年，成千上万人的假期将被我们海滩上的浮油破坏。

我们可能不觉得某些断言是假设，因为我们同意它们所表达的观点。示例的结论为，成千上万人的假期将被破坏。其基本假设包括：

假设 1：假期是用来放松和享受的。这一点似乎是显而易见的，但假期的最初含义是"神圣的日子"，用于宗教活动，有些人仍然用这种宗教的方式度假。其他人可能用假期来看望家人，或者像学生那样，用假期做兼职工作。

假设 2：成千上万的度假者会想去海滩。

假设 3：去海滩度假的人不喜欢海滩上的浮油。

假设 4：海滩上的浮油本身就能毁掉一个假期。

假设 5：受众能够理解"假期""海滩""放松""享受""破坏""我们""浮油"之类的词，它们不需要再被定义。

这些都是合理的假设，但它们可能并不适用于每一个人——有些人甚至可以在有漏油的海滩上享受他们的假期。然而，这种断言具有充分的普遍适用性，足以成为公平的假设。我们不希望作者提供证据证明大多数去海滩度假的人想在无油的海滩上放松自己。如果作者花时间证明这样的断言，或者定义我们可能知道的词语，我们可能会烦躁，从而恼火。

3. 考虑语境

在批判性思维中，重要的是判断假设是否合理。这取决于语境，比如潜在的受众是否有相似的假设和背景知识。如果关于海滩上石油的示例是写在一本旨在帮助人们学习英语的书里，那么作者可能需要解释一些单词，比如"浮油"。

同样，如果"我们的海滩"这个短语指的是当地一小部分地区的海岸，但这篇文章出现在一份全国性的出版物上，那么假设观众知道只有特定的海滩受到影响就是错误的。

练习：识别潜在的假设

找出下列例文的潜在假设。注意，假设不一定是不正确或不合理的。

例文 6.1
20世纪后期的学生经常举行抗议核武器的运动，现在的学生很少这样做了。现在的学生一定不如过去那么关心政治。

例文 6.2
20世纪80年代，许多国家的房价迅速上涨，90年代经济大幅下滑，很多购房者赔了钱。现在房价又快速上涨了，购房者可能还会损失很多钱。

例文 6.3
现在的父母要为孩子付出更多。孩子希望放学后参加其他的活动，所以需要父母花费更多的时间接送；而在过去，父母会优先处理自己的事情。父母还要给孩子购买昂贵的名牌衣服、鞋子，买玩具，带孩子旅行，甚至要提供更昂贵的品牌的谷物早餐来让孩子被同龄人接受，这给父母造成了更大的压力。以孩子为目标的广告应该被禁止，来减少这种过度的同侪压力。

例文 6.4
据 overture.com 网站统计，现代科学家埃米格瓦利的信息在互联网上被检索的次数比其他所有科学家都多，被下载的信息页数相当于一本畅销书。现在肯定所有人都听说过他的发现了。

> **例文 6.5**
> 大公司将工作岗位转移到劳动力成本较低的国家。当一个国家的工资成本上涨时，这些公司会在海外寻找更廉价的选择，将工作转移到一批新员工手中，以前的劳动者则变得多余。现在，在数千英里之外就可以提供呼叫处理之类的服务。在工资成本较高的国家里，人们很快就会没有工作岗位了。
>
> **例文 6.6**
> 消费者渴望吃得更健康。包装上的信息可以帮助消费者识别食物的成分，这样他们就可以对自己吃的东西做出更明智的判断。然而，如果食物的标签上只有 E 和一串数字，人们会拒绝食用它。这表明，简单地将这些信息放在标签上并不一定有用——人们需要知道它的含义。

答案见 390—391 页

第 2 节　识别隐藏的假设

1. 为什么要识别隐藏的假设？

找到隐藏的假设可以帮助你更好地理解和评估整个论辩。

2. 粗心地使用隐藏的假设

隐藏的假设通常用来支持一个结论，然而，它们可能被运用得漫不经心，以致无法支持结论。

> **示例 1**
> 假期是放松和享受的时间。人们需要这段时间从工作和家庭生活的压力中恢复过来。今年，成千上万人的假期将被我们海滩上的浮油毁掉。因此，那些已经订好到海滩度假的人应该得到补偿，因为他们的假期将处于压力之中。

这里的假设是，假期被破坏对订好到海滩度假的人造成了压力，而他们有权为此获得赔偿。如果没有做出这种假设，那么就没有理由认为处于特定情况的人应该得到这种补偿。这篇文章还提出了一个假设，即人们有权在假期不感到压力：

- 人们需要假期来克服压力。
- 如果假期有压力，人们就应该获得补偿。

还有一种假设是，如果海滩度假在订好之后出了问题，就必须有人为此负责。然而，这并不是必然的。这篇文章的推理不好，因为它做出的假设没有被解释清楚，也没有确切的事实依据。

3. 逻辑跳跃

"逻辑跳跃"的意思是，没有按照推理的线索推进。有时，我们可以猜测一定有一个隐藏的假设，因为结论似乎是突然冒出来的，而不是遵循一系列的理由。

> **示例 2**
> 监狱里的人每年都在增多，比一百多年前要多很多。现在许多监狱人满为患。让罪犯重返社会是更好的选择。

这里的结论是，让罪犯重返社会是更好的选择。这可能是事实，但它并没有从逻辑上遵循它之前的理由，结论是逻辑跳跃的。拥挤的监狱和更多的监狱人口可能是事实，但它们并没有提供信息，说明重返社会优于监狱服刑。这需要一组不同的理由，如示例 3 所示。

> **示例 3**
> 研究表明，监狱非但不能让犯罪的人改过自新，反而教会了罪犯如何在更广的犯罪领域作案，以及如何避免再次被抓。与此同时，继续教育、增加社会责任和与受害者面对面等方法在个案中发挥了作用，改变了罪犯的生活。监狱并不是唯一的选择。

在这里，结论可能是正确的，也可能是错误的，但它确实出于一系列理由，符合逻辑。作者在这里给出了监狱无用的理由，以及重返社会可以起作用的理由。

第 3 节　被用作理由的隐藏假设

作者可能会用隐藏的假设作为论辩的理由，于是仓促地得出结论。我们可以通过以下方式来检查这一点：

- 寻找论辩中的漏洞。
- 找出理由链中缺失的环节。
- 检查结论在没有这些隐藏假设的情况下是否仍然成立。

示例 1

考试是评估学生学习状况的典型方式，对于它带来的压力，我们都很熟悉。我们中有许多人都害怕听到"把笔放下"这句话，因为它意味着考试时间结束了。如果学生有更多的时间进行考试，他们就不会那么匆忙地完成最后一道题目。这会让他们取得更好的成绩。残疾学生可以要求更多的考试时间，这使他们在考试中有不公平的优势。

这里的结论是：残疾学生在考试中有不公平的优势。

有三个理由支持这一观点：

理由 1：如果学生在考试中有更多的时间，他们就不会那么匆忙地完成最后一道题目。

理由 2：（作为理由的过渡结论）如果他们以不那么匆忙的方式完成考试，他们会得到更好的分数。

理由 3：残疾学生可以申请更多的考试时间。

隐藏的假设，作为支持这个结论的隐藏的理由是，残疾学生用额外的时间来不那么匆忙地完成他们的最后一个题目。如果没有这个假设，这个论辩就有漏洞。

此外，在这个例子中没有考虑到残疾对学生的影响，例如他们要在极度痛苦中熬过考试，或者向抄写员口述答案，或者在聋人的手语和考试语言之间来回翻译。更多的考试时间可能并不能充分补偿残疾带来的劣势，更不用说提供了优势，这可能也是事实。我们需要更多的证据，来了解是否有残疾学生从额外的考试时间中获得了不公平的益处。

有时一个论辩可能有多个隐藏的假设。这在口头论辩中尤为典型，我们往往很容易就从陈述跳到结论，留下许多未说明的假设。

> **示例 2**
> 老年人害怕被抢劫,所以他们不应该把钱藏在床底下。

示例中隐藏的假设有:
- 老年人都害怕被抢劫,而不是少数老年人。
- 老年人把钱藏在床底下。
- 他们因此遭到抢劫。
- 他们害怕被抢和把钱藏在床底下是有联系的。

还需要更多的证据来支持这些假设。例如,我们不知道老年人担心被抢劫的情况有多普遍,也不知道他们中有多少人通过银行和住房互助协会等渠道管理财务。然而,更有可能的情况是,老年人害怕遭到抢劫有多种多样的原因,比如靠养老金生活的他们很难找回被盗的钱,或者通过媒体了解到老年人会遭到暴力袭击。

练习:被用作理由的隐藏假设

阅读下面的例文,找到它们的结论以及被用作理由的隐藏假设。

例文 6.7

一直以来,许多人都期盼机器人可以彻底改变人类陷于日常琐事和繁重体力劳动的状况,承担如建造房屋、家务等方面的劳动。早在 1495 年,列奥纳多·达·芬奇就设计出了第一个类人机器人。数百年来,我们在可以承担家务、协助建造的类人机器人方面的研究进展甚微。节省劳力的机器人只是一个梦想。可以承担家务、协助建造的类人机器人研究进展如此之小,制造出节省劳动力的机器人的梦想可能永远也不会实现了。

例文 6.8

选举委员会的人发现,一些选民在地方选举中因为采用邮寄选票的方式而遭到了恐吓。我们应该停止邮寄选票的投票方式。这将确保恢复公平的选举。

例文 6.9
在现代医学出现之前，人们用植物治疗疾病，这已经有几个世纪了。现在制药企业用同样的植物作为许多药物的基础。现在生产和购买药物都很昂贵。如果恢复传统的方法，使用植物的叶子和根茎治疗疾病，而不是大规模生产的药物，情况会更好。

例文 6.10
我们应该继续改善卫生和饮食，以进一步延长我们的预期寿命。过去人们的预期寿命比现在短得多。前工业化社会的预期寿命一般为 30 岁。今天，发达国家的人们有望活到 70 岁以上。特别是男人，现在活得比以前更长了。

例文 6.11
大多数新开的餐饮企业在第一年就倒闭了。企业家往往会低估建立客户基础所需的时间。企业还没在市场上立足，他们的运营资金就用完了。许多新餐馆老板提供的菜量过大，想要吸引回头客。因此，为了维持生意，餐饮企业应该在立住脚之后，再开始装新的厨房。

例文 6.12
世界上有许多人营养不良或吃不饱饭。应该做更多的事情来减少世界人口，让粮食够用。

答案见 391—392 页

第 4 节　假前提

1. 基于前提的论辩

论辩以支持结论的理由为基础。然而，在表达论辩时，理由还建立在信念、理论或假设之上，这些被称为前提。

> **示例 1**
> 过去，一般只有 7 万人参加仲夏节。而最近的一份报告指出，今年组织者需要订购足够 50 万人使用的设施，因为人们会想去仲夏节看罕见的日食。

这里，组织者需要为 50 万人订购设施的前提是：很多人会对日食非常感兴趣，进而会去仲夏节观看日食。在这个例子中，有关于日食流行程度的基本假设。

> **示例 2**
> 机场当局称他们需要更多的安全设施，因为去年使用该机场的球迷比例上升了。

在这里，需要更多安全设施的前提是：球迷的增多会带来更多的安全风险。

2. 假前提

作为论辩的基础，前提就像建筑物的地基。如果前提不充分，论辩就会失败。当潜在的假设是不正确的，我们会说论辩是建立在假前提之上的。通常，我们需要一些背景知识，例如数据或事件的结果，以辨认假前提。

> **示例 3**
> 仲夏节之前的一份报告称，组织者需要为 50 万人提供设施。这是基于一个假前提，即公众希望在仲夏节看到日食。然而，那天，公众待在了家里，在电视上观看了日食。只有往常的 7 万人参加了仲夏节。

事件发生后，很容易看出，整个论辩都建立在假前提之上。

> **示例 4**
> 去年使用机场的足球迷比例上升了。在石油钻井工人向海岸转移之前，该机场主要被石油钻井工人使用。为了保持同样的客流量，机场现在面向带着孩子旅行的球迷，为他们提供优惠的家庭套餐。

示例2预设了一种特定类型的球迷。当我们通过示例4了解到更多关于球迷的信息时，会发现其实没有充分证据表明去看足球比赛的家庭一定会带来更多安全风险。

> **练习：假前提**
>
> 阅读下列例文，判断它们的前提是否为假前提，并说明理由。
>
> **例文 6.13**
> 中东地区的冲突可能会影响未来几个月石油的产量。通常来说，如果石油短缺，汽油价格就会上涨。因此，今年汽油价格很可能会上涨。
>
> **例文 6.14**
> 被雨淋湿会使你感冒。建筑工人们冒着倾盆大雨工作了几个小时。因此，他们会感冒。
>
> **例文 6.15**
> 5%的人在去年结婚，5%的人在前年结婚。这意味着每两年就有10%的人结婚。因此，20年后，每个人都会结婚。
>
> **例文 6.16**
> 大多数新餐馆都在挣扎中求生。我们每周需要赚2500英镑（英国货币单位），才能实现收支平衡。这意味着，我们每天晚上都要保持100%的上座率。这周本地的其他餐馆通常有一半的上座率。我们的菜单很好，所以我们有可能达到100%的上座率。我们将能够保持收支平衡。
>
> **例文 6.17**
> 网络电视会让观众拥有更多可以选择的频道数量。选择越多，节目的质量就越好。因此，网络电视将带来更好的电视节目。

例文 6.18

宝莱坞是印度电影产业,总部位于孟买,它每年制作大约 900 部电影,远远超过它的所有竞争对手。这些电影正在被发行到很多国家,比以往都要多。印度电影过去主要吸引本国观众,但现在吸引了大量的非印度观众。在艺术电影方面,印度已实现多样化,且赢得了国际声誉。因此,印度的电影产业在世界范围内越来越受欢迎。

例文 6.19

人身上的民族特征非常深厚。在海滩上,你可以通过观察人们的行为判断他们来自哪个国家。例如,法国人喜欢在沙滩上玩球,而英国人则喜欢光着上身走来走去。因此,人的基因中一定有某种东西使一个国家的人们以类似的方式行事。

例文 6.20

汽车废气和排放到空气中的化学物质给城市造成了严重的污染。在农村,空气是没有受到污染的。人们应该搬离城市,因为住在农村更健康。

答案见 392 页

第 5 节　隐式论辩

1. 显式论辩和隐式论辩

当一个论辩遵循可识别的结构时,该论辩为显式论辩。目前为止,书中介绍的大多数论辩都是显式论辩。

如果论辩没有明显地遵循我们熟悉的论辩结构,论辩就是隐式的。隐式论辩可能缺乏:

- 显而易见的推理线。
- 被陈述出的结论。

- 试图说服他人的明确表达。

2. 为什么使用隐式论辩？

当论辩看起来不像是论辩，或者说，当它看起来没有试图说服受众时，它可以变得更加有力。如果论辩是显式的，受众可能会详细地分析它，评估推理的逻辑和证据的质量。作者也许并不希望这样。

如果陈述直接导向一个没有被明确说出的结论，受众更有可能自己得出作者想要的那个结论。而一旦受众认为是他们自己得出的结论，论辩就会更有说服力。由此可见，隐式论辩最可能用于以下目的：

- 不知不觉地吸引别人，或在无意识中通过呼吁说服他人，例如广告。
- 说服别人去做他们并不真正想做的事情。
- 把想法灌输到另一个人的头脑中且不表现出来。
- 威胁他人或制造有威胁性的环境。
- 诽谤他人而不提及他人的过错。
- 暗示某种后果，试图误导受众让受众觉得这个后果是他们自己想出来的。

> **示例**
>
> 超过 100 万英镑的巨额奖励！你的号码从 340 多万个号码中脱颖而出，赢得了我们的现金大奖！请拨打这个号码查询更多信息。

在这个例子中，隐式论辩是消息的接收者赢得了一大笔现金奖励，可能超过 100 万英镑。这条消息实际上并没有说明是否每一份现金大奖都超过 100 万英镑，也没有说明收信者是否被选为特定类型的赢家——我们只知道号码被选为"赢"。这个收信号码可能只是被选中，可以参与抽奖。许多人受到鼓励去回复这些信息，结果却发现他们支付的电话费比奖金的价值还要高。

> **练习：隐式论辩**
>
> 阅读例文，找出隐式论辩。

> **例文 6.21**
> 员工们最好记住，除了体育和娱乐以外，所有形式的工会和协会都不被欢迎。员工之间不得讨论工资。
>
> **例文 6.22**
> 当我们的候选人说他为国家而战时，他是真的在为他的国家而战；当我们的候选人说他没有从国家窃取财富时，他确实没有；当我们的候选人就税收问题做出竞选承诺时，他将信守承诺。
>
> **例文 6.23**
> 星期六下午，经理和其他工作人员离开时，工厂停车场的卡车上装载着 300 根铜管。星期天早上，铜管就不见了。朱利安和伊恩星期六工作到很晚。两人都能驾驶卡车。他们都没有给出周六晚上不在场的证明。
>
> **例文 6.24**
> 我们国家的人信奉诚实和正派。我们不会偷窃或欺骗国家。然而现在，官员们允许 2000 人从其他国家移民到这里。
>
> **例文 6.25**
> 这个国家的大多数人都希望允许死刑。这个国家是个民主国家。在一个民主国家，多数人的意见应该被尊重。这个国家没有死刑。
>
> 答案见 392—393 页

3. 意识形态的假设

隐式论辩可能不被辨认出来，因为它代表了作者所处的社会或文化中理所当然的东西，隐藏在人们的信念或意识形态之中。比如，一直到最近，人们还认为男性不应该表达情感，不能够与孩子相处。意识形态的假设不需要被表达出来，因为每个人都"知道"它。隐式论辩有时可以等同于社会的"盲点"。

现在，许多文化和媒体学科的研究，通过分析文本，来揭示那些被认为是"理所当然"的东西，让我们更能意识到自己脑海中隐藏的假设。

> **练习：意识形态的假设**
>
> 下面的例文中，隐含了什么样的意识形态假设？
>
> **例文 6.26**
> 我认为，既然有成年人在场，欧内斯特就不应该发言。他才 20 岁，是应该尊重前辈的年龄。小孩子不应该这样强出头。
>
> **例文 6.27**
> 安娜现在 8 岁，该送她去工作了。内克斯比的农场需要人手来帮忙收集干草，喂猪和鸡。他们将雇用安娜，支付她的食宿费用。她每天只需要从早上 6 点工作到下午 6 点。他们都是好人，会知道安娜不会因偷懒而陷入罪恶。安娜还可以经常回家过圣诞节。
>
> **例文 6.28**
> 现在波茨先生已经去世了，我们必须分配他的遗产。他只留下了 3 个女儿，没有活着的儿子，所以他的遗产只能交给他死去兄弟的儿子安德鲁·波茨。
>
> **例文 6.29**
> 雇用女性来播报新闻是很不合理的。有些新闻是相当令人不安的。新闻不仅仅是蛋糕、集市和卡在树上的猫，还涉及战争、死亡和政治动荡，这些需要严肃而稳定的报道方式。
>
> 答案见 393 页

第 6 节　外延和内涵

任何信息都可以同时有外延和内涵。

1. 外延

外延是信息直接表达的含义，即表面上最明显的意思。

> **示例 1**
> "今天所有电脑减价 100 英镑！"

这句话的外延是：如果你在信息出现的地方购买电脑，价格将便宜 100 英镑。

> **示例 2**
> 你也可以在阳光下生活。

这句话的外延是：你可以住在有阳光的地方。

2. 内涵

论辩可能会包含潜在的信息来说服我们接受某一观点。这些信息往往会在我们的潜意识中发生作用，因为我们并不一定会意识到它们。作用于潜意识的信息特别强大，因此，当一个论辩听起来令人信服时，意识到它的内涵，比找到推理线更加重要。

信息的内涵可以增加其说服力。如果我们能识别内涵，我们就能更好地看到论辩的结构，判断自己是否同意其观点。

> **名词解释**
> **内涵**：包括信息未直接表述的含义、潜在含义以及暗示。有时候，内涵很容易分辨，但更多时候它们是隐藏起来的，需要梳理、分析。

> **示例 1（1）**
> 示例 1 的内涵是：
> - 电脑在打折。
> - 如果你今天不买电脑，就不太可能享有 100 英镑的折扣，所以最好快点买。

> **示例 2（1）**
> 示例 2 的内涵是：

- 在阳光下生活是一种理想状态，不是每个人都可以做到。
- 如果你按照作者的建议去做，这个机会就是你的。

3. 关联与论辩

构建内涵的一种常见方法是将讨论的对象与另一个对象相关联。这样，作者就不必明确地论述某一个对象如何，而是通过第二个对象来暗示它。

示例 3

你生日时收到的车确实很棒。这些运动鞋是我的生日礼物，它们像金子一样宝贵。

示例 3 的外延是，作者生日时收到了运动鞋。它的内涵则更为复杂。作者将运动鞋与黄金联系起来，让运动鞋显得很稀有，因此更有价值。这就让礼物和收礼物的人显得更加重要。这可能是因为运动鞋确实很稀有。或者，作者在试图制造一种错觉，即运动鞋礼物与明显更昂贵的汽车礼物一样好。

与黄金无关的产品名称通常包含"黄金"一词。营销资料也将黄金的形象（如结婚戒指）放在显著位置以吸引注意。与黄金的关联直接暗示着卓越、财富或稀有。像"黄金时代"这样的词语往往意味着一个更好的时代。一枚黄金婚戒暗示着一段长久的关系。这可能会鼓励受众将产品与婚礼的浪漫联系起来，从而增强他们对戒指的购买欲。

练习：关联与论辩

请找出下列表格中每个关键词所对应的相关概念。

关键词	相关概念
1. 山	A. 天真、关爱、爱、温柔、柔软
2. 孩子	B. 危险、勇敢、速度、不可阻挡

（续表）

关键词	相关概念
3. 果汁	C. 浪漫、婚姻、幸福、特别或被选择的
4. 火墙	D. 独立的男人、女人不应该去的地方
5. 猴子	E. 健康、维生素、很好、飘逸的头发
6. 戒指	F. 天然清新、清爽、户外、坚定
7. 棚屋或洞穴	G. 幽默、玩笑、诡计

答案见 393 页

4. 潜在的信息

潜在的信息可能依赖于内涵。在日常生活中，我们可能很熟悉那些通过"折射光环"来传达的潜在信息。大多数人都知道，有些人不会直截了当地说"我很重要"，而是通过提到他们见过的重要人物或朋友和家人担任过的重要工作来暗示这一点。广告和竞选活动会大量地使用潜在信息，将销售的产品、竞选的候选人与具有积极意义的事物或想法关联起来，而竞争对手总是与负面信息联系在一起。

潜在的信息往往依赖于共同的社会、文化和意识形态。前面提到过，如果受众能够自己联想到潜在信息，那么这一信息就会更加有说服力。精心挑选的关键词或概念可以引发多种联系，从而产生有效的潜在信息。

可以像这样传达潜在信息：

- 在演说时播放渲染性的音乐，增强情感效果。
- 使用一张鸟儿在广阔的天空飞翔的照片，暗示自由和无限的选择。
- 带看房者参观待售房屋时烤面包，传递一种家和幸福的感觉。

拓展练习：广告中的关联

看一些广告，挑选几个特定类型的产品，找出在这些产品的广告中最常用的词语或概念，并判断和这些词语或概念关联的内容。

广告中的关键词或概念	关键词或概念所关联的内容

5. 刻板印象

某个理念、某类人群，总是被与特定的事物（如形容词、工作角色或行为方式）联系在一起，这被称为刻板印象。一个群体与特定事物的关联越紧密，人们就越难独立地看待其中的个体。

> **示例 4**
> 左边是男洗手间，是给医生用的，那边是给护士用的女洗手间。

几十年来，英国有一种刻板印象，认为医生都是男性，护士都是女性。这种成见现在受到了挑战。

练习：刻板印象

找出下列语句中所包含的刻板印象。

1. 我们要把房间装饰成粉红色，因为他们有两个女儿。
2. 这里是飞行员的制服，女士们，乘务员的服装在那边。
3. 我们最好确保菜单上有烤牛肉，这样英国游客就能吃到他们想吃的东西。
4. 他的头发是红色的，可以预料到他可能无法控制自己的脾气。
5. 我们将为来自加勒比海的游客演奏雷鬼音乐，为来自西班牙的游客表演弗拉门戈。
6. 人群中有这么多足球迷，我们早该料到会有麻烦。
7. 在学生宿舍里提供洗衣机是没有意义的。最好给学生一个大洗衣袋，这样他们就可以把要洗的衣服拿回家给父母洗了。
8. 他们不会对时尚或电脑感兴趣：他们都已经退休了。

答案见 393 页

练习：外延和内涵

阅读下面的例文，找出：

- 外延。
- 内涵。
- 与潜在信息相关联的关键词。

然后再阅读评论。

> **例文 6.30**
> 我的当事人过去确实有些不规矩，但现在她已经变了。过去的几个月，她的孩子经历了一段困难的时期。她的儿子病得很重，女儿因祖父的去世十分悲伤。在与孩子试探性接触期间，我的当事人对孩子就像磐石一样安全可靠。现在孩子们都依赖她的支持。
>
> **例文 6.31**
> 其他组织都会随着形势的变化而改变方向，只有我们有一个始终如一、明确的方向。我们要为此感谢我们的领袖，因为她是唯一能够在我们目前面临的困境中指明前路的掌舵者。
>
> **例文 6.32**
> 说服人们接受这项新计划应该不难。只要说服社区领导，其他人就会像绵羊一样跟着接受。

评论

例文 6.30

外延：当事人本有过错，但现在已经改善。她已证明她能给孩子提供良好的支持。

内涵："不规矩"一词通常与孩子的行为有关，它的潜台词是，从成年人的角度来看，该当事人的不良行为并不严重。母亲与"磐石"联系在一起，创造了可靠的母亲形象。"磐石"的内涵是坚固、稳定、可靠，能够提供良好的支持。

例文 6.31

外延：其他组织会改变自己的方向，但作者所在的组织不论发生什么情况都始终坚持自己的方向。

内涵：其他组织被与变化的形势关联起来，显得非常多变。潜台词是，这些组织是不可靠的。这与作者所在的组织形成了强烈的对比，后者即使在暴风雨中也表现得很稳定。

作者所在组织的领袖与一艘船的船长关联在一起，这喻指"对不同势力的控制"，以及导向一条通往海岸的稳定之路。这是一个很常用的比较，因而承载着更深层的含义，会让一些人联想到曾经被比作船长的其他成功领导者。

例文 6.32

外延：如果社区领袖批准新计划，要说服社区成员接受它并不困难。

内涵：这篇文章把社区里的人与温顺的绵羊联系在一起，后者常被认为没有什么主见。它的潜台词是，社区成员几乎没有自己的想法，所以社区领导人告诉他们什么，他们就会做什么。

本章小结

本章讨论了论辩中一些并不显露的内容，比如假设、隐式论辩、潜在的前提以及信息的内涵。

所有的论辩都依赖于某种假设。假设可能是出于好的理由而隐藏在论辩中，比如期望受众会发现这些假设并知道它们的意思。这有助于保持论辩的简洁，避免对受众已知的东西进行不必要的解释。

有时，作者可能会预设受众会同意一些假设或拥有一些特定的知识，但事实却并非如此。而在其他时候，作者可能会选择不让潜在的假设和劝说技巧显而易见，说服听众接受自己的观点。假设也可以作为支持结论的理由。为了评估论辩的力度和有效性，识别潜在的劝说技巧和推理是很重要的。

有的论辩可能看起来很有道理，但如果它建立在假前提之上，就不是好的论辩。前提往往不会很清晰，所以受众要在言外之意中找到它们。如果要确定前提是否合理，可能需要对该题材有一定的了解，并对前提成立的可能性做出判断。这通常要求我们运用常识和经验，但可能还需要进一步的调查。

最后，本章考察了外延和内涵。外延是公开或明确的信息，很容易被我们理解。不过，论辩也可能包含潜在的信息或内涵，来说服我们接受某一个观点。这些潜在信息大多作用于我们的潜意识，我们不一定能意识到它们。作用于潜意识的信息非常强大，所以能够察觉到它们是非常重要的。通过分析论辩的内涵和隐藏的信息，我们可以评估论辩是否有说服力。

资料来源

有关科学家埃米格瓦利的信息,请见www.emeagwali.com。

第七章

这说得通吗？

——找出论辩的缺陷

> **学习目标**
>
> - 思考论辩中可能包含的一系列缺陷。
> - 练习识别论辩中的缺陷。
> - 认识因果、相关和巧合之间的差异。
> - 理解必要条件和充分条件的含义，并能够做出区分。
> - 了解使用语言歪曲论辩的各种方式。

概述

第三章阐述了论辩的几个组成部分：作者的立场、用理由支持结论的推理线以及说服受众的意图。在第四章到第六章的学习中，我们已经知道，即使有这些组成部分，论辩也可能不成立。我们已经学习了论辩如何被糟糕的结构、逻辑的不一致性和隐藏的假设削弱。这一章将探讨评估论辩力度的其他方法。它将使你能够思考许多常见的论辩缺陷，例如：假定因果关系、不符合必要条件、攻击个人而非论辩、虚假陈述、使用情绪化的语言。

论辩可能有缺陷，因为：

- 作者没有意识到自己的论辩是有缺陷的。本章可以帮助你认识到自己论辩中的缺陷，从而提高你的推理能力。

- 作者有意误导受众，故意歪曲推理，或滥用语言以创造特定的效果。本章可以帮助你更警惕别人论辩中的缺陷。

猫有胡须。
我的爷爷也有胡须。
所以我的爷爷肯定是只猫。

第 1 节　假定因果关系

因为两件事是同时被发现的或同时发生的，就假设它们之间必然存在联系，这种推理是有缺陷的。比如，认为一件事必须是另一件事的原因，而跳转到一个特定的结论，假定两个事物之间有因果联系，这被称为假定因果关系。

示例 1
岩石中，凡是有恐龙脚印的地方，都有地质学家在附近出没。因此，肯定是地质学家制造了这些恐龙脚印。

这里的假设是，当地质学家和恐龙脚印出现在同一个地点时，是地质学家制造了这些脚印。潜在的假设是恐龙的脚印一定是假的。如果不是这样，作者就不能得出是地质学家制造了这些脚印的结论。更符合逻辑的假设是，这些脚印吸引了地质学家的到来，因为它们是地质学家在确定岩石年代时要研究的一个自然课题。其他的证据可能会证明，恐龙脚印的出现时间比地质学家的到达早了许多年。

示例 2
昨晚全家人都病了。昨天他们都在餐馆吃了鱼。因此，一定是鱼有问题。

在这里，生病的原因与吃鱼有关。潜在的假设是，没有其他任何东西会让这个家庭的人生病。如果没有这个假设，作者不能得出鱼有问题的结论。需要更多的证据来证明生病是由鱼引起的，例如：
- 是否有其他人吃了同一批次的鱼也生病了。
- 疾病的性质是什么。
- 还有什么可能导致这种疾病。
- 检查鱼的残骸。

> **练习：假定因果关系**
>
> 阅读下面的例文，找出其中假定的因果关系或其他相似关联。
>
> **例文 7.1**
> 在西方国家，人们的预期寿命比过去长得多，肥胖率也高得多。因此，一定是肥胖症延长了人的预期寿命。
>
> **例文 7.2**
> 一名囚犯坐在监狱屋顶上宣称自己无罪，他被释放了。这是第二次有囚犯以这种方式抗议而获得释放。在屋顶上抗议肯定是确保囚犯获释的好办法。
>
> **例文 7.3**
> 那人的尸体在厨房中被发现，附近有一把带血的刀。门上的锁坏了。一定是有人破门而入并杀了他。
>
> 答案见 393 页

第 2 节　相关性与虚假相关性

1. 相关性

事物的变化趋势相互关联被称为相关性，也就是说"彼此是相关的"。有时，相关趋势之间存在因果关系，有时则没有。

> **示例 1**
> 随着温度的上升，人们喝更多的水。

在这里，气温上升和饮水量增加是相关的。人们喝水是温度升高的结果。

> **示例 2**
> 随着温度的下降，人们更可能会使用室内游泳池。

这里，气温下降和人们使用室内游泳池可能性的增加是相关的。使用室内游泳池是温度下降的结果。在这个例子中，趋势朝着相反的方向移动（一个下降，另一个上升），因此存在一种负相关的关系，但这种关联仍然是因果关系。

2. 与"第三因素"的相关性

在其他情况下，相互关联的趋势之间没有因果关系。例如，冰激凌的销量可能会在每年 5 月到 8 月之间上升，凉鞋的销量也会上升。两种趋势朝着相同的方向发展，它们之间存在某种关系。这意味着我们可以说，冰激凌和凉鞋销量的增加是相关的。可以合理地预期，当凉鞋的销量上升时，冰激凌的销量也会上升。

然而，冰激凌销量的增加并不会导致凉鞋销量的增加，反之亦然。如果一种新颖的冰激凌品牌在冬季节日期间推出，那么冰激凌的销量可能会上升，而这不会对凉鞋的销量产生任何影响。此处，第三因素是夏季气温变高，它是冰激凌和凉鞋大卖的原因。

3. 虚假相关性

相关性假定了某种关联。趋势朝着相同的方向发展并不意味着事物之间存在相关性，因为它们之间也可能没有关系。如果在没有相关性的地方假设存在相关性，那就是虚假相关性。

> **示例 3**
> 利用汽车犯罪的数量增加了。过去消费者只能选择特定颜色的汽车，现在他们有了更多的颜色选择。汽车颜色选择的范围越广，利用汽车的犯罪率就越高。

这两种趋势之间可能存在某种联系，但可能性不大。它们之间的联系很可能是巧合，而不是有相关性。

提示：检查关联方式

如果不同事物之间似乎存在相关性，试着检查它们的关联方式：

- 这些关联是巧合，还是真的直接相关。
- 它们之间的联系是否为因果关系。
- 它们之间是否存在第三因素。

练习：相关性与虚假相关性

阅读下面的例文，判断它们分别符合哪一个选项：

A. 理由通过因果关系支持结论。

B. 只有存在理由之外的假设时，结论才有效。试着指出所需要的假设。

C. 理由和结论之间没有联系。

例文 7.4

理由 1：糖会损害牙齿。

理由 2：孩子们吃很多糖。

理由 3：孩子的牙齿很容易被蛀坏。

结论：孩子的牙齿因为吃糖而被很快蛀坏。

例文 7.5

理由 1：现在比过去有更多的学生使用互联网学习和提交作业。

理由 2：学生总数增加了，但教师人数没有增加。

理由 3：剽窃他人作品的学生比例可能保持不变。

结论：现在，学生更有可能被发现剽窃。

例文 7.6

玛丽·居里、爱因斯坦和达尔文都留着长发。他们都是伟大的科学家。因此，要成为一名伟大的科学家，你需要留长发。

例文 7.7

理由 1：足球比赛门票的价格上涨了。

理由 2：足球运动员的工资比以往要高。

结论：观众们花更多的钱去观看比赛，来支付足球运动员的高薪。

例文 7.8

理由 1：刺猬喜欢吃冰激凌。

理由 2：如果冰激凌被存放在刺猬可以打开的容器中，刺猬会把冰激凌吃掉。

理由 3：快餐店说最近冰激凌的消耗很大。

结论：一定是刺猬闯入快餐店吃了冰激凌。

例文 7.9

理由 1：从 1940 年到 2010 年，迪拜的人口每 10 年翻一番，且还在继续增长。

理由 2：1979 年杰贝阿里港建立自由贸易区，吸引了世界各地的人。

理由 3：从运动器材、主题公园到世界级的科技园和国际金融中心，许多旨在改善经济基础设施的项目都鼓励人们定居迪拜。

理由 4：迪拜正在大规模进行房地产开发，为外国人在迪拜拥有房产提供了更多机会。

结论：迪拜的人口正在增长，因为它为外国人提供了机会。

答案见 393—394 页

第 3 节　不符合必要条件

1. 必要条件

为了证明论辩，有些理由或证据是必不可少的，这些理由或证据被称为必要条件。必要条件是证明论辩必不可少的要求，没有必要条件，论辩就会存在漏洞，结果可能就会不同。如果结果不同，那么这个论辩就无法被证明。要注意，证明一个论辩可能需要许多必要条件。

2. "如果没有这个，就无法证明……"

你可以通过改变论辩的措辞来检查理由是否为必要条件。用以下陈述来表达必要条件：

- 如果这没有发生，那也就不会发生。
- 如果这不是真的，那也不可能是真的。
- 如果这个不存在，那个也不会存在。
- 如果 A 不在场，那么 B 不可能是真的。
- 如果没有 A，那就不可能是 B。
- 如果它没有做 A，那么 B 就不会产生。

通过具体的示例，你会更容易理解这一点。

示例 1
如果你不提前安排出租车到你家接你去车站，那么出租车就不能及时到达，你就赶不上火车了。

在这种情况下，出租车准时到达的一个必要条件或要求是提前做好安排。这是一个合理的论辩。

示例 2
赚大钱的方法之一就是中彩票。为了中彩票，你必须有一张彩票。约翰有一张抽奖的彩票，所以他会赚很多钱。

通过彩票赚钱的一个必要条件或要求是有一张相关的彩票。约翰有这样一张票就满足了这个必要条件。

3. 检查必要条件

重新表述部分或全部的理由，可以帮助你检查必要条件，试试这样做，看看下面这个论辩是否仍然成立。

示例 3
命题：鸟有翅膀。这个事物有翅膀。它是一只鸟。

要检查翅膀是否是该事物为鸟类的必要条件，应用这样的语句：如果它没有 A，那么它不可能是 B，并检查这是对还是错。在这种情况下：

如果它没有翅膀，那么它不可能是一只鸟。

是真是假？

这是真的，如果一个事物没有翅膀，那就很难说它是一只鸟。

然而，重要的是要考虑到当时的具体情况。如果一只鸟在事故中失去了翅膀，或者生来就没有翅膀，那么辩称没有翅膀使它不是一只鸟就是有缺陷的，而让鸟类长翅膀的基础 DNA 则能够帮助确认它是一只鸟。

第 4 节　不满足充分条件

1."必要"不是充分的证据

必要条件和充分条件是不同的。即使满足一个必要条件，可能也不足以证明一个论辩，也许还有其他必须满足的条件。你需要考虑这些条件是否足以支持结论。如果不是，那么这个论辩就还没有得到证明。

例如，仅仅有一张彩票并不是赚钱的充分条件，因为彩票可能不会中奖。这说明了必要条件和充分条件之间的区别。

2."如果这个，那么……"

充分条件指的是确保某一论辩成立的所有条件的总和。如果满足了充分条件，那么结果或结论必然会随之出现。充分条件通常用以下陈述表达：

- 如果这是真的，那么它一定也是真的。
- 如果 A 存在，那么 B 也存在。
- 如果这是真的，那么另一件事一定也会出现。
- 如果 A 存在，那么 B 一定是真的。

> **示例 1**
> 彩票的奖金是 1000 万英镑。约翰持有唯一的一张中奖彩票。他符合奖项的规则。因此，约翰赚了很多钱。

示例 1 满足了约翰赚很多钱的部分必要条件：奖金是一大笔钱，而约翰是唯一的赢家。然而，如果他弄丢了他的彩票，没有领奖，或者彩票公司破产了，约翰就无法赚很多钱。所以示例 1 符合必要条件，却没有满足充分条件。

> **示例 2**
> 细菌的寿命通常很短。然而，1989 年，一具保存完好、距今 1.1 万年的乳齿象骨架在俄亥俄州被发现了。科学家们在它的胸腔里发现了一种肠道细菌，他们认为那是它的最后一餐。科学家们在周围的泥炭中没有发现这种细菌。因此，这种细菌一定有 1.1 万年以上的历史。

作者认为细菌的寿命可能比我们想象的要长得多。一个必要条件是，在骨骼中发现的细菌在周围的泥炭中也找不到。如果能在泥炭中找到的话，那么这种细菌可能是最近才从泥炭层传播到骨骼的，1.1 万年前可能还没有出现在胸腔里。然而，这并不是证明细菌年龄的充分条件。例如，我们不知道，在过去的 1.1 万年里，这些细菌是不是被风吹进骨骼，而没有与周围的泥炭接触。

3. 检查充分条件

试着重新表述部分或全部的理由（这可以帮助你检查充分条件），看看论辩是否仍然成立。为了检验翅膀是否是证明某物是鸟类的充分条件，应该用这样的陈述：如果 A 存在，那么它证明了 B。检查它是真还是假。

> **示例 3**
> 命题：鸟有翅膀。这个东西有翅膀。因此，它是一只鸟。

如果某事物有翅膀，那就证明它是一只鸟。

真还是假?

答案是:假。有翅膀并不足以证明某物是只鸟。还需要其他的条件,包括:它是或者曾经是有羽毛的生物,并且它有鸟的 DNA。带翅膀的物体也可能只是架飞机。

练习:必要条件与充分条件

判断下列命题是否符合必要条件、是否满足充分条件,并说明理由。

	命题	是否符合必要条件	是否满足充分条件
例子	鸟有翅膀。该物体有翅膀。因此,它是只鸟。	是。翅膀是物体为鸟类的必要条件。	否。给出的理由不满足鸟类的定义。该定义包括:通常能飞,是有生命的,下蛋,有两条腿,有羽毛。所提供的信息无法排除该物体是飞机或玩具的可能性。
1.	这个报告提到了树枝。它一定是关于树的报告。		
2.	这个拳击手不吃肉,只吃乳制品和蔬菜。这位拳击手是个素食主义者。		
3.	阿米尔不到 20 岁。青少年指的是不到 20 岁的人。阿米尔一定是个青少年。		
4.	克莱尔不会演奏任何乐器。因此,她不是个音乐家。		
5.	主教是乘双轮车来的,一个轮子在另一个轮子的前面。主教一定是骑自行车来的。		

（续表）

	命题	是否符合必要条件	是否满足充分条件
6.	电视机通常比收音机贵。这个电视机比收音机便宜，所以一定是打折产品。		
7.	李阳的童年很快乐。她一定是个快乐的成年人。		

答案见 394—395 页

第 5 节　虚假类比

类比是为找出两个事物之间的相似之处而进行的比较。

1. 创造性的类比

作者可以尝试通过类比来说服受众。在诗歌和小说之类的创造性写作中，为了产生文学效果，比如惊喜、幽默或意想不到的视角，作者可以合理地类比两个最初看起来不同的东西，比如可以说"雨靴般大的雨点"，或者"月亮是一位驾着云车的女神"。文学评论家必须判断这样的比较是否能对受众产生预期的效果。

2. 有效的类比

对于大多数类型的批判性思维来说，类比一定要有效，且要能增加受众对论辩的理解。例如，从科学的角度来说，把月亮看作女神或把云看作战车是毫无帮助的。类比会把受众的注意力吸引到事物相似的方面。由于两件事物从来不是完全相同的，所以需要批判性的评估和判断来确定某个类比在语境中是否有效。如果类比有助于更准确的理解，那么它很可能是有效的。

> **示例 1**
> 心脏就像一个泵，通过打开和收缩将血液输送到全身。

在大多数情况下，与泵的类比有助于我们理解心脏的活动，所以这是有效的。但如果出现下面的情况，类比很可能无效：

- 被类比的两个事物不够相似。
- 类比具有误导性。
- 对类比事物的描述不准确。

阅读下面的示例，看看你能否找到该类比的不足之处。

示例 2

绝不允许克隆人类细胞——这将创造出另一个弗兰肯斯坦式[①]的怪物。我们不想要这样的怪物。

作者对克隆的立场是明确的：克隆是错误的，应该被禁止。也许克隆对许多人来说是"可怕的"，作者正是利用了这种情绪。

然而，这个类比是不正确的，因为它没有拿同类事物来进行比较。克隆人是原件的精确复制产物。弗兰肯斯坦式的怪物并不是任何东西的复制品，而是被拼凑的组合。此外，通过使用"另一个弗兰肯斯坦式的怪物"这个措辞，作者暗示我们应该从过去吸取教训。然而，弗兰肯斯坦式的怪物只是一本书中虚构的创造物。作者想让我们认为克隆的产物将是"怪物"，但如果用于克隆的原件不是怪物，那么一个完全相同的复制品也不应该是怪物。

如果作者很好地使用了虚假类比，可能会让论辩看起来很有说服力。如果被类比的一方似乎很容易证明（弗兰肯斯坦创造的是一个怪物）而另一方不是（克隆的结果），这一点就尤为明显。我们很容易以为，既然类比的一方是正确的，另一方就一定也是正确的。

---

① 弗兰肯斯坦是玛丽·雪莱 1818 年创作的小说中的主人公。他是位疯狂的科学家，用许多碎尸块拼成"人"，以闪电将其激活，造出了一个恐怖的怪物。

练习：虚假类比

阅读下面的例文，找出例文中被类比的事物，并判断该类比是否有效。

例文 7.10

大气层就像包裹着地球的气状毯子。它只有薄薄的一层，但有助于保持地球的温度，让我们保持温暖。它还提供了一层保护，让人免受太阳的强烈照射。

例文 7.11

作为论辩的基础，前提就像建筑物的地基。如果前提没有充分的根据，论辩就有可能崩塌。

例文 7.12

被告没有办法自救。他在过度的压力下生活了一段时间，他的情绪像蒸汽一样积聚起来。证人知道被告可能会生气，就一直在激怒他。被告就像一个高压锅，随时可能爆炸。最终，他到达了沸点，爆炸就不可避免了。

例文 7.13

近年来，随着股票在金融市场上的缩水，某些企业的投资者损失了大量资金。他们在股票市场上遭受的跌打损伤可能无权得到赔偿，但是，他们有权因为金融市场健康状况的重大问题和严重事故而获得赔偿。

答案见 395 页

第 6 节　偏离方向、共谋和排除

语言可以被巧妙地用于构建有力的论辩，然而，它也可能被不正当地使用，从而制造出推理线的缺陷。语言可能会迷惑受众，让受众对论辩是否有效产生虚假的信任感，或转移受众对推理线的注意。下面将探讨一些语言骗局。

1. 偏离方向的语言

作者可以用语言暗示没有必要证明论辩，从而让受众不对推理进行批判性评估。

（1）暗示论辩已经得到证实

使用"显然""当然""毫无疑问""自然地"之类的词语，暗示论辩毋庸置疑，无须再去证明。

（2）呼吁现代思维

另一种让受众偏离推理的方法是引用时间，似乎这种引用本身就增加了论辩的分量。

> **示例 1**
> - 我们现在不是在 19 世纪了！
> - 不再是 1940 年了！
> - 就像回到了诺亚方舟的时代！

日期事实上是准确的，因此受众已经同意了这个论辩的一部分。用这种方法试图诋毁所有不同意这种论点的人，认为他们过时了。

2. 鼓励共谋

（1）每个人都知道

这是一种特殊形式的、让受众偏离推理的语言，在这种表达中，作者试图让受众觉得自己是一群意见相同的思想家中的一员。这样就很容易让受众同意作者的观点。

> **示例 2**
> - 我们都知道……众所周知……
> - 当然，我们都同意……
> - 每个人都知道……每个人都相信……
> - 大家都认可……

如果"每个人"都相信某件事，那么受众不同意就似乎是不合理的。

（2）"像我们这样的人"：内群体和外群体

另一种策略是，具有某些特质的人更有可能同意该论辩，比如"正派的人"或"有智慧的人"。如果呼应着普遍的偏见，这一点会尤其令人信服。

> **示例 3**
> 任何有头脑的人都知道，女人天生比男人善于做家务。

1981 年，泰弗尔研究了人们划分内群体和外群体的方式。内群体倾向于使外群体显得低人一等、不受欢迎，从而其他人想要避免与外群体的人联系在一起。作者可以把反对他们观点的人说成是外群体。受众更容易被内群体的观点说服，而不太可能考虑外群体的观点。对体面、道德、共同价值观和共同身份的诉求就是这方面的例子。

> **示例 4**
> - 所有正派的人都会同意，……是不道德的。
> - 作为英国人（或黑人、天主教徒、聋人等），我们都希望……

第 7 节 其他有缺陷的论辩类型

一个论辩可能存在很多方面的缺陷。随着批判性思维能力的提升，你会越来越善于发现论辩中的缺陷。你可以制作一个列表来帮助找出主要的缺陷，不过，这个列表可能会非常长。更好的办法是提高你对潜在缺陷的敏感度，这样你就可以灵活地应对各种情况。

下面将介绍一些需要注意的潜在缺陷。为了培养你的敏感度，本节首先给出例文，让你可以自己试着判断。

> **练习**
>
> 阅读下面的例文，试着找出它们的论辩缺陷。不必担心这些缺陷是否有专门的术语，只要试着判断论辩是否合理，如果不合理，问题是什么。注意，每段例文可能不止有一个缺陷。
>
> **例文 7.14**
> **社区中心**
> 关闭社区中心将使我们可怜的孩子放学后无处玩耍。家长们感到愤怒是可以理解的。该地区 5 个孩子在学校组织的独木舟旅行中死亡后，人们的情绪一直非常激烈。他们已经无法承受更多了。如果社区中心关闭，家长们会担心孩子再次遭受那样的痛苦。
>
> **例文 7.15**
> **互联网抄袭**
> 虽然可以设计软件，抓住互联网上抄袭的人，但却不太可能起诉他们每一个人。如果无法执行法律，那通过这项法律就没有任何意义。没有法律就没有犯罪，而如果没有犯罪，就没有一个人做错什么。
>
> **例文 7.16**
> **过路费**
> 人们应该更多地使用公共交通工具出行，因为这样将会改善城市的交通状况。如果要征收过路费，人们就会使用公共交通工具。民意调查显示，大多数人都希望改善交通状况。由此可见，人们愿意支持征收过路费。所以市建局应该征收高额的过路费。
>
> **例文 7.17**
> **身份证**
> 个人身份证不会对人权构成任何真正的威胁。它确保了我们的安

全，使警察更容易追踪和抓捕罪犯。反对配身份证的人是优柔寡断的自由主义者，他们住在绿树成荫的地方，对生活在犯罪猖獗的穷困地区是什么感觉一无所知。

例文 7.18
经理人
这支橄榄球队经历了一个变幻莫测的赛季。它的开局很糟糕，现在虽然有所起色，但似乎不太可能继续赢得冠军。球队的经理人说，最近两次引进新球员，将让球队在赛季末的表现发生很大改变。不过，董事会不应该相信他在这个问题上的任何说法。所有媒体都在报道他与电视脱口秀节目女主持人的下流丑闻，尽管他矢口否认，粉丝们也不应该再信任他，让他继续担任经理人了。

1. 没有根据的跳跃

没有根据的跳跃，指的是那些作者似乎会让 2 加 2 等于 5 的地方。论辩继续进行，留下推理上的空白，并且依赖于未经证实的假设。

2. 纸牌城堡

纸牌城堡类型的论辩有以下特征：
- 作者使用了一系列相互关联的理由。
- 论辩获得不稳定的平衡，并取决于最先被接受的理由。
- 如果一个理由或假设被证明是不正确的，论辩就很容易崩溃。

例文 7.16《过路费》包含了无根据跳跃和纸牌城堡双重缺陷。这个论辩依赖于一系列相互关联的理由和假设，而且微妙地平衡着。有些未经证实的假设可能受到质疑，例如：
- 道路上的车辆数目引起了交通问题，道路工程或单向交通系统并无责任。
- 如果征收过路费，人们就会乘坐公共交通。

因为民意调查显示人们希望交通状况得到改善，所以人们也会支持收费，这样的结论是没有根据的跳跃。我们没有被告知民意调查是否询问了过路费的问题，因此我们不

知道公众是否会支持征收过路费。公众可能更喜欢其他的解决方案，比如公交车或者共享汽车。

3. "变戏法"

"变戏法"是一种让人意识不到的"狡猾把戏"。在例文7.16《过路费》中，作者从讨论过路费的推理跳跃到支持高额通行费的结论。这种措辞上的细微变化就是"变戏法"。

在例文7.15《互联网抄袭》中，纸牌城堡的缺陷非常明显。例文提出了一些未经证实的主张，例如，任何在互联网上被发现抄袭的人都不会被起诉。这没有证据。相反，大规模罚款是可能的，就像对轻微交通事故和无牌照收看电视节目进行罚款一样。

然后作者认为，如果一项法律不能被执行，它就不应该被通过。这是一个观点问题，作者并没有证明法律不能被执行。作者把这个论点作为下一步的垫脚石，认为没有法律就没有犯罪。这里在"变戏法"，作者没有提到在写这篇文章的时候是否已经有法律禁止这种互联网抄袭行为。

作者最后做了一个跳跃，认为如果没有犯罪，就没有人做错任何事。事实并非如此。对与错是道德问题，不是法律问题。有些错误的行为可能尚未载入法律。例如，在医疗技术出现新发明或取得进步时，可能就需要时间来推动法律的变化。

4. 情绪化的语言

情绪化的语言指作者运用一些词汇、短语和例子，试图激发受众的情绪。有些题材本身就是带有情绪化倾向的，比如孩子、父母、民族、犯罪、安全。在非必要的情况下，使用这些题材作为论据，会帮助作者操控受众的情绪。

人都倾向于相信自己的情绪反应。强烈的情绪往往会让身体快速做出反应，而不会放慢速度或运用理性进行思考。如果作者激起了受众的情绪反应，受众就很可能不会批判性地分析他的推理。因此，在遇到情绪化题材时，仔细检查潜在的推理尤为重要。

在例文7.14《社区中心》中，作者用"可怜的孩子"这样的词来表达情感，并提到"情绪一直非常激烈"和"痛苦"。这段话让观众想起该地区发生在其他孩子身上的灾难。这一事件非常令人难过，但它与当前论辩的相关性并不明确。

旅行中的事故发生在离这个地区很远的地方，当时已有可供儿童玩耍的社区中心。让社区中心继续开放也许是个很好的论点，但作者没有给出合理的论辩来支持它。

5. 攻击个人

第四章曾提到过，论辩应该考虑到敌对论辩，也就是说，要对推理线进行批判性分析，而不是直接攻击持敌对论辩的人。跳过论辩去攻击个人可以破坏敌对论辩的可信度，但这不是有效的批判性推理方法。

不过，如果有正当理由可以证明对手有不诚信的记录，或在论辩中隐瞒了自己的利益，攻击个人则是有效的。

例文7.17《身份证》抨击了所有反对配身份证的人。它还对反对者的背景和经济情况做出未经证实的假设，以破坏反对者的可信度。这个论辩攻击个人，没有运用理由和证据支持论辩，因而是有缺陷的。

这篇例文还运用了共谋的手段。通过攻击对手，作者对内群体和外群体（或"喜欢他们的人"和"喜欢我们的人"）进行了划分。此外，这篇文章还利用了情绪化的题材——犯罪和安全问题——以赢得受众的支持。

例文7.18《经理人》是在攻击经理本人，而不是在对经理人的论述进行评估。论辩中，攻击经理人的理由是经理人的私生活，而不是他管理橄榄球队的能力。我们可能不同意经理人在私生活中所做的决定，但是这篇文章并没有表明这些决定和管理球队之间有直接的关系。此外，经理否认了媒体的报道，所以那些报道甚至可能不是真的。"下流"一词的使用带有情绪色彩，暗示这段关系存在着不正当的一面，但这并没有得到证实。

第8节　虚假陈述和琐碎化

练习

阅读下面的例文，试着找出它们的论辩缺陷。不必担心这些缺陷是否有专门的术语，只要试着判断论辩是否合理，如果不合理，问题是什么。注意，每段例文可能不止有一个缺陷。

例文 7.19
先天与后天
那些主张智力并非天生的人，伤害了真正的聪明人，也不利于发现更多卓越的人才。我们中的许多人在孩提时代都接受过钢琴等乐器的训练，但很明显，大多数人都没能成为贝多芬或莫扎特。遇到聪明人时，我们都能一眼就认出来。认为智力可以被培养的人，很容易就去指责社会或教育系统没有培养出更多的杰出者。他们试图让我们相信，每个孩子都可以成为天才，但这对父母和老师是不公平的。

例文 7.20
宵禁
城市的青少年犯罪率急剧上升。年轻人失去了控制。在这种情况下，我们只有两种选择，要么接受对我们人身和财产的野蛮攻击，要么在晚上 10 点以后对所有的年轻人实行宵禁。

例文 7.21
爱因斯坦
爱因斯坦上学时数学不是很好。现在的许多学生都能解出他过去常为之头疼的数学题。"伟大科学家"这样的荣誉不应属于在基本的数学问题上苦苦挣扎的人。

例文 7.22
健康培训
公众在健康方面的知识十分贫乏，我们需要资金来对公众进行健康教育培训。应该在那些让公众意识到个人健康问题的课程上投入更多的资金。公众可能不知道自己可以做些什么来保持健康，所以需要在健康问题的培训方面增加投入。

例文 7.23
数学的优势
应该让更多人知道在中学或大学的学习过程中提高数学水平的价值。数学教育是非常有益的。因此，给年轻人的指南应该强调选择数学的好处。

例文 7.24

出售资产

反对党谴责当前议会领导人将公共资产以低价出售给自己的支持者，这种谴责是错误的。以前，当反对党在议会占多数时，他们也曾经以低于市价的价格出售墓地和房屋，让自己的支持者受益。如果他们能够这样做，那么现在的议会领导人也可以。

例文 7.25

工作偷窃

马尔科姆先生的雇主付给手下造型师的工资，比其他沙龙老板要低很多，却又要求造型师工作非常长的时间。马尔科姆为了增加收入，从工作场所拿取设备和造型产品，在自己的地盘销售。马尔科姆的行为是正当的，因为雇主在剥削他。

1. 虚假陈述

以不公正的方式提出其他论点或敌对论辩，也会破坏论辩，这被称为虚假陈述。它可能会让重要的事物显得微不足道。虚假陈述有多种方式，下面列出了其中的三种。

（1）忽略主要的反对理由

作者可以通过关注敌对论辩的次要理由而忽略其主要理由，以歪曲敌对论辩。如果次要理由不足以支持结论，那么敌对论辩就会显得很薄弱。有时，作者可以在没有任何证据的情况下，就简单地将信念和论点强加给对手。

例文 7.19《先天与后天》对敌对论辩进行了虚假陈述。作者显然支持智力水平是先天的（即天生的）。作者将这些话语强加给反对者："他们试图让我们相信……""很容易就去指责社会和教育系统……"没有证据表明，认为智力可被培养的人认可这些观点。反对者的其他理由没有被考虑在内，比如科学研究的证据。

论辩关注罕见的天才并将之普遍化，却忽略大多数人的思维方式。作者利用情绪化的语言进行论辩，以此代替有效的推理。比如，作者引入了一个容易激起情绪的材料，提到老师和家长可能遭受不公平对待。论辩中还有共谋，作者宣称"遇到聪明人时，我们都能一眼就认出来"，并引用童年时的共同经验，让受众和自己站在同一方。这些都进一步破坏了论辩。

（2）设置有限的选择

在陈述一个论辩时，作者可以让它看起来好像只有两种可能的结论或行动选项。这种方法需要设置一个看起来很弱的选项和一个似乎很可取的选项。替代性选项的薄弱会使作者的论辩显得比实际情况更有说服力。

例文 7.20《宵禁》有几个方面的缺陷，主要缺陷是它只提供两种选择，进行宵禁或接受袭击。其他的选项，如改善警务工作或改变照明，都没有被考虑。"失去了控制"和"野蛮"是情绪化的语言，作者没有给出任何定义或解释以证实它们。作者还假设了犯罪活动大多发生在 10 点以后。

（3）扭曲他人

作者还可能会把注意力集中在人的某些特征上，尤其是那些与主要论辩无关的特征上，而忽略了主要的相关信息。

例文 7.21《爱因斯坦》把注意力集中在爱因斯坦早期学习数学的困难上，忽略了他的所有发现，这是对他的曲解。除此之外，它还忽略了，那些比青年爱因斯坦数学更好的人，后来并没有发展出那么先进的科学理论。

2. 琐碎化

（1）同义反复

推理线应该使论辩向前推进，然而，同义反复的论辩只是用不同的语言重复相同的观点，并不发展论辩。同义反复是指用不同的词来重复同一个概念，比如"汽车向后方倒车"。

例文 7.22《健康培训》是同义反复的。每个句子只是用不同的词重复在其他的句子里说过的意思。"投入更多的资金"等于"增加投入"，"让公众意识到"意味着"公众可能不知道"。因为论辩没有提供进一步的理由、细节或证据，所以它没有进展。

例文 7.23《数学的优势》是另一个同义反复的例子。这种空洞的重复使论辩看起来像在兜圈子。作者没有提出理由来支持提高数学水平的论点，也没有提供学数学有好处的细节。例如，可以说更高的数学水平能带来更多的职业选择或更高的收入；或者说，调查显示，从事数学水平要求较高的职业比大多数其他职业更能令员工满意。

（2）错上加错

另一种论辩的缺陷是，仅仅因为其他人以类似的方式行事，就认为这个行为是正确的。同样，如果某种做法会带来不公正或不合逻辑的结果，那么因求一致而认为其他人也可以这样做就是有缺陷的。例如，一个人在考试中作弊，不能说明其他人也应该在考试中作弊；一个人说谎，也无法证明其他人就应该要说谎。

例文 7.24《出售资产》是错上加错的例子。为了确保自身优势而廉价出售公共资产，对任何政党来说都是错误的。之前有政党这样做，并不意味着其他政党就应该这样做。把自身行为归咎于另一方会显得虚伪。

例文 7.25《工作偷窃》是错上加错的另一个例子。雇主对待员工的方式可能是错误的。然而，偷窃并不是恰当的反应。这既不道德也不合法。这个论辩在法庭上站不住脚。

本章小结

本章介绍了许多常见的推理缺陷。它们可能是作者为欺骗受众而采用的策略。不过，更多情况下，出现推理缺陷是由于作者不够严谨，没有意识到自己推理中的问题。

第一组缺陷涉及因果关系的概念。人们常错误地认为，如果两件事看似以某种方式联系在一起，那么这种联系的性质就是因果关系。然而，这些事物可能通过第三个事物（遥远的关系）以相关的趋势联系在一起，或者仅仅是巧合。

第二组缺陷涉及不满足必要和充分条件的陈述或论辩。如果不符合必要充分条件，可能会得出不同的结论，从而证明该论辩尚未成立。

第三组缺陷涉及用来构建论辩的语言，考量它们的准确性和有效性。使用语言扭曲或掩盖论辩有很多种方式，本章提到的有：进行虚假类比、共谋、掩盖推理中的漏洞、使用情绪化的语言控制受众的反应、歪曲对手的观点。

辨认出论辩中的缺陷是一项很有用的能力，它可以帮助你发现别人论辩中的弱点，找出需要仔细考察的地方，这样你就可以做出更明智的决定。在你需要对某个论辩进行评估性写作或参加辩论时，这可以帮助你了解对手论辩中的缺陷，进而形成自己的观点。此外，这项能力还可以帮助你认识到自己论辩中的缺陷，提出更有说服力的论辩。

资料来源

乳齿象：Postgate, J. (1994) *The Outer Reaches of Life* (Cambridge: Cambridge University Press).

外群体：Tajfel, H. (1981) *Human Groups and Social Categories* (Cambridge: Cambridge University Press).

第八章

证据在哪里？

—— 寻找证据来源并进行评估

> **学习目标**
>
> - 了解一手资料和二手资料的区别。
> - 理解文献检索的含义。
> - 了解与证据相关的概念，比如真实性、有效性、通用性、可靠性、相关性、概率和变量控制等。
> - 了解研究项目中评估样本的不同方法。
> - 认识口头证词的潜在弱点。

概述

并非只有专家才能够评估论辩。很多时候，我们不需要某一领域的专门知识，就可以对理由是否支持结论、推理过程是否符合逻辑做出判断。

不过，我们还需要知道支持推理的证据是否正确，才能够做出准确的判断。这就要求我们向其他人寻求帮助或找材料，以检查理由的真实性。

在不同的语境中，证据的说服力并不相同。比如，有些证据在日常生活中是有说服力的，但在法庭、学术或专业的写作之中就不是这样。法庭、学术或专业的写作，要求对证据的真实性做出更细致的检查。

第 1 节 一手资料和二手资料

大多数证据可分为以下两类：
- 一手资料：与研究对象相关的"原材料"，例如数据和文件。
- 二手资料：根据一手资料创作的材料，如书籍和文章等。

1. 一手资料

一手资料来源于被调查事件发生的时间和地点，包括：
- 当时的书信、文件、印刷品、绘画和照片。
- 当时的报刊、书籍和资料。
- 当时的电视、电影和录像。
- 电台广播的录音。
- 尸体残留部分、DNA、指纹和脚印等。
- 工具、陶器、家具等人工制品。
- 证人的证词。
- 实验的原始数据。
- 自传。
- 互联网上的资料（如果研究的重点是互联网或互联网上的资料）。
- 个人对调查和问卷的回应。

2. 二手资料

二手资料指所有根据该事件创作的材料，它们通常出现在事件发生一段时间之后。二手资料包括：
- 书籍、文章、网页、纪录片。
- 对证人相关者的采访，报道他们听到的证人言辞。
- 传记。
- 杂志上的文章。
- 使用了调查、问卷和实验结果的论文和报告。

3. 一手资料和二手资料的转换

材料是不是一手资料，取决于它在多大程度上是当时事件的一部分。在某些情况下，二手资料可能会转化为一手资料。例如，传记通常是二手资料，但是其中可能包含了一些原始信件的内容。对一本首相的传记来说，如果它被用于研究首相生平，就是二手资料；但如果要研究传记的作者，它便是一手资料。20 世纪 50 年代的杂志文章，在出版时是二手资料，但现在却是研究当时生活的一手资料，比如那些对名人采访的转述。在 20 世纪 50 年代，这些转述是对人物、事件的再创作，但现在，它们可以告诉研究者，当时的人认为什么是重要的。

> **拓展练习：一手资料**
> 你所学的专业有哪些一手资料？

第 2 节　寻找证据

批判性思维通常需要以一种积极的方式寻找最相关的证据来支持你自己的论辩，并检查其他人使用的证据。

1. 检查他人的证据

在阅读、观看节目或听讲座时，你可能会遇到一些很有意思的推理，想要了解更多。或者，你认为论辩的证据不是很可信，想亲自检验一下。学习或研究的水平越高，检查关键证据就越重要，如果对报告的准确性有所怀疑，就更是如此。

2. 使用参考文献

在阅读文章和书籍时，我们经常会在文章中间看到一个简短的参考资料，比如"（吉利根，1977）"，文章末尾还会有一个更详细的参考文献列表，为你寻找文献出处提供更多细节。

好的参考文献让所有受众都可以检验：
- 原始材料是否确实存在。

- 作者是否准确地表达了原始材料，原始材料确实包含了作者表述的内容。
- 原始材料是否包含受众可用于自己项目的其他信息。

在批判地评估一个论辩时，不要害怕回溯来源，检查它们是否经得起推敲。通常，只有拥有更多关于该领域的信息，你才能够对一个论辩做出准确判断。

3. 你的论辩证据

在寻找证据支持自己的论辩时，你可能首先会问：

- 有没有与此相关的文章？
- 如果有，要在哪里找到它们？
- 对这个论辩来说，最权威的资料来源是什么？

（1）日常用途

如果你需要的是用于非正式场合的信息，比如一个私人项目或参与一场辩论，你可能只需要做下面的一两件事：

- 浏览一本书的介绍性章节。
- 使用搜索引擎检索相关信息。
- 阅读近期的新闻、网上的论文或浏览指南类的网站。
- 询问该领域的专家。
- 浏览相关组织的网站，比如活动团体或慈善机构的网页。

（2）学术及专业用途

如果你正在为专业报告或学术工作搜集背景资料，你就需要进行文献检索。接下来，本章会重点探讨如何寻找证据，并对之进行批判性评估。

第 3 节　文献检索

文献检索让你能够对该领域有一个整体的了解。通常来说，项目越大，文献检索的范围就越广；而较小的项目，或有字数限制的报告、论文，则需要对检索的内容进行非常仔细的筛选。

> **提示：如何进行文献检索**
> - 查阅与该领域相关的文章（二手资料）。
> - 整理研究对象的资料清单。
> - 精简清单，选择部分资料进行初步调查，核实相关性。
> - 浏览选定的资料，筛选出最有用的部分。
> - 选择最相关的资料，进行更详细的调查。

1. 在线文献检索

现在，网上有许多可靠的文献资料。如果你知道期刊、政府报告或其他权威资料的名称，可以直接输入名称进行检索。如果不知道，可以通过关键词检索来帮你找到它们。使用与研究对象相关的搜索引擎会让你的检索更有效率。在学校里，老师可能会向你推荐最实用的网站和检索渠道。本书末尾的附录 4 中提供了一些有用的检索站点。

2. 使用摘要

浏览期刊文章的摘要，对了解该领域最新研究成果特别有用。摘要总结了主要观点、研究方法、研究发现和研究结论，能帮助你决定这篇文章是否值得深入阅读。注意文章的文献综述部分，它可能会为你的研究提供重要线索。

3. 决定是否使用二手资料

批判性地检查二手资料，结合你的研究对象，判断它们是否满足以下几点：
- 调查充分。
- 值得信任。
- 时间较近。
- 有相关性。

如果你正在考虑购买书籍或从图书馆借书，这一点尤其重要，因为它可以让你避免浪费时间或金钱。

> **提示：评估证据**
>
> 批判性思维是提问的过程。在评估证据时，可以这样提问：
>
> - 我们如何知道这是真的？
> - 这个消息来源有多可靠？
> - 例子是否有广泛的代表性？
> - 这与我已知的情况相符吗？
> - 这是否与其他证据相矛盾？
> - 这个人说这些话的动机是什么？
> - 我们没有被告知的是什么？
> - 还有其他可能的解释吗？
> - 理由是否支持结论？
> - 作者的推理思路是否有充分的证据支持？

第 4 节　可靠的信息来源

在学术研究和专业工作中，证据大致被分为可靠的来源（或"权威"）和其他来源两种。可靠的信息来源指的是：

- 具有可信度，可以极其确定地相信它。
- 很可能提供了准确信息。
- 以调查、一手资料和专业知识为基础。
- 在该领域中是公认的权威。

1. 期刊论文

期刊上的论文通常被认为是最可靠的信息来源，因为它们必须经过其他权威学者的评审和选择，才能被发表，这被称为"同行评审"。在一流期刊上发表论文，竞争非常激烈，因此能够发出来的论文通常都会受到好评。

2. 学科的差异

对某个学科来说可靠的信息来源，在其他领域未必同样可信。每个学科都有自己的传统。

对科学、法律、医学、会计学之类的学科来说，"硬"数据是最好的证据形式；但对美术、音乐、心理学等学科来说，证据的"质"要比"量"更重要，"感受"可能比"数字"更有价值。不过，这不是硬性规定，它还需要根据学科的性质及可获得的证据进行具体判断。

> **提示：需要考虑的问题**
>
> 判断资料是否值得阅读时，可以试着考虑下面的问题：
> - 它是否被可信的人或平台推荐了？比如你的导师、可靠的期刊或高质量的报纸。
> - 它是否有清晰的、被证据支持的推理线？
> - 它是否包含详细的参考文献列表（或参考书目），从而证明自己进行了彻底的研究？
> - 它是否提供了参考文献，以便其他人可以核对？如果不是，它可能就不适用于学术环境。
> - 它的来源是否可靠，比如出自期刊和相关书籍。

3. 使用公认的"权威"

有一些过去的资料，特别是那些被认为是权威的资料，可能对研究领域做出了重大贡献。对于这些资料，重要的是要检查：

- 该资料到底是如何为这一领域的知识做出贡献的——不要因为它听起来很老就对它不屑一顾。
- 原始论辩和证据的哪些部分仍然适用，哪些不适用。
- 后来的研究如何利用这些资料作为研究基础，它们又是如何被提炼、被取代的。
- 更近期的权威资料，看看该资料是否仍在对近期的研究产生影响。

第 5 节　真实性和有效性

1. 真实的证据

真实的证据有无可争议的来源。也就是说，它可以被证明为真。在听到、读到论辩时，我们并不总是有机会去检验证据的真实性，但我们可以对其可信度保持开放的态度。

> **练习：真实性**
>
> 判断下列语句是否真实可信。
> 1. 一本中世纪彩绘手抄本在大教堂图书馆的书架中被发现了。
> 2. 中世纪彩绘手抄本出现在当地的一家二手书店里。
> 3. 1000 张猫王埃尔维斯·普雷斯利的亲笔签名照在网上出售。
> 4. 一个二年级学生拥有莎士比亚未出版的日记。
> 5. 关于法国大革命的收藏品中有一封拿破仑·波拿巴写于1809年的信。
> 6. 5 幅凡·高不曾为人所知的画作在一个住宅区的车库里被发现了。
> 7. 在最近干涸的沼泽地里发现了一艘维京船的残骸。
> 8. 19 世纪囚犯们创作的信件和艺术品由一名监狱长保管。
>
> 答案见 395—396 页

2. 有效性

有效的证据符合特定情况的需求或常规。证据的有效性依赖于具体的情境，但如果证据不真实、不完整、不可靠或没有基于合适的逻辑，它可能就是无效的。

> **示例**
>
> 1. 被告承认了罪行，但是供词无效，因为被告很明显是被迫的。法律规定不应将在胁迫下做出的供词视为犯罪的有效证据。
> 2. 学生需要写 8 篇论文以获取某一资格。有个学生交了相关学科的 8 篇论文，但检查者发现，其中 3 篇与网上的论文极其相似。这无法成为学生独立完成论文的有效证据，所以，该学生没有获得所申请的资格。
> 3. 一名运动员说自己是世界上跑得最快的人。虽然她有可靠的证据证明自己的跑步时间，但那些证据无法证明她是跑得最快的人，因为这些证据是在对她异常有利的风力条件下获得的。
> 4. 一份报告称吸烟的人更有可能喝酒。这个证据被认为是无效的，因为在接受调查的群体中，所有吸烟的人都是在出售酒精饮料的地方被挑选出来的，而不吸烟的人则是在大街上被挑选出来的。这意味着被调查的群体在选择时已经偏向可能饮酒的吸烟者。这不符合公认的研究惯例，即避免偏颇的证据。

第 6 节　通用性和可靠性

1. 通用性

说一个证据有通用性，指的是它在当下仍然适用。这可能是因为：

- 它是最近出版的。
- 它最近有更新。
- 它出了新的版本，将最新的研究成果包含在内。
- 它所涉及的材料相对稳定，不会随时间而变化，因而可以在很长一段时间都适用于研究对象，比如解剖学、传记或操作说明中的证据。

任何时候，检查证据有没有过时都是有意义的，所有的领域都随时可能出现新的研究成果。

2. 开创性作品

开创性作品是指研究结果具有独创性或影响深远的作品，它们在很长一段时间内持续发挥着影响力。开创性作品可以是文章、电影、音乐、艺术品、建筑、商业设计，或者任何其他对思想研究有长时间影响力的作品。如果我们能够亲自接触到这些影响着学科研究根基与理论角度的开创性作品，我们会对自己的专业规则有更深入的了解，因而更能够识别其他研究的视角，以及这些观点对后期研究的影响。

> **拓展练习**
> 在你的研究领域或你学习的学科中，哪些作品被认为是开创性作品？

3. 可靠性

可靠性指的是证据可以被相信。如果证据来源于下列渠道，它更可能具有可靠性。

- 你认为值得信任的人。
- 公认的专家。
- 与事件结果没有利益关系的人。
- 前面说过的可靠的信息来源。

可靠性还涉及证据的可持续性，即它能否支持合理的预测。也就是说，需要考虑到，证据在未来是否可以同样支持论辩。

> **示例**
> 气候条件在很长一段时间内对于大部分地区都是相对稳定的，可以被用来预测气温或降水量的趋势。根据气候变化的证据，我们可以推测，撒哈拉地区可能很多年都会持续干燥与炎热。然而，天气不同于气候，它的变化很快，难以做出可靠的预测。撒哈拉地区可能会下雨，但降雨的时间与降水量很难预测。

4. 复制

在科学写作中，你可能会看到对结果的引用被"复制"或"未复制"。这意味着已经有人对调查或实验的结果进行重新测试，看它们是否正确。如果不这样做，最初的结果可能只是偶然的巧合。

知道研究是否被重复、结果是否被复制是很有用的。相似的结果会增加研究结果的可靠性。

第 7 节　选择最佳证据

在报告以及论文开题阶段，你通常都需要对自己的背景阅读或基于二手资料的推理进行总结。

1. 应该参考什么样的资料？

一般来说，我们可以找到很多资料，但能够参考的部分很有限。这就意味着，你需要对自己所参考的资料进行非常仔细的考量。

（1）有选择性

- 参考权威资料。
- 选择能够支持你论辩的证据，简要介绍其他资料。

（2）对你的论辩有贡献的资料

你的主要参考资料，应该是那些最有助于支持推理线的资料。你可能需要详细介绍一两部开创性作品，用次要的长度介绍关键作品，并简要地提及其他的作品。在撰写学术报告时，准确区分最重要的资料与次要的资料是非常重要的能力。

> **提示：如何选择资料来源**
>
> 思考下列问题：
> - 它是否为该学科提供了一个重要的理论视角？
> - 它是否改变了该学科的思维，或对该学科所讨论的问题做出了重大贡献？
> - 它是否有助于证据的发展，从而支持你的研究？如果是，它是怎样支持你的研究成果的？它与你的研究之间是直接联系还是间接联系？它对你的研究来说，是一个需要讨论的重要证据，还是一个需要简要参考的较小证据？
> - 它是否挑战了前人的研究成果，或者是否提供了另一种思考方式？
> - 它使用的研究方法是不是足够新颖，而且可以用于你自己的研究中？

2. 简要引用

引用其他研究成果可以增加你推理的砝码。一篇被简要引用的参考文献本身可能是一项重要的研究成果，但它只能是你研究的背景材料。通常情况下，简要引用可以支持你推理过程中的一个步骤，或是论辩中一个次要的观点。你可以这样呈现它们：

- 撰写一句话概述研究成果，并列出来源和时间。
- 写下你的观点，然后在括号中加上引用。

> **示例**
>
> 1988年，迈尔斯提出，英式手语本身就是一门语言。
>
> 手语也是自成一体的语言（莱恩，1984；迈尔斯，1988）。

3. 如何解释参考材料

大多数写作都有字数限制，主要词汇被用于对论辩和证据进行批判性评估，而对这些证据的描述，往往不是没有，就是很少。

第 8 节　相关证据和无关证据

1. 相关和无关

相关证据是理解问题所必需的证据。作者可能会提供下列类型的证据：
- 支持结论的证据。
- 与学科相关，但和结论无关的证据。在这种情况下，证据甚至可能与结论相矛盾。
- 与话题和结论都无关的证据。

> **示例 1**
>
> 人们需要加深自己对语言工作原理的理解，以便更有效地使用语言。研究（布洛格斯，2003；布洛格斯，2006）表明，学习外语可以让我们更能理解语言的结构，为我们提供了比较不同语言结构的方法。因此，应该鼓励只说一种语言的人学习第二语言。

示例中，学习外语的好处作为证据与鼓励学习第二语言的结论是相关的。

> **示例 2**
>
> 人们需要加深自己对语言工作原理的理解，以便更有效地使用语言。研究（布洛格斯，2003；布洛格斯，2006）表明，许多人都无法描述他们所用语言的不同组成部分，相当多的人甚至都记不住自己母语的规则。因此，应该鼓励只说一种语言的人学习第二语言。

在这里，人们无法描述自己的语言成分，也可以被解释为人们需要进一步学习母语。因此，这个证据虽然与论辩相关，却无法支持结论。需要更多的资料以支持结论。

> **示例 3**
>
> 人们需要加深自己对语言工作原理的理解,以便更有效地使用语言。研究(布洛格斯,2003;布洛格斯,2006)表明,即使在母语中没有对应概念的情况下,人们也能够理解外语中的概念。因此,应该鼓励只说一种语言的人学习第二语言。

示例中,理解外语概念的证据与语言的话题有松散的联系,但关注点完全不同。它与如何更有效使用语言的论辩以及应该学习第二语言的结论也没有明显关系。

2. 与结论相关

在考量证据的相关性时,可以着重思考这个问题,即如果没有证据,或者证据有所不同,结论是否会发生变化。

> **提示**
>
> 评估论辩时,检查:
> - 证据是否与话题相关。
> - 是否需要它以证明推理。
> - 它对结论是否有影响。
> - 如果有影响,它会支持结论,还是与结论相矛盾。
> - 是否需要它以支持过渡结论。

练习:相关证据和无关证据

阅读例文,判断证据、理由是否与结论相关,然后阅读后面的评论。

例文 8.1
冰河时代

冬天越来越冷了。民意调查显示,大多数人认为新的冰河时代即将到来。因此,我们需要采取措施,确保燃料资源得到妥善的管理,不让任何人在即将到来的冬季因极端寒冷而受罪。

例文 8.2

查尔顿先生秘密得知,如果在股价调整之前就让媒体获得新的晋升消息,MKP2 石油公司的股价将会突然上涨。查尔顿先生购买了 5 万股 MKP2 石油公司的股票,并向媒体泄露了晋升的消息。然后,他自己赚了 1000 万英镑。我们可以得出结论:查尔顿先生滥用了公司的信任,在财务上欺骗了公司。

例文 8.3

地质发生变化的主要原因可能是重大灾难,而不是逐渐的演变。这种观点在过去不被认可,那时人们认为地质变化是缓慢发生的,就像今天看起来的那样。然而,现在的证据表明,变化可能是迅速而猛烈的。地质学证据表明,几亿年前一颗巨大的陨石与地球相撞,导致大多数生命形态灭绝。地质学现在比过去引进了更多的资金。考古学证据表明,环境的突然变化让古代文明迅速衰落。

评论

在例文 8.1 中,冬季变冷的证据与管理燃料资源的结论是相关的,但证据并不足以证明结论。民意调查的证据是观点,而不是事实,因此无法支持结论。很多人赞同的观点也只是观点,论辩或证据的有效性通常不取决于多数人的观点。

在例文 8.2 中,所有证据都与话题有关,也与查尔顿先生滥用公司的信任,并在财务上欺骗了公司的结论有关。他向媒体泄露了一个秘密,以公司为代价让自己获利。

在例文 8.3 中,结论为"地质变化的主要原因可能是重大灾难,而非逐步演化"。支持这一观点的证据有:

- 陨石碰撞导致生命灭绝的地质证据。
- 关于环境突变导致古代文明衰落的考古证据。

过去人们对这一观点的看法是有用的背景信息,但并没有为证明结论提供支持。地质学研究的资金信息与结论无关。

第 9 节　有代表性的样本

大多数研究课题无法在多种环境下对大量的人进行测试,因为这通常需要花费大量不必要的时间、金钱与精力。调查和研究项目,更依赖于选择样本。有代表性的样本要充分考虑相关人群和环境的潜在多样性。

> **示例**
> 被带去海外的宠物,是否需要接受检疫才能入境?四个动物保护机构想要了解公众对这一问题的看法,这四个机构分别以不同的方式选择样本。
> **样本 1**:一号机构在全国范围内选择了 1000 名养狗的人,通过确保不同区域的被调查人数大致相同来保证调查的平衡。
> **样本 2**:二号机构在全国范围内选择了 1000 名养狗的人,通过确保不同区域的被调查人数与人口总数的比例大致相同,来保证调查的平衡。
> **样本 3**:三号机构在全国范围内挑选了 1000 名养宠物的人,样本囊括了各类宠物的主人,包括蛇、鹦鹉、热带蜘蛛的饲养者。
> **样本 4**:四号机构选择了 1000 名被调查者,代表各类宠物的饲养者以及不养宠物的人。样本从不同地区选出,人口密集的地区会有更多的人被选中。

上面四个样本根据不同的原则选择被调查者。样本 1 公平地代表了不同地理区域的人,而样本 2 更关注人口的比例,样本 3 考虑到不同种类宠物的饲养者,样本 4 则代表了养宠物和不养宠物的所有人。

它们都可能是合理的,需要根据调查目的进行具体的判断。例如,如果已知 99% 会受检疫影响的宠物是狗,且偏远地区的狗尤其受影响,那么样本 1 的方法就是最合适的。如果不是这样,那均衡考虑人口比例就会更合适。

如果需要受检疫的宠物类型很多,那样本 3 和样本 4 的方法就会更能够代表受影响的群体。样本 1、2、3 认为不养宠物的人不需要被考虑到,而样本 4 则能代表更广泛的人。

你会发现，样本 4 在调研项目和文章中更为典型。一般来说，样本要在多个方面都有代表性。

> **提示**
> 在阅读调研结果、文章和报告的"方法论"部分时，检查它们是否使用了最合适的抽样方法。如果样本没有代表某个群体，则研究结果可能不适合这个群体。

练习：有代表性的样本

阅读下面的例文，思考样本在哪些方面有代表性，哪些方面没有代表性，然后阅读下面的评论。

例文 8.4

这项实验旨在证明，吃胡萝卜会改善 45 岁以下年龄人群的夜视能力，学龄前的儿童除外。样本包括 1000 人，789 人为女性，其余为男性。每个性别的人群中，6—15 岁、16—25 岁、25—36 岁、36—45 岁的人都占 25% 的比例。参与实验的被试需要连续 10 周每天吃 3 粒胡萝卜提取物胶囊。

例文 8.5

这项调查的目的是判断消费者更喜欢用杏仁香精的香皂还是芦荟香精的香皂。样本由 1000 人组成，503 人为女性，497 人为男性。50% 的样本年龄在 25—40 岁之间，其余的年龄在 41—55 岁之间。

例文 8.6

这个调查项目检验了以下假设：经历丧亲之痛后接受 6 次心理咨询的人，比不接受心理咨询的人在接下来的 12 个月里离开工作岗位的可能性更低。样本包含 226 名参与者，按照年龄、性别、种族分为两组。第一组包括选择接受 6 次咨询的 37 名被试，第二组包括没有接受心理咨询的人。

评论

例文 8.4 中的样本在年龄群组方面具有代表性，因为它注意到确保年龄的均匀分布。就性别而言，它并不具有代表性，因为女性参与者远远多于男性。它在样本视力水平方面也没有代表性，而这一点对于该实验很重要。

例文 8.5 中，样本在性别方面具有代表性。虽然男性和女性的人数并不完全相同，但差别很小，所以影响不大。样本的年龄不具有代表性。这项调查并没有说明目的是发现特定年龄段的人们的偏好。它不代表 25 岁以下或 55 岁以上的人。目前尚不清楚这些样本是否代表来自不同经济、社会、种族或地理背景的人。

例文 8.6 中，样本根据年龄、性别和种族分为两组，这意味着两组样本中男性和女性的比例相近，年龄和背景也相似。这有助于确保调查结果不会受各小组构成差异的影响。然而，我们不知道这些样本在年龄、性别或种族方面是否具有代表性。例如，两组参与者可能完全由 25—30 岁的白人女性组成。例文也没有透露样本是否具有其他方面的代表性，例如工作类型、居住地的地理位置或与死者的关系类型。最重要的是，样本中只有少数人接受了咨询，因而并不具有代表性。

第 10 节　确定性和可能性

1. 确定性

论辩并不总能被完全证明。第七章探讨了证明结论所需要的必要条件和充分条件。在很多情况下，我们都很难证明已经满足了充分条件，因为有许多的例外。

2. 减少不确定性

不确定性往往不令人满意，对做决策也没有帮助。学术工作的目标，是要通过各种方式，减少不确定性。这些方式包括：

- 选择可靠的信息来源。
- 批判地分析证据，寻找前文的缺陷。
- 计算可能性的水平。
- 尽量提高可能性的水平。

3. 可能性

在评估论辩时，受众需要判断论辩的一般可能性，也就是说，受众需要判断证据是否可信。如果可信，还需要进一步判断证据是否支持结论，结论是否符合推理线。所有结论都处在不可能、可能、很可能、确定的范围之内。第十章会讲到，在学术工作中，即使学者已经采取了重要的方法来确保发现的最大可能性，他们一般也不会将之表达为"确定性"。

> **提示：可能性的范围**
> 不可能—可能—很可能—确定

4. 计算可能性的水平

（1）可能性水平的计算

相对于某件事情是偶然发生的，可能性的水平指的是该事件由特定原因导致的可能性。如果你投掷一枚硬币100次，硬币落地时是平的，那么它落地的方式只有两种：正面或反面。100次的投掷中，硬币正面落地的可能性为50%，反面也是50%，即50次正面落地，50次反面落地。这个可能结果不是确定的，但如果它出现了，不会令我们感到太惊讶。

中彩票的可能性要小得多。如果有一千四百万组可能中奖的号码，而你只有一组号码，那么你的号码被选中的可能性是一千四百万分之一。

统计公式或专业软件可以计算某一特定结果偶然出现的可能性，它可以被表达为这一情况偶然发生的可能性是：

- 低于十分之一。
- 低于百分之一。
- 低于千分之一。

（2）可能性水平的表达

你可能会看到下列可能性水平的表达：

- $p = <0.1$（某一特定结果偶然出现的可能性小于十分之一）。
- $p = <0.01$（某一特定结果偶然出现的可能性小于百分之一）。
- $p = <0.001$（某一特定结果偶然出现的可能性小于千分之一）。

- p = <0.0001（某一特定结果偶然出现的可能性小于万分之一）。

"这一情况偶然发生的可能性是……"缩写为"p ="。"小于"这个词缩写为"<"。可能性通常用小于数字 1 的小数来表示。小数点后面的"0"越多，结果是随机的可能性就越小，即结果不太可能是偶然出现的。

第 11 节　样本量及统计

1. 样本量

样本量越大，确定性就越高。样本量越小，结果是偶然发生的可能性就越大。合适的样本量随具体情况而变化。

合适的样本量大小取决于：

- 减少偶然因素的重要性。
- 是否关系到健康和安全（很小的样本量就足以推进行动）。
- 代表不同年龄、背景和环境的必要性。
- 可获得的资金。
- 小样本得出可靠结果的可能性。

> **示例**
> 对 1000 名志愿者进行的临床试验有超过 95% 的成功率。大多数患者已经完全康复，且到目前为止，几乎没有出现副作用。这些试验为现在的许多患者带来了减轻疼痛的希望。

在这里，1000 人似乎是一个相当大的数字。然而，该样本不太可能代表今后可能服用该药物的所有人，也不能代表确保该药物对服用者安全的所有情况。如果你需要服用这种药物，知道它已经在与你有类似情况的人身上测试过，比如与你相同的血型、年龄、种族以及有类似过敏或疾病的人，你会更放心。

据《泰晤士报》2004 年 8 月 31 日的报道，一项针对心脏病发作的研究在 10 年内涉及了 52 个国家的 2.9 万名参与者。其他的医学调查的样本可能要小得多。民意调查的样本通常为 1000 人。

2. 统计重要性

当样本数量非常小的时候，比如每个类别的调查对象少于 16 人，很难说结果不是巧合。当样本很小，或者群组间的差异很小时，我们会说调查数据没有"统计重要性"。

> **提示**
> 在评估证据时，寻找这样的表达："结果是重要的，p = < 0.0001。"这显示了统计重要性的水平：万分之一的偶然可能性。小数点后面的"0"越多，结果就越可靠，结果为偶然的可能性就越小。
> 另一方面，"结果没有统计重要性"之类的表达，意味着结果或两者之间的差异可能只是巧合。

3. 小的样本量

小的样本量有时候是必要的：

- 在调查某些不寻常的人时，比如非常成功的人，或患有罕见疾病或神经系统疾病的人。
- 获取较大的样本量很危险时，例如在深海工作、太空旅行、接触化学物质或严重剥夺睡眠。
- 罕见情况，比如多胞胎。

第 12 节　过度概括

概括可以帮助我们发现模式，让我们在需要时更快地做出判断。不过，概括需要有充分的根据，以合理的样本为基础。

过度概括指的是基于过小样本进行概括、样本无法支持概括的情况。

> **示例 1**
> 我的第一个孩子可以睡一整晚，但第二个孩子就不行。头生子比晚出生的孩子更容易入睡。

示例中，概括的基础只有两个孩子，这是非常小的样本。如果有成千上万的相似情况，即头生子比晚生的孩子有更好的睡眠，那这个概括可能是可信的。但示例只涉及两个孩子，具有很大的偶然性，隔壁邻居家的两个孩子可能就都睡得很好。

1. 从单一案例中得出的概括

从单一案例中得出的概括，就是在一个案例的基础上得出一个普遍的结论。这是难以被接受的。

> **示例 2**
> 有人说，根据长相给人取外号是一种具有冒犯性的行为。我的朋友很胖，人们都叫他胖子。他说自己不介意，因为他也可以找到难听的名称骂回去。这表明给人取外号没有坏处，因为人们随时可以反击。

一个人不介意冒犯性的语言不代表其他人都一样不介意。

2. 例外可以推翻规则

不过，有些概括可以只基于一个案例，却仍旧准确。当一个普遍规律已然存在时（比如被抛掷的物体会朝地表下落），一个例外情况就可以推翻这个规律（比如氢气球会上升）。在这种情况下，该规律需要被重新考虑并做出改进，以解释例外情况。许多科学和法律都是通过对规则的改进而进步的，这样它们就能更准确地适用于特定环境。

> **示例 3**
> 临床试验表明该药物非常成功。然而，这个病人对该药物有严重的过敏反应。这意味着医生需要意识到有些人可能会对药物产生负面反应。

在这里，一个简单的例子就足以让概括谨慎措辞。随着时间推移及更多例外情况的出现，概括将变得更加精确。

> **示例 4**
> 这种药物会让哮喘患者和服用 BXR2 药物的人产生严重的过敏反应。

这些例子说明，小的样本，即使是单一案例，也可以推翻基于大样本的理论。一个例外就可以推翻一套理论或规则。在这种情况下，规则或理论必须被重新检查和改进，以充分考虑例外情况。然而，要记住，概括意味着"大部分情况"，尽管有例外，它还是有助于我们的理解。

第 13 节　控制变量

1. 什么是变量？

"变量"指所有可能以有意或无意的方式影响结果的情况。在评估证据时，考虑作者是否已采取措施识别潜在的无意变量，防止它们影响研究结果，会对你很有帮助。

> **示例 1**
> 在南非进行的试验中，新葡萄树的葡萄产量是通常产量的两倍，酿酒量也多了一倍。新葡萄树的枝条被运到加州一个土壤和降雨量相似的地区移栽，却没有出现同样的产量。

示例中，生产者控制了一些变量，如土壤和降雨量，但这些是不够的。为了找出葡萄在某一地区产量高于另一地区的原因，生产者需要在可控的条件下种植，每次只改变一个方面的条件，直到他们分离出产量翻倍的特殊条件。这些变量可能包括：

- 日照的总时长。
- 土壤中被忽视的矿物质和微量元素。
- 生长过程中降雨的时间。
- 土地的坡度。
- 附近生长的其他植物及其对昆虫和害虫的影响。

在阅读研究报告或期刊文章时，检查一下作者采取了哪些步骤来控制变量，这些内容通常会出现在文章的方法论部分。如果调查没有采取措施控制变量，那么它对结果的解释可能并不准确。

2. 对照组

可以使用对照组来检验试验结果是否支持结论。对照组的处理方式与试验组不同，因而能够为试验组提供对比或参考。比如，要对剥夺睡眠进行研究，试验组可能需要被剥夺 60 小时的睡眠，对照组则应该被允许正常入睡。

> **示例 2**
> 一家公司宣称他们的超级蔬菜汁可以降低感冒和流感的发病率。100 人连续一年每天喝一瓶超级蔬菜汁，另外 100 人的对照组则喝用超级蔬菜汁瓶包装的调味水。

示例中的调味水被称为"安慰剂"。参与者不应该知道自己属于哪一组，因为这可能会影响他们的反应——参与者可能希望帮助试验进行下去，或破坏试验。

> **练习：控制变量**
> 再看一遍例文 8.4—8.6（见本章第 9 节），判断每个例子需要使用哪种类型的对照组或控制条件。　　　　　　　　　　答案见 396 页

第 14 节　事实和意见

1. 意见

意见是被认为正确却没有证据或实质依据的信念。人们可能在知道某意见与证据相悖的情况下，仍坚持这个意见。

2. 事实

事实基本上是可以通过经验、观察、试验或证据核实和证明的信息。然而，随着某一领域内知识的增加，事实可能会被推翻。有可靠证据相对照的事实通常比个人意见更有分量，但这并不意味它是真的。

> **示例 1**
> **事实**
> 验尸官说，死亡时间在凌晨 2 点至 4 点之间。早上 6 点半，厨师发现了尸体。仆人报告说，当天晚上房子里有 6 个人。管家报告说，另外还有 4 个人有钥匙，他们可能在早上 6 点半之前进入房子然后再次离开。

上面例子中的事实是：
- 验尸官给出的死亡时间，它可能是可靠的。
- 尸体被厨师发现的时间。不过，可能有其他人更早发现尸体但没说。
- 仆人报告的一些信息。
- 管家报告的一些信息。

仆人和管家报告的细节可能不是事实，它们可能是个人的意见，也可能是谎言。

3. 对事实的错误诉求

对于什么是事实以及什么是意见，人们的看法可能会有所不同。

> **示例 2**
> 管家整晚都在房子里。他的雇主在夜间被谋杀了。管家说自己是个忠诚的仆人，但也许他不是。我认为他在撒谎，他对自己的雇主有某种仇恨。事实证明他是凶手。

在这种情况下，事实似乎是：
- 管家整晚都在房子里。
- 他的雇主在夜间被谋杀。
- 管家也许是一个忠诚的仆人。

这些都不能证明管家是一个忠诚的仆人或是凶手，两者可能都是假的，也可能都是真的。但是，请注意，作者陈述了他的意见（即管家是凶手），就像那是事实一样。

4. 专家意见

专家意见是以专业知识为基础，通过时间、调查或经验获得的意见。在法庭上，它经常被用于帮助法官或陪审团理解问题，专家也经常被问及自己的判断。但这本身不能作为证据，因为专家也可能出错。

第 15 节　目击证人的证词

> **提示**
>
> 目击证人的证词在一些情况下可能有用，例如：
>
> - 亲眼看见或亲身经历事故、犯罪和灾难的人。
> - 经历过历史事件的人。
> - 客户对经验或服务的描述。
> - 患者对自己经历的描述。

1. 准确程度

（1）谎言

个人证词可以提供宝贵的证据，但并不总是准确的。

受访者可能不会透露真实情况，因为他们：

- 可能想要有所帮助，所以会说他们认为采访者想要听的话。
- 可能不喜欢采访者。
- 可能试图保护某人。
- 可能什么都不记得，但喜欢被采访时受到关注。
- 可能对结果有既得利益，所以隐瞒真相。
- 可能会被欺负或恐吓而害怕说出来。

- 可能已经答应保守秘密。
- 如果使用访谈的方式收集证据，请记住，受访者在呈现他们提供的内容时可能有复杂的动机。

（2）缺乏专业知识和内部知识

证人可能缺乏专业知识或事件的细节信息，因而无法理解自己所看到的情况。比如，某天下午，人们路过街头，看见一个摄制组在拍摄斗殴事件，他们可能无法判断自己看到的究竟是一场有摄制组参与的真实打斗，还是摄制组在拍摄一场表演的斗殴事件。受访者还可能会误解问题。

（3）记忆的限制

洛夫特斯 1979 年在《目击者证词》（*Eyewitness Testimony*）一书中，证明了法律中使用的记忆有多不可靠。在一项试验中，研究者给参与者看了一段事故的录像，然后询问一些参与者录像中一辆白色汽车经过谷仓时的行驶速度。一周后，被问到这个问题的参与者中有 17% 的人说他们看到了谷仓，尽管录像中其实根本没有谷仓；没有被问到这个问题的参与者中则只有 3% 的人说看到了谷仓。常见的记忆错误包括以下类型：

- 感知错误：所见所闻本身有误。
- 解读错误：对所见所闻进行了错误解释。
- 记忆力错误：单纯地忘记了。
- 回忆错误：对事件的记忆不准确。在脑海中，记忆也可能会因讨论、听见他人谈论、听闻相似事件而发生改变。
- 综合记忆：大脑会自动将不同事件的各个方面融合在一起，我们自己却没有意识到这一点。

2. 确认资料

通常需要找到其他资料来证实证人的证词，例如：

- 当时的官方记录。
- 其他证人的证词。
- 事件的监控记录。
- 报纸、警察、社会工作或法庭记录。

- 当时拍摄的照片。
- 其他地方类似事件的相关信息，可能有助于了解事件。

第16节　三角互证法

1. 什么是三角互证法？

三角互证法指的是检查和比较不同的证据，看它们是相互支持、相互补充还是相互矛盾。这在使用一手资料时尤其重要。

三角互证法是我们大多数人日常生活中检验某件事是否正确的常用方法。

> **示例 1**
> 约翰告诉妈妈，妹妹玛丽打了他。约翰在哭，说玛丽是霸王。

约翰可能说了真话，也可能没有。在他的母亲采取行动之前，她可能已经通过以下方式对证据进行了三角互证：

- 听取玛丽对这件事的说法。
- 寻找约翰被打的证据。
- 考虑约翰和玛丽表达事件的常用方式。
- 检查替代性的解释。

> **示例 2**
> 班主任说，学校的成绩比以往任何时候都好，大多数学生都取得了成功，这是因为学校教学的改进。

这句话可以用下列方法进行三角互证：

- 查看近几年公布的政府记录，以检查所有学校教学的总体改进情况。
- 将该学校的成绩与所有学校的平均成绩进行比较。
- 将该校学生的升学率与其他同类学校进行比较。比如，如果学校所在的地区经济状况很差，那么将其与类似地区的学校进行比较可能会更合适。

你可能还想调查一下学校学生的成绩变化是否还有其他原因。例如，如果学校开始设置困难的入学考试，这可能会吸引成绩基础好的学生进入学校，并排除那些不太可能取得好成绩的学生。升学率的提高可能是因为学生的不同，而不是教学的改进。

2. 同类比较

在对信息进行三角互证时，确认不同来源的信息涉及相同的题材，并被以相同的方式解释是很重要的。如果不这样做，你可能就没有进行同类比较。例如，在前面的例子中，班主任谈论的可能是体育成绩，而不是学习成绩，那就需要对一系列不同的信息进行三角互证，比如体育记录而不是政府记录。

> **练习：三角互证法**
> 对以下信息进行三角互证需要哪些证据？
> 1. 公共汽车站有一个人说，晚上在门口能买到便宜的演出票，让你去看自己喜欢的乐队演出。
> 2. 一家汽车制造商的报告说，他们最新型号的汽车上安装的新刹车比现有的其他刹车更安全。
> 3. 书中的一个章节指出，过去，乞讨会遭到非常严厉的法律处罚。
>
> 答案见 396 页

第 17 节　评估证据体系

在研究一个课题或撰写一篇学术论文时，你可能会参考许多证据资料。然而，你不可能以相同的方式评估所有证据。

你可以这样评估一些证据来源：

- 浏览以评估它们是否与你的研究课题足够相关，对相应的研究难度是否具有足够的可信度。
- 专注于最相关的证据资料，评估这些证据如何支持你推理过程的特定方面。
- 通过选择和仔细评估相对较少的关键资料，权衡论辩，寻找证据中的缺陷。
- 通过比较和对比不同的资料，检查不一致性。

下面的练习提供了一些短文，让你可以练习如何区分不同。这些文本也是第九章和第十一章进一步练习所使用的材料。

> **练习：识别可靠的信息来源**
>
> 通读附录1的文本。
>
> 1. 确定哪些是最可靠的证据来源，按以下方式归类：
> - 非常可靠。
> - 有些可靠。
> - 不太可靠。
>
> 2. 哪些文本的作者可能对结果有既得利益？
>
> 3. 在阐明互联网用户对文件共享的看法时，哪些是最可靠的信息来源？
>
> 答案见 396—397 页

本章小结

本章从推进自己的研究和评估他人的研究两个角度，探讨了评估证据的一些关键概念。

如果你正在进行自己的研究，不论是项目、报告还是论文，你都需要确保收集、选择最合适的证据，并对之进行严格的审查。本章介绍了文献检索的原则，研究了将大量潜在的证据资料削减至可控数量的方法，以便进行更深入的审查。本章还展示了如何识别一手资料和二手资料之间的差异。

在使用二手资料支持你的论辩时，你需要理解这些资料的证据基础，并且能够用标准对这些资料进行评估。例如，你需要警惕资料是否如其所是，检查它们是否真实、准确、可靠、应时。你还需要了解它在可能性方面的意义，以及为确保发现的可靠性所采取的方法。在第一次批判地分析材料时，你似乎有很多方面需要检查，但其实很多都是自发的行为，比如寻找可靠的资料来源。在遇到论辩时，把其他要检查的方面记在脑海中也会很有用。回到一手资料或出版物中寻找材料可以帮助你检查资料的准确性，这有时候是必须要做的事情。如果资料来源被引用得很好，检查细节就会变得比较容易。

在前面的部分，本章讨论了分析单个资料来源以检查其可靠性和有效性的方法。后面的部分介绍如何使用一个资料来源来检查另一个。交叉比较或三角互证法，是我们许多人在日常生活中自然而然使用的方法。不过，有很多人只看到表面的信息，不进行对比检查。虽然对比不一定就能够得出真相，但它往往能表明不同的立场，并因此指出错误或有进一步调查的空间。

你会发现本章介绍的一些概念会比其他的概念更适合你的学科。每个学科都有完善的研究方法来培养分析资料的专业能力。有些人会使用：

- 碳素测年法检测材料的年龄。
- 中世纪拉丁语和寓言，以阅读和解释原始资料。
- 在符号学方面的高级技能，以解释文本的意义。
- 用于精确测量或检测微生物的专业设备。
- 统计方法和公式来分析与课题相关的数据类型。

这些高级技能可能会在专业课内进行介绍。不过，大多数学科都会用到批判性思维的基本技能。

资料来源

Lane, H. (1984) *When the Mind Hears: A History of Deaf People and Their Language* (Cambridge: Cambridge University Press).

Loftus, E. F. (1979) *Eyewitness Testimony* (Cambridge, MA: Harvard University Press).

Miles, S. (1988) *British Sign Language: A Beginner's Guide* (London: BBC Books).

Palmer, T. (2004) *Perilous Planet Earth: Catastrophes and Catastrophism through the Ages* (Cambridge: Cambridge University Press).

第九章

批判性阅读和做笔记

——对原始资料的选择、解释与记录

学习目标

- 制定选择性阅读的策略。
- 理解理论与论辩的关系。
- 对论辩和理论进行分类。
- 检查对文本的解释是否准确。
- 制定选择性笔记和批判性笔记的制作策略。

概述

尽管批判性思维可以被用于任何语境，但很可能你在书面材料中用它最多。前几章介绍的内容与批判性阅读有关，这一章则关注服务于特定目的的批判性阅读技巧，比如做作业或写报告。它探讨了以下问题：

- 识别理论的角度。
- 对信息进行分类，以便有选择地使用它。
- 阅读时使用批判性的方法做笔记。

批判性阅读不同于其他类型的阅读，如略读或粗读文本。后者对在文本中定位信息或培养对题材的总体感觉是有用的，它为理解文章提供了一个很有用的起点，不过，如果只进行粗读或略读，会让阅读变得肤浅。

批判性阅读要求你把注意力集中在文章的某些部分，同时记住其他信息，这需要分析、思考、评价并做出判断，因此通常比休闲阅读或获取一般背景信息的阅读速度要慢。不过，随着批判性阅读能力的提升，你阅读的速度会提高，准确度也会得到改善。

第1节　批判性阅读的准备

脱离上下文，信息就很难被理解。阅读新材料时，一些基础的准备工作可以帮助你：

- 了解主要论辩之间如何相互配合。
- 更好地记住总论点。
- 更好地理解特定信息。
- 意识到理由和证据对论辩的影响。

1. 书

（1）初步浏览

首先，浏览这本书，感受它的内容。一边翻页一边看，或者快速地浏览每一页，可以让你对这本书的内容及相关信息的位置有初步的印象。

（2）浏览引言部分

检查引言是否表明了作者的立场或指出了总论点。这些信息可以引导你阅读最相关的章节，并帮助你理解其中的详细信息。

（3）浏览最后一章

看看书末得出的结论。检查最后一章是否总结了论点、推理结果和证据。如果最后一章有所总结，它会对你阅读其他章节更详细的证据、跟踪推理过程很有帮助。

（4）浏览章节的开头和结尾

浏览相关章节的开头和结尾，可能会帮助你快速了解该章节的重点，便于你找到相关材料。

2. 文章

- 浏览摘要，看看该文章是否与你的研究相关。
- 如果相关，仔细阅读摘要，找出主要论辩。

- 如果这是一篇与研究项目相关的文章,文章的研究假设部分会总结作者想要证明的内容,结果会告诉你他们的发现,讨论部分则会介绍作者认为有重要意义的研究与发现。
- 使用摘要帮助你找到最相关的信息。根据你的目的,判断你是否需要更多地了解该文章中研究所使用的方法、结果,以及对结果的讨论或建议。

3. 找到论辩

一旦你快速地找到了信息的大致位置,运用前面章节中提到的批判性思维方法来识别论辩:

- 识别作者的立场:该文章想让你做什么、想什么、接受什么或相信什么?
- 找出一系列支持结论的理由。

找到了论辩之后,你可能需要更慢、更仔细地阅读,试着运用本章和书中前面部分所介绍的批判性思维策略。你需要特别注意支持论辩的证据的质量。

第 2 节　辨认理论视角

1. 理论是什么?

理论是一组思想,它有助于解释某事为什么发生或为什么以某种特定方式发生,并预测未来的可能结果。理论建立在证据和推理的基础上,但尚未得到结论性的证明。

2. 了解理论有助于填补空白

我们做的大多数事情都基于某种理论,但我们并不总能意识到它。在第六章中我们已经了解过,我们所说或所写的内容中往往包含未声明的假设,而这

> 我们在这里种下了 20 棵郁金香球茎,环境很理想,完全符合包装上的介绍,所以春天我们将会拥有 20 棵美丽的郁金香!

> 好吧,这毕竟符合理论!

些假设可能是未被认可的理论。如果我们能确定作者的理论视角，我们就能更好地识别推理中的漏洞和未阐明的假设。

3. 专业研究和学术领域中的理论

在专业研究和学术思维中，理论通常是通过对以往理论和研究进行批判性分析而形成的一个思想体系，或称"学派"。很多研究的目的是检测或进一步完善现有的理论，以让这些理论在提供解释或建立行动模型方面更能发挥作用。

4. 找到理论的立场

在最好的研究和文本中，作者会明确地阐述理论以帮助受众理解。书中的理论立场通常出现在最初的章节或章节的开头。文章、报告、学位论文等的理论立场则主要体现在以下方面：

- 研究假设——应在研究开始时就说明，并给出研究所要证明的关键理论立场。
- 已被选中的参考文献——作者对这些文献的分析应该得出有影响力的理论。

第 3 节　理论与论辩的关系

1. 论辩可以建立在理论的基础上

> **示例 1**
> 马克思的经济学理论认为财富将集中在少数人手中。该研究项目以对马克思理论的解释为基础，认为尽管英国公共服务的非国有化在短期内可以推动成立更多公司，但在过去几十年里，合并与并购已经导致许多较小的公司倒闭。因此，这些行业的财富现在掌握在少数"超级企业"手中。这项研究的假设是，再过 30 年，英国前国有化行业 75% 的财富将掌握在 3 家或更少的"超级企业"手中。

示例的主要论辩是，几十年后，那些曾经被国有化，但后来被出售给私营企业的行业，将成为少数"超级企业"的一部分。作者明确指出，这一论辩基于对某一特定经济理论的解释。在这里，理论被用来构建研究假设。

运用数字和比例能够让一般理论变得更加具体、更易理解。不过，只要趋势明确地朝着预测的方向发展，哪怕具体情况有所不同，一般性的理论和论辩也可以是有效的。

2. 理论作为论辩

如果理论提供了理由和结论，并试图说服受众，理论本身也可以成为论辩。不过，你可能会注意到，当理论被用作论辩的基础时，作者往往只会提到理论的结论或理论的关键方面（就像前面的示例一样）。为了检验理论背后的推理，你可能有必要回到原文，而不是使用二手的说法。

3. 论辩不一定是理论

注意，论辩并不总是理论。在下面的例子中，进城的理由有两个，但并不代表一种理论。

> **示例 2**
> 我知道你很想快点回家，但最好先去商店看看。我们需要为塞里纳买一件生日礼物，还需要为今晚准备一些食物。

> **练习：识别理论**
> 阅读附录1的文本，判断哪一个文本有明确（公开陈述的）的理论立场，并阐述它们。　　　　　　　　　　　　　　　答案见 397 页

4. 特定学科的思想流派

在你的专业中，会有一些围绕着关键学者或特定方法组织起来的思想流派。这些思想流派可能会涉及广泛的理论方法，比如自然主义、人文主义、灾难主义、结构主义、女性主义、后现代主义等。

> **拓展练习：思想流派**
> 在你的专业和兴趣领域中，主要的思想流派有哪些？

第 4 节　分类与选择

1. 批判性选择

研究性的任务（包括阅读报告和作业）需要我们摄取大量的信息。我们只能用到所读内容的一小部分，但看起来好像读到的所有内容都是有用且有趣的。

批判性思维要求我们对以下内容做出决定：

- 如何分配用于阅读的时间。
- 在何处集中精力进行批判性思考。
- 哪些内容需要做笔记，以供将来参考。
- 哪些内容可以用于我们自己的报告或作业、哪些内容应该略过。

批判性选择需要我们进行筛选。如果善于分类，选择就会变得更加容易。第二章提供了信息分类的练习。

2. 信息分类的重要性

如果我们可以在思维中，而不仅仅是文件中对信息进行分类，我们会更容易做出批判性选择。信息分类的过程，可以帮助我们识别不同类型信息之间的联系，这会让我们：

- 更容易比较信息。
- 更容易对比信息。
- 将信息整合分组，从而对之进行更简练的表述。

3. 理论分类

上面我们提到过，了解理论立场有助于填补推理过程中的空白。根据文本的理论立场对之进行分类，有助于我们：

- 整理分析所需要的信息。

- 追踪某研究如何建立在先前研究的基础上。
- 更好地理解为什么需要进一步研究某个课题，了解该研究如何适应更大的格局。通常来说，一项研究只能检验一部分的情况。
- 用标题对信息分组，从而澄清我们的理解，帮助我们记住这些信息。

4. 通用的理论类型

有些通用的标题可以作为我们对信息分组的参考。不过，需要注意论辩或理论所包含的内容是否只有一种类型。

- **美学**：与艺术欣赏相关。
- **文化**：与特定社会的观念、习俗和人工制品相关。
- **经济**：与经济相关。
- **伦理**：对与错的问题。
- **金融**：对金钱的考虑。
- **法律**：与法律相关，法律的内容。
- **历史**：由过去的情况造成的。
- **人道主义**：以人类利益为中心。
- **慈善**：对他人的善举。
- **哲学**：与知识的学习相关。
- **政治**：与政府或国家相关。
- **科学**：由一个可以重复的系统或实验方法产生。
- **社会学**：与人类社会的发展或组织有关。
- **诡辩**：看似聪明但具有误导性的辩论。

练习：论辩的分类

附录1的文本中，每一个都包含一种或多种类型的论辩。通读这些文本，使用上面列出的常用标题对它们进行分类。注意，每个文本可能适用多个标题，或不适用上述任何标题。　　答案见 397 页

第 5 节　准确解读阅读的内容

对批判性思维来说，准确的解读非常重要。1978 年唐纳森发现，人们经常会因没有关注问题或陈述的细节而出错。

错误的解读往往是由阅读时过于关注细节或对细节关注不够导致的。常见的错误有：

- 过度专注：阅读速度太慢，过于关注单个的单词和段落。尽管细读是批判性阅读的必要组成部分，但在整体论辩和更广泛的理论视角中解释具体细节也很重要。
- 关注不足：阅读内容过于肤浅，虽然明白整个大局，却不了解具体的细节、证据如何支持主要理论和论辩。
- 没有关注准确的措辞：遗漏了"不"等关键单词，或者没有按照正确顺序阅读。
- 没有准确地指出所陈述内容的含义。

因此，为了准确地解读文本，让注意力在下面两种状态之间交替会有帮助：

- 整体格局和细节。
- 考虑准确的措辞和未阐明的暗示、假设。

练习

下面的例文是对附录 1 中文本的解释，阅读这些例文，并判断它们：

A. 准确地诠释了作者的论辩。

B. 误解了作者的立场。如果是，说明理由，并尝试自己解读文章。

例文 9.1

对文本 1 的解释：作者是一个真正的艺术家，他为那些找不到发行商的小艺术家提供服务。

例文 9.2

对文本 2 的解释：作者认为，既然园艺中扦插枝条能够被人们接受，且不需要考虑版权问题，那么免费下载音乐也应该是可以被接受的。

> **例文 9.3**
>
> 对文本 3 的解释：盗版通常是不可接受的，如果消费者不愿意花钱购买，他们应该做好买不到东西的准备。
>
> **例文 9.4**
>
> 对文本 6 的解释：免费复制音乐威胁了独立艺术分销商的前途。
>
> **例文 9.5**
>
> 对文本 7 的解释：这篇文章认为，植物培育者只可能对大公司采取行动，因此普通种植者不会被起诉。
>
> **例文 9.6**
>
> 对文本 10 的解释：每个人都应该坚持自己认为正确的事物，如果法律不民主，就不需要遵守它。
>
> 答案见 397 页

第 6 节　做笔记以支持批判性阅读

1. 为什么要做笔记？

相对于不做笔记的简单阅读，做笔记有许多好处：

- 如果处理得当，做笔记会把连续的阅读任务分解成多个短时间的阅读环节，使阅读与做笔记交替进行。这让眼睛和与阅读有关的大脑部分得到休息，对批判性阅读所需要的高强度阅读活动尤其有用。
- 书写涉及运动记忆，使记忆信息更容易。
- 许多人都更容易想起自己手写的信息。
- 选择要写什么，而不是什么都写，这意味着与资料有更大的互动，有助于我们日后回想它。
- 做笔记可以将与课题相关的信息汇总在一起，精简你需要阅读的材料。
- 如果所读文本是你自己复印的，你可以在复印件上做笔记，但这无助于将关键的思想集中到一个地方。

- 笔记融合了你的想法、风格和选择，有助于让材料变成你自己的东西。

2. 怎样做笔记来支持批判性阅读？

做的笔记应该有助于达成自己的主要目的，要避免仅仅因为材料有趣或未来可能会用上就记录材料。不过，做一次笔记确实可以服务于多个目的，比如既支持当前的项目，又为未来的任务做铺垫。如果是这样，可以试着为每一个项目记一组单独的笔记，或在笔记中使用清晰的标题，以帮助你轻松找到每个项目所需要的内容。

3. 在做笔记时思考

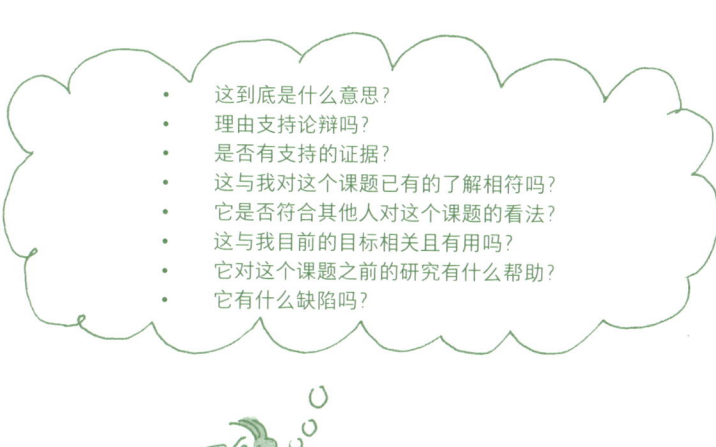

- 这到底是什么意思？
- 理由支持论辩吗？
- 是否有支持的证据？
- 这与我对这个课题已有的了解相符吗？
- 它是否符合其他人对这个课题的看法？
- 这与我目前的目标相关且有用吗？
- 它对这个课题之前的研究有什么帮助？
- 它有什么缺陷吗？

> **提示**
> 读书时手中不要握笔。这可以让你避免记下那些你没有仔细考虑过的、不必要的笔记，也可以避免意料之外的抄袭。

第 7 节　有目的地阅读与做笔记

1. 为分析论辩做笔记

如果做笔记的主要目的是分析论辩，可以使用第 8 节中的标题或表格记录下面的信息：

- 帮助你找到材料来源的详细信息。
- 作者的立场或理论立场。
- 主要的论辩或假设。
- 理由清单，并为之逐个编号，注意避免重复记录。
- 你对推理及证据的评估。

2. 为作业和报告做笔记

在为一本书做笔记时，相比于记录最相关的要点，不加选择地记录信息可能会让你失去批判性的着眼点。

> **提示**
> 如果你想要记录大量的事实和支持性细节，可以把它们与你的批判性分析笔记分开，或写在反面。在笔记中，如果批判性分析笔记并无进展，而背景信息大量增加，你可能需要注意自己是否忽略了评估信息的相关性，忘记选择最重要的信息点。这还表明，你已经开始复制文本。
> 第 9 节的表格为阅读时批判性地做笔记提供了一个模板，它可能不适用于所有的目的。不过，它故意只给背景信息留出很少的空间，因为在学术或专业的研究中，很少有人可以使用大量的背景信息。

3. 阅读期刊文章时做笔记

阅读研究性文章时做笔记与其他类型笔记最主要的不同在于，你更有可能对研究发现或研究方法对专业领域知识进步做出的特殊贡献进行仔细分析。这类文章往往以单一案例或单一调查为基础，你可能会对它的方法或讨论特别感兴趣。第 10 节的表格着重关注你的分析，而不是背景信息。

4. 仔细选择引用的文献

（1）少引用，并保持简短

要避免冗长的引用，它们占用篇幅，却没有任何好处。可以选择引用这样的语句：

- 二手资料中简要的概括性语句。
- 一手资料中直接支持你论辩的证据。
- 与论辩相关的最好的语句。注意，这类引用也要谨慎。

（2）在你的笔记中突出引用

养成使用特定颜色的笔做笔记的习惯，如红色、蓝色或绿色，将之用于特定的笔记。比如用红色笔记录引用的内容。之后你再阅读笔记时，可以立刻明白笔记中哪些是抄写的、哪些是你的复述、哪些是你的想法。

> **提示：记录引用的出处**
> 请准确地记下引用的出处。

第8节　简洁的批判性笔记：分析论辩

作者 / 资料来源的名称			
书 / 项目名			
网址		下载日期	
日期或时间		版本	
出版社 / 频道		出版地点	
期刊卷号		发行编号	
作者的立场 / 理论立场			
基本背景信息			
总论点或假设			
结论			
支持论辩的理由	1. 2. 3. 4.	5. 6. 7. 8.	
推理线和证据的优点			
论辩中的缺陷、漏洞或论辩和证据中的其他弱点			

第 9 节　简洁的批判性笔记：书籍

作者姓名	
书名全称	
章节作者	
章节标题	
出版年份		版本	
出版社		出版地点	
理论立场或理论类型	
基本背景信息	
核心论辩	
支持这些论辩的理由和证据	
论辩的优点	
论辩的弱点	
与其他资料的比较或对比	

第 10 节　简洁的批判性笔记：文章和论文

作者姓名	
文章标题	
期刊全名	
章节标题	
出版年份 　　　　　　　　　　　月份	
卷号 　　　　　　　　　　　发行编号	
假设（论文是为了证明什么？研究假设是否得到支持？）	
研究的理论基础和理论类型	
关键背景文献	
研究方法	
样本	
主要结果	
主要结论或建议	
这项研究的优势： • 它如何促进我们对这一学科的理解或如何推进研究？ • 是否有适当的假设、检验假设的方法、样本大小或类型、变量控制以及建议？	
研究的弱点： • 它在哪些方面受到限制？何时何地不适用？ • 研究中的假设、设计和方法、样本规模和类型、根据研究结果得出的结论是否有缺陷？	

第 11 节　做笔记时的批判性选择

> **练习**
>
> 下面是附录 1 中文本的笔记，用于对"'不公平待遇：现在的法律似乎只适用于商业活动'讨论"的报告。
>
> 浏览笔记，在与报告相关的内容下面画线。说明为什么这些笔记与报告的内容相关，并判断笔记是否为记录者用自己的语言撰写。然后阅读评论，将之与你的答案相比较。
>
> 注意：这项练习关注的是笔记的内容，而非笔记的结构。
>
> **"不公平待遇：现在的法律似乎只适用于商业活动"讨论的笔记**
> **支持这一说法的证据：**
>
> - 法律诉讼通常只针对企业，而不是个人，这的确适用于通过互联网共享文件（斯普拉特，2014）（文本 4）和植物繁殖（约尔，2016）（文本 7）的情况。企业以低于市价的价格出售该类产品，收获颇丰。但是：这并不意味着法律只适用于大企业，很可能它只是被不均衡地应用了。这似乎对大企业不公平。注意：（约尔）（文本 7）对于植物育种者来说，植物共享其实会造成巨大的经济损失，所以人们进行植物共享，只是因为它很容易。
>
> **与这一说法相矛盾的证据：**
>
> - 传媒公司只对有普遍吸引力的音乐感兴趣，因为他们希望能赚大钱（文本 1）。
> - 卡特尔（2015）：传媒公司可以选择他们产品的销售价格。
>   注意：这个销售价格比制造产品的成本要高得多，所以在这方面，法律支持商业活动（文本 3）。
> - 随着时间的推移，法律总是杂乱无章，而且往往自相矛盾。关于我们希望的正义概念，几乎没有什么争论（皮亚斯金，1986）（文本 10）。
> - 大企业可以用法律来反对抄袭，小艺术家则无力反抗，难道不是这样吗？

评论

文本 1 的笔记是关于大企业的，但我们不清楚为什么笔记记录者认为它们与问题相关。此外，它不是可靠的资料。

文本 10 的笔记是关于一般性法律的，但不是专门针对商业的。我们不清楚为什么笔记记录者认为这些笔记与讨论的问题有关。

文本 1 和文本 10 的笔记几乎是逐字逐句地从课文中抄来的，无法看出笔记记录者有进行批判性地选择。如果这些内容在报告或作业中出现并且被发现，将被视为抄袭（不可接受的复制）。

文本 3、文本 4 和文本 7 的笔记更好，因为它们与报告是相关的，而且是用笔记记录者自己的话写的。此外，它还包括一些反思，可以用在报告中说明相关观点。

练习：做笔记时的批判性选择

下面两组笔记与附录 1 中的文本有关，阅读笔记，并判断：

- 笔记记录者是否选择了与目的相关的信息？
- 笔记记录者是否选择了最相关的信息？

笔记 A
目的：讨论"互联网正在腐蚀道德价值观"
正方：互联网腐蚀道德价值观

（1）文本 3（卡特尔，2015）认为，从互联网上非法复制内容的人试图将其合理化，而不是批判这些内容，他们声称"大家都在这么做"。

（2）文本 1（卡拉，2016）：网友的评论可以支持卡特尔的观点，因为他们进行了合理化，比如"在互联网上分享音乐或视频并不是盗窃行为"。

另外，免费分享和接受复制文件，是为艺术和艺术家"提供有用的服务"。

（3）文本 1，注意：音乐可以从网上免费下载，这对卡拉那样的人来说是一种诱惑，鼓励他们找借口为自己未经询问的行为辩护。

（4）文本 9（KAZ，2015）：网民为不付款辩护的理由有缺陷，比如，如果你不太可能被追究法律责任，"就没有犯罪"。

（5）文本 4 和文本 7：法律主要用于起诉其他企业，而不是那些只为朋友复印几份文件的人。

（6）文本 8：不只是网络上的少数人道德沦丧，甚至连教授们现在也提出了有缺陷的论辩，赞成免费索取。例如，李（2015）主张从互联网上免费获取材料，只是因为人们没有因为录音被抓住或受到惩罚（"没有人关心这个问题……"）。

反方：互联网不会腐蚀价值观

（1）文本 2（波特，2016）比较了从互联网上免费下载和赠送植物剪枝的情况。

（2）如果我们能将植物剪枝与互联网下载进行比较并且得出两者都是错误的结论，那么互联网只是提供了一种表达相似价值的不同方式，而不是"腐蚀"它们。

例如，文本 7（约尔，2016）显示，植物育种者也遭受免费剪枝的困扰。在互联网出现之前，免费的植物剪枝已经存在了，所以这种价值观不能归咎于互联网。

笔记 B

目的：讨论"盗窃总是错误的"

盗窃是错误的：

（1）文本 6：是的，因为我们并不总是知道受害者是谁。

卡利尼（2013）：当一些人把音乐复制给他们的朋友时，即使是少数人失去了版税，小型音乐发行商也会受到严重影响。公平贸易是民生之本。

（2）文本 7（约尔，2016）：植物育种是非常昂贵的，因此，即使是积累的少量专利费，也有助于生产者投资新品种。

（3）文本 3（卡特尔，2015）：根据法律，所有媒介的生产商都有权收回他们的劳动成本或支出。

支持盗窃：

（1）文本 1：这是其他人的错，例如大型传媒公司只对给他们带来暴利的音乐感兴趣（反对意见，见文本 3）。

（2）文本 1：它可以提供一个有用的服务，例如，免费分享来自互联网的音乐，可以让更多的人接触到创新和激进的音乐，这对那些真正的艺术家、那些希望自己的音乐被更多人听到的艺术家是有好处的。（但是，见文本 6：小发行商未必能获益。）

（3）文本 2：如果能逃脱惩罚，盗窃就是可以接受的。例如伊凡·波特（2016），植物和文件共享。

（4）文本 8 还暗示，如果没有人因为录制广播而被逮捕或起诉，那么盗窃就是不重要的。但是，偷窃并不是由是否被抓住来定义的。

盗窃在什么情况下是可以接受的：

（1）文本 11（索因卡，2013）：不，有时候人们并没有意识到自己在偷东西，比如学生抄袭，再比如规则太复杂而无法被遵循的时候。**但是**，对"法律"的无知不应该成为借口。

（2）文本 12（埃博等，2014）：研究表明，人们的道德行为会受难易程度影响。研究假设，如果音乐付费很容易，大多数免费下载音乐的年轻人会付费下载音乐；而收入较高的人比收入低的人更不愿意为下载音乐付费。研究对象是 1206 名年龄在 15—25 岁之间的人，依据年龄、性别和种族背景分为不同的群组。参与者在线时，会看到一个可免费下载音乐的替代网站的广告。当布兰和富岛（1986）使用了 200 名老年人的样本，发现不同健康状态下人的道德行为存在显著差异。几项研究表明，外部条件对行为的影响大于伦理理解（辛格等，1991；科尔比，1994；米娅和布劳尔，1997）。

对与错的问题并不清楚：

文本 10（皮亚斯金，1986）：对与错的问题"应该被视为进退两难的困境"。也许在某些情况下，偷窃本身就是错误的，但比不偷窃的错误程度要低。

一个人在偷窃，但没有以不道德或不道德的方式行事，例如挽救一条生命。

"在法律范围内偷窃"，这将是道德、良知的问题，而不是法律问题。

评论

笔记 A：讨论"互联网正在腐蚀道德价值观"

这份笔记中的大部分内容都与讨论相关。

文本 3 指出，人们为不付钱的复制辩护，这种为不正当行为找理由的行为，被称为"合理化"。它与讨论相关。

笔记记录者从文本 1 和文本 9 中精选了一些简短的引文以说明这一点。画线的引文与其他引文相区分，可以直接表明这部分内容是从材料中摘抄的。虽然这样的个人网站并非可靠的资料来源，但对于讨论的问题来说，它们是相关的主要证据来源，因为它们说明了普通互联网用户的看法。笔记记录者显然在利用文本 8 构建一个与之相反的、主张不付费复制的资料，这也是相关的。

这些笔记的好处在于，它被分为"正方"和"反方"两个论点，不过，这还意味着笔记没有包括更复杂的论点。例如，在价值观的问题上，考虑文本 5 及其引起的问题（人们的言行差异）是有益的。尽管自己会为下载的音乐付费，但作者好像认为免费下载是可以接受的。

这些笔记的一个重要特点是，它们表明，笔记记录者阅读时在思考，并简要记下了相关的思考。

这些笔记的主要缺点是，它们没有选择最相关的材料：

- 没有囊括所有相关材料，例如文本 10 和文本 12。
- 笔记记录者没有说明为何文本 4 和文本 7 的笔记与讨论相关（见"正方"观点下的第 5 条笔记）。

笔记 B：讨论"盗窃总是错误的"

对于前面几个文本的笔记，笔记记录者进行了很好的批判性选择，摘取了最相关的内容。

但对文本 12 所做的一系列笔记是例外。这部分笔记记录得过于详细，与原文过于相似。我们无法得知为什么笔记记录者认为这些细节都与讨论相关。笔记记录者似乎没有对这部分内容进行批判性选择。

这些笔记的优点是：

- 将信息分组以支持不同的要点。
- 笔记记录了批判性思维的过程，可以在报告或论文中使用。

这些笔记的缺点是：

- 从文本中摘抄的内容和注释没有被标记出来，而且很容易在未经正式确认的情况下被意外抄袭到报告或文章中。文本1和文本12的笔记尤其是这样。
- 记录下来的字句与原文太接近，这表明受众已经进入了"自动"记笔记或抄写的状态，没有专注于选择最相关的信息。

第 12 节　记录信息来源

所有的笔记都应该清晰地记录信息来源。

1. 全称与简称

在初次使用某资料时，完整地记下它的标题和其他关键细节是很有用的，最好是用电子文件，这样你就可以根据需要剪切和粘贴它。后面可以使用自己能够记得住的简写名称为之命名。注意要准确记录资料的出处，这样如果之后有需要，你就能够很容易地找到它。

2. 参考资料的细节

在撰写课程作业或企业报告时，你需要列出参考文献，这样受众就可以知道你的证据从何而来，是什么影响了你的想法。学校或企业通常会推荐特定的参考文献格式，比如哈佛式、温哥华式或出版社的文献格式。这些格式细节上有很大的不同，请务必准确记录你所使用的参考文献格式。

3. 书籍的笔记

- 作者姓名（封面上所有作者的全名）。
- 出版时间（见封面版权页，记录首次出版的时间或当前版本的时间，但不需要记录再版的时间）。
- 书籍全名（包括副书名）。
- 书籍的版本（如果不是第一版）。

- 出版的城市（见书的版权页）。
- 出版机构的名称。

> **示例 1**
> **书籍笔记的细节**
> T. 克兰（2001），《精神的成分：精神哲学入门》（牛津：牛津大学出版社）。

> **示例 2**
> **多位作者**
> R. 皮尔斯和 G. 希尔兹（2016），《正确引用（第 10 版）》（伦敦，帕尔格雷夫）。

如果书的每一章由不同作者撰写，则需要记下：
- 章节的作者名、写作日期，然后是章节名。
- 编辑的名字和书名。
- 书名后面的页码。
- 在括号中注明出版地点和出版机构的名称。或许最初你还需要记下该章节最初是在哪里出版的。

> **示例 3**
> **书中的章节**
> S. 威利斯（1994），《忧郁的爆发：托尼·莫里森历史化》，出自路易斯.盖茨（编），《黑色文学与文学理论》（第 263—283 页）（纽约：梅休恩出版社）。

4. 文章的笔记

- 作者全名，然后是出现在文章顶部的所有作者的首字母缩写，按出现的顺序排列。
- 写作时间。
- 文章全名。
- 文章出处（期刊名称）。
- 该文章刊登在期刊的第几卷、第几期。

- 全文页码。

> **示例 4**
> 文章
> L. 舒尔曼（1986），《那些理解的人：教学中的知识增长》，出自《教育研究者》，15（2），4—14。

5. 电子资料的笔记

- 作者的名字。按照作者出现的顺序，记录作者姓氏的全称，然后是首字母。
- 写作日期。如果没有日期，需要进一步考虑资料的可靠性。
- 这篇电子文献的名称（如果有的话）。
- 文章所属的期刊名称、卷和发行细节。
- 如果材料只能在互联网上获得，请提供网页的确切细节，以便其他人可以打开该网站和页面。
- 从互联网上下载该材料的日期。

> **示例 5**
> 电子资源
> P. 科林斯（1998），《谈判中的自我：关于无领导小组面试的反思》，出自《在线社会调查》，3（3）。www.socresonline.org.uk/socresonline/3/3/2.html[①]；2001 年 1 月。

6. 报纸的笔记

记下作者的名字、文章名、报纸的名字、日期和页码。

> **示例 6**
> S. 法勒（2004），《旧海图如此流行》，出自《泰晤士报高等教育增刊》，7 月 16 日。

如果报纸上没有给出作者的名字，就先记下报纸的名字，然后是年份、文章的名字，最后是日期和页码。

---

① 网址仅作示例。

> **示例 7**
> 《泰晤士报高等教育增刊》(2004),《旧海图如此流行》,7 月 16 日,第 5 页。

7. 其他资料的笔记

你可能还需要使用许多其他来源的资料。记下任何有助于你和其他人找到特定资料出处的信息。这可能包括库名或合集名、卷号和对开本号。

> **示例 8**
> **合集中的信件**
> 博德利图书馆的论文。《柯曾收藏》,22 卷,89—90 页。布鲁厄姆伯爵亨利·彼得写给 C. H. 帕里的信,1803 年 9 月 3 日。

> **示例 9**
> **政府及官方来源**
> 全国高等教育调查委员会 (1997),《学习型社会中的高等教育》(伦敦:英国皇家文书局)。

本章小结

在创作一个批判性作品的过程中,需要在许多不同的阶段整合批判性思维。本章重点介绍如何运用批判性的方法进行阅读和做笔记。

不用批判性思维阅读和做笔记并不罕见。例如,人们通常认为以非选择性或非批判性的方式阅读和做笔记没有问题,他们积累了一堆笔记,然后将批判性思维应用到已经做好的笔记上。虽然这并非不可行,但它在时间管理方面是没有效率的。运用这种方法,人有可能需要阅读和记录自己不会使用的材料,然后重复阅读这些不必要的材料,再选择什么是需要的。

不加批判地做笔记也是有风险的。人们很容易搞不清哪些笔记是逐字逐句地从文本中摘抄下来的,一不小心就使用了这些笔记。这就很可能会面临作弊或抄袭的指控。

本章推荐了一些策略，帮助你节省时间，并在阅读和做笔记的过程中培养批判性思维的能力。比如，在记录材料时要同时记下出处，以便以后查找，也方便受众参考。

批判性阅读会通过识别某些关键信息来帮助你引导和集中注意力。在前面的章节中，我们讨论了可以通过论辩的组成部分来识别论辩，比如找到结论。本章则强调了注意基本理论视角的重要性，以便更好地评估材料对作者观点的影响。

本章还介绍了批判性思维中对信息进行分类与选择的重要性。分类和选择要求你进行比较，找出例外，建立联系，培养对不同信息价值的理解并做出评价性的判断，这会帮助你形成更有效的推理能力。

资料来源

Donaldson, M. (1978) *Children's Minds* (London: Fontana).

植物剪枝及移植：Hogan, C. (2004) 'Giving Lawyers the Slip'. *The Times*, 24 August, p. 26.

道德：Kohlberg, L. (1981) *Essays on Moral Development*, vol. 1 (New York: Harper & Row).

Peters, R. S. (1974) 'Moral Development: a Plea for Pluralism'. In R.S. Peters (ed.), *Psychology and Ethical Development* (London: Allen & Unwin).

Gilligan, C. (1977) 'In a Different Voice: Women's Conceptions of Self and Morality'. *Harvard Educational Review*, 47, 418–517.

第十章

批判分析型写作

—— 写作时的批判性思维

学习目标

- 思考批判分析型写作的特点。
- 找到合适的语言结构指示论辩的方向。
- 比较写作的组成部分,确定批判性写作的特点。
- 了解如何用批判性思维进行论文写作。

概述

批判性写作综合了批判性思维的各个方面来向受众呈现有力的案例。这意味着批判性写作需要继续选择、判断证据，但同时，它还必须始终考虑到受众的接受情况。

本章从写作的角度探讨批判分析型写作的特点，而不是从受众的角度讨论书面的论辩。除了一般性的特征之外，本章还会讨论表达书面论辩的语言。

前面几章着重介绍了建立清晰推理线的重要性。说话时，可以使用语调、节奏、停顿以及肢体语言帮助受众理解论辩，也可以重复部分语词或提高声音以示强调。

但在书写中，尤其是正式的写作中，这些技巧就无法发挥作用了。因此，对批判分析型写作来说，更重要的是要设置好情境，在行文的过程中及时总结关键点，同时要使用可区分的语词来表达论辩的不同方面。

重新编辑、誊写写作的内容对批判分析型写作尤为重要。作者需要确保最终的写作内容具有批判性写作的特征。批判性写作的结尾应该很清晰，结构应当合理。它需要包括一些基本点，比如信号词，引导受众在阅读之前就能够清楚地了解结论。

最后，本章探讨了如何在写作论文的过程中运用批判性思维。大多数学科都会要求学生写论文，它也是展示和评估批判性思维能力的主要路径。

第 1 节　批判分析型写作的特点

1. 内容

在批判性写作中，文本主要的目的是将案例用文字表达出来，主要部分则通过陈述理由、运用相关的证据、比较和评估其他论辩、权衡对立的证据，以及根据证据做出判断来做到这一点。它很少使用一般性质的背景信息，通常只会运用一些非常重要的细节，尽可能少地进行描述。

2. 意识到受众的存在

优秀的批判性写作者会时刻将可能的受众或读者放在心上。论辩是为了说服他者，因此在撰写批判性文章时，考虑到他人（尤其是那些可能不同意你的证据或结论的人）将如何理解信息是非常重要的。优秀的批判性写作者知道论辩的哪些方面可能引起争议，也知道哪些证据可以帮助自己抗衡潜在的反对意见。

3. 清晰

批判性写作应该尽量追求清晰。批判性写作的目的是令受众信服，因此，它的写作风格要方便受众理解。冗长、复杂、标点错误的句子会让受众无法理解论辩。

批判性写作所运用的语言通常很简短。它更多地运用事实，避免情绪化的内容、形容词、华丽的修辞或行话。批判性写作可以使用术语，但这些术语不能只是看起来晦涩难懂，应该有实际的效用。

很多时候，我们的大脑很清楚论辩的样子，但却无法清晰地通过写作将之表达出来。我们很难判断，其他人在阅读时会对文本做出怎样的解释，文本的哪些内容又会令人不解。娴熟的写作者会反复检查自己的作品，他们经常会大声朗读作品，以找出那些不便于阅读或可能引起误解的表达。

4. 分析

分析性写作会以详细而批判的方式审视证据，权衡证据的优点与缺点，并向受众指明，让受众可以清楚地知道作者是如何判断、如何得出结论的。

5. 选择

在写作中呈现太多的细节，可能会干扰主论辩，让它变得模糊不清。受众可能会因此不再追踪推理线，简单地认为论辩是不好的。一般来说，作者无法对支持论辩的每一条证据都进行详细的批判性分析；但如果细节过少，论辩看起来又会有些缺乏证据而不够有力。

娴熟的写作者会选择最重要的点（通常也是最具争议性的点）进行详细的研究，然后简单地提及其他证据，有时候也会将多个证据整合在一起，以表明他们已经考虑过这些证据。好的批判性写作需要在详细的分析与对论据的总结之间取得平衡。

6. 顺序

论辩越复杂，以有助于受众理解的方式排列信息就越重要。好的批判性写作会对内容进行很好的规划，突出最重要的信息。如果受众能够看到一个论点如何与下一个论点关联，以及每个论点如何与主论辩关联，他们会更容易追踪论辩。如下文所述，好的标记可以帮助受众理解作者所使用的序列。

7. 最好的顺序

一般来说，先陈述支持论辩的要点会更合乎逻辑，这样就可以在受众的头脑中尽早确立自己的观点，有助于让受众与你保持一致的立场。受众更倾向于根据自己接收的第一个论辩来理解后续的推理，所以最好先陈述你的立场。

不过，如果论辩的目的是为了证明一个已经确立的论辩是错误的，那先批判已确立的论辩会比提出一个替代性的论辩更有意义。

好的批判性写作会让受众意识到最重要、最具争议的内容，并给这些内容留足空间。如果受众能够在最重要、最具争议的内容上被说服，其他的内容是否有充分的说服力就不那么重要了。

娴熟的批判性写作者会考虑受众首先需要阅读哪些信息，以便更好地理解论辩。他们会反复问自己一些问题，例如：

- 这是最好的顺序吗？如果不是，怎样才能更好呢？
- 这些内容放在哪里最符合论辩的结构？
- 论辩是否清晰？

- 如果我将这部分内容移至其他地方，是否更符合推理线？

8. 把相似点归纳成组

在写作中，相似的信息点应该分布在相近的位置。例如，可以把支持推理的信息点整合，放在一起，然后再将反对推理的点整合在一起。通常来说，你需要分析完一个证据，然后再分析下一个证据。或者，你也可以将所有支持论辩的证据组合在一起统一进行分析，然后再分析不支持论辩的那些证据。不管你使用哪种分析方式，你都需要将相似的信息组合在一起，以便受众阅读。写作者不应该让受众觉得自己好像在不同的信息点之间来回跳跃。

9. 标记

好的批判性写作会让受众轻松地接受论辩，不需要让他们在理解论辩的过程中停下来，思考阅读的进程，或思考自己是否同意某一信息点。娴熟的写作者会用一些词语作为信号，向受众指出阅读的位置，以及每一个论点如何与之前和之后的论点相关联。

在批判性写作中，使用斜体、粗体、大写、大号字体、颜色或箭头等方式来突出重点通常是不被接受的，它要求依靠良好的顺序、合适的语言来引导受众理解推理线。

> **拓展练习**
>
> 通读你最近写的一篇论文，并思考以下问题：
> - 本节讨论的批判分析型写作的特点中，哪些是你的论文已经包含的？
> - 你的论文在哪些方面可以得到改进？

第 2 节　为受众设置情境

在提出论辩时，只提供理由和结论往往是不够的，作者提出论辩的背景和理由通常将会决定其他相关的内容。因此，在评估论辩未来的有效性时，考虑下面几点很重要：
- 受众对背景信息的需求和期待。

- 受众已经知道哪些背景信息。
- 什么样的理由和证据可以说服特定类型的受众。

1. 惯例

在学术研究中，呈现推理线需要遵循特定的惯例。期刊文章、报纸文章与日常的演讲就有不同的惯例。通常来说，文章中的背景信息有两种类型：

- 前人研究中与本文相关的重要细节。
- 本文收集与分析证据，特别是数据的具体方法。

> **拓展练习**
>
> 从你的学科领域中选出一些期刊文章，试着浏览这些文章，注意它们处理背景信息的方式。请记录下文章的每个部分会使用多少细节性的信息，并思考这些文章中使用了哪种类型的背景信息、哪些类型的背景信息没有被使用。

2. 背景和历史

批判性写作会将一般性的背景信息控制在最小篇幅。大的背景信息，比如历史信息，只有在它们本身可以构成论辩时，才会出现在批判性写作中。

比如，在"鱼是如何占领河口的？"问题中，历史信息与论辩相关，且可以提供支持结论的理由，具体请见示例 1。

> **示例 1："背景"作为理由**
>
> 从历史来看，这种鱼是许多大型猎物的食物，它们会产下大量的卵以增加生存机会。当它们迁徙到河口时，没有天敌限制它们的数量。它们仍然产下大量的卵，因而占领了河口。

但如果问题是"思考过去 10 年银行业务的变化"，那么下面例子中给出的历史背景就是不必要的。

> **示例 2：不必要的细节**
> 银行业是个古老的行业，15 世纪汉萨同盟交换函的发展就是它的早期例子。

3. 定义

在批判性思维中，对在推理过程中可能有多种解释的术语进行定义是传统做法。这样可以让受众知道，作者使用的是该术语的哪种含义，以减少误解。

> **示例 3**
> 是否只有人类有意识，这个问题一直存在很多争论。但越来越多的研究表明，动物甚至是无生命的物体，都有这种能力。在讨论动物或物体是否有意识时，首先需要确认"意识"一词的含义。

> **练习：为受众设置情境**
> 阅读下面的例文，思考作者是如何为一篇关于食物生产理论的文章设置情境的。
>
> **例文 10.1**
> **"生产主义消亡了吗？"**
> 生产主义是在 20 世纪 30 年代经济衰退和饥荒之后发展起来的一种理论。奥尔、斯特普尔顿和西博姆·朗特里等理论家认为，如果将科技运用到农业方法中，就可以生产更多的粮食，饥荒将成为历史。本文认为，生产主义在一定程度上是成功的，因为以前遭受饥荒的一些地区已不再轻易发生饥荒，全世界挨饿的人口比例也在逐年下降。然而，本文还认为，尽管科技在生产更多食物方面取得了成功，但生产主义的其他方面已经削弱了它对社会改革的力量。本文考察了生产主义的一些负面影响，如对生物多样性的威胁、污染、农业区域的人口减少，以及零售商以牺牲农民为代价获得的权力。本文主张生产主义并没有消亡，但新的食物生产模式将对消费者、食品生产商和全球生态更有益。

例文 10.2
"生产主义消亡了吗？"
生产主义已经消亡。它的主要支持者过去是受到社会利他主义的启发，如奥尔、斯特普尔顿和西博姆·朗特里。他们抗拒传统的耕作方式和 20 世纪 30 年代世界范围内的饥荒与经济衰退。对他们来说，科技是救世主。今天，科技发展的程度是 20 世纪 30 年代的人无法想象的，但尽管如此，它却没有成为预言中的救世主。我们需要一种新的模式，社会和生态力量会将生产主义以一种理论的形态封入历史之中。

例文 10.3
"生产主义消亡了吗？"
生产主义的主要问题是，它把太多的希望寄托在科技上，而科技并不总能带来成果。生产主义强调生产更多的粮食，让发达国家的人们以为粮食供应是无限的，儿童肥胖症就是后果之一。有些人吃得太多，有些人却没有足够的食物。大量的食物甚至不是好事：我们吃的大部分食物是垃圾食品，几乎没有营养。

例文 10.4
"生产主义消亡了吗？"
粮食生产一直是人类活动的一个重要方面。自古以来，人类一直在寻找增加食物供应量的方法。没有食物，我们将无法生存，所以这是任何社会都要考虑的重要问题。不幸的是，在历史的大部分时间里，饥饿和饥荒的幽灵一直笼罩在人们的头上。20 世纪 30 年代，这种情况尤为严重，即使是富裕的经济体也受到了影响。正是在这样的危机面前，生产主义诞生了。

答案见 397—398 页

第 3 节　参考文献的撰写

第八章讨论了检索文献与识别可靠资料来源的方法。我们阅读的资料，比能够用于写作的资料要多很多，因此我们需要仔细筛选作为写作背景信息的内容。

1. 论文

论文的核心是构建自己的论辩，因此，论文的开头很少需要总结参考文献。我们通常会在论辩相关的信息点上，介绍参考资料的来源。在写论文时，你需要提到写作背景材料，以便：

- 说明你的观点，或增加理由的说服力。
- 反对你认为不正确的前人观点。
- 通过表明论辩被该领域其他知名作家的研究或论辩支持，增加论辩的说服力。

2. 报告、毕业论文和项目研究文章

报告、毕业论文和项目研究文章通常会先对背景研究进行简要概述，这部分内容一般会占 10% 的篇幅。你需要确认：

- 2—3 个能为你的研究提供重要背景信息的片段、理论、观点或前人的研究文章。
- 这 2—3 个片段、理论或观点之间是否有关联，如果有，它们是如何关联的。一般来说，它们会以时间顺序相关联。

集中介绍 2—5 篇已经发表的重要研究成果，并提取其中的关键点。提取的信息只需要能够让受众理解该研究的重要性以及与你的研究的相关性即可，也可以顺便简单地介绍一下其他研究成果。

3. 准确

在提及别人的作品之前，一定要仔细检查原始资料或你的笔记。确认：

- 理论的作者名准确。
- 发表日期无误。
- 作者姓名拼写正确。
- 对文本含义的解释准确。

4. 解释

批判性阅读要在解释的同时进行选择。在论文写作中，做出自己的解释并不意味着你

必须找到别人从来没有想过的办法。你只需要进行选择，并用自己的话来表达，就能够做到这一点。这同样适用于为报告、项目和论文撰写的"文献检索"部分。

> **提示：引用**
> 请记住，不可以直接从互联网或书本上摘抄资料，除非它只是简短的引言。如果你使用了这种引言，就需要在写作中把资料的来源准确地表达出来。

第 4 节　用来介绍推理线的词汇

1. 指示论辩方向的词语

在第三章的最后，我们介绍了论辩中表达结论的一些词语。作者可能会运用另外一些词语，来指示论辩的其他阶段。这些词语表示着推理线的方向。

在浏览文本的过程中，这些词语可以帮助我们快速找到推理线。不同的词语在论辩中有不同的作用。例如，有些词语被用在论辩的开头，有些用于强调某个信息点，还有一些用于结论。这些词有时候被称为"连接词"，因为它们连接了论辩的不同部分。

2. 介绍推理线

有些特定的词语被用来表示论辩的开始，比如"第一""首先""最初""首要的""一开始""起初"等。

> **示例 1**
> - 我首先要说的是，风水对我们生活的方方面面都很重要，它不仅仅是简单的装饰问题。
> - 首先，研究猴子或老鼠等不同动物大脑中新皮层的大小，可以让我们对它们的社交世界有很多了解。
> - 考虑化学在商业中的作用时，首先必须认识到化学是一门可用于商业的学科。
> - 首先，我们将考虑多孔岩石是否能为新建筑物提供坚实的地基。

请注意，论辩的第一句话可能不会引出论辩。论辩也可能出现在段落的后面。比如，上面示例中论辩可能会跟在介绍性的句子或段落后面，这些句子或段落被用于设置情境，就像示例 2。

示例 2
三千多年来，风水已经成为中国人生活的一部分，在西方也越来越流行。这种流行部分是因为越来越多的人喜欢简约的风格以及极简的家具装饰。这是错的。我首先要说的是，风水对我们生活的方方面面都很重要，它不仅仅是简单的装饰艺术问题。

第 5 节　用来强化推理线的词汇

有些词语可以表示即将出现新的信息，从而进一步强调了推理线的方向，比如"此外""也""除了""包括""进一步来说""还有"等。

1. 补充相似理由

作者可能会想要通过补充与现有理由相类似的理由来强化推理线，这个时候，可以用不同的词语来表示，比如"相似地""同样""和它一样"等。

示例 1
- 与之相似，中国武术不仅仅与格斗有关，还有助于理解思想与动机。
- 同样，在观察人类的新皮质时，我们也会对自己社交习惯的演变有更多认知。
- 相似地，将化学知识应用于生物问题领域也开创了新的商业途径和许多衍生行业。

2. 增加不同理由

作者也可能会需要通过增加新的、不同的理由来加强整个论辩，这时，他们通常会使用"除了""此外""另外""不但……而且……""不仅……还""加上"等词语。

> **示例 2**
> - 风水不仅有助于你的身体健康，还能守护你的财富。
> - 黑猩猩之类的动物花在互相梳理毛发上的时间，既与社会群体的构成有关，也与群体的规模有关。
> - 除了化学方面的发展外，信息技术方面的发展也为分子水平的生化研究开辟了新的可能性。

3. 加强论辩

另外，作者可以使用"进一步来说""此外""事实上""更重要的是""例如"之类的词，表明他们相信某个理由是特别好的，或者说，将某个理由加到推理线中会使论辩更有说服力。

> **示例 3**
> - 此外，风水还被用于商业活动，以帮助客户和员工保持快乐。
> - 进一步来说，人类语言的发展可能与人类社区的规模直接相关，这使得梳理毛发不可能成为一种关键的交流方式。
> - 事实上，科学部门的重组推动了跨学科的工作，如物理和材料科学，这引起了研究学科边界以及开拓新创业领域的热潮。

第 6 节　标示不同的观点

1. 介绍其他的观点

强有力的论辩通常会批判性地评估不同角度的观点，以向受众表明，作者已经考虑到其他的可能性，而非简单地提出自己随意想到的论点。这种方法通常会强化论辩，因为它表明作者已经考虑得足够周全。

介绍他人的观点时，可以使用"另一方面""其他人认为""可能有人会说"等语句。

> **示例 1**
> - 也许有人会说，风水尚未被严格的科学研究证实。
> - 另一方面，并非所有人都相信动物的行为与人类有关。
> - 另外，也有人认为生物化学研究的主要作用应该是促进知识的发展，这一目标不应因市场的需求而扭曲或丧失。

2. 驳斥其他的论点

我们前面已经提到过，在推理过程中，介绍其他的观点并进行反驳或指出它们的弱点，是很典型的论辩方法。通常，你会期待作者说明为什么自己的观点比他人更有力。

驳斥其他的论点时，常用的词有"然而""另一方面""尽管如此""但是"等。

> **示例 2**
> - 然而，许多风水学家也是科学家。
> - 尽管如此，人类与其他灵长类动物（如黑猩猩和猿）关系密切。
> - 虽然存在这些争论，但科学与商业之间更紧密的联系仍然有很大益处。
> - 虽然有人认为白垩是多孔的，多孔的岩石做地基很有风险，但在某些情况下，白垩可以成为坚实的建筑地基。

3. 对比与矛盾

在考虑敌对论辩时，作者可能在自己的观点和敌对论辩之间来回移动。他们可能会不断地来回权衡自己的证据与敌对论辩的证据，或者将所有反对自己的证据与自己的证据进行对比。表明这一对比过程的词语有"虽然""反过来""相比之下""一方面……另一方面""事实上"等。

> **示例 3**
> - 一方面，有些人认为，风水基于阴阳等神秘原则，是西方人无法理解的。另一方面，有人认为，风水基于常识，因而适合每个人。
> - 虽然人类的口头语言可以用复杂的方式来表达抽象的想法和推理，但它在传达我们内心最深处的感受和创造性思维方面的作用非常有限。
> - 一些研究人员认为，科学家是被迫为自己的作品申请专利的，实际上他们不想签订商业合同。相比之下，其他人则抱怨说，他们在为自己的发现申请专利时没有得到足够的支持。
> - 将房屋建造在基岩上会对房屋很有好处。相比之下，建在海滩上的房子往往会随着时间流逝而下沉。

4. 表达结果及后果

在考量了几个理由之后，作者应该对如何整体地解释这些理由做出总结。这部分内容通常会出现在理由序列的末尾，不过，作者也有可能会在推理过程中多次进行这样的总结，以帮助受众跟踪推理线，并强化这些信息。这一点在第五章中的过渡结论部分已有论述。

作者给出的证据后果可以用这些短语来表达："结果""结果是""因此""所以""因为这""从而"等。

> **示例 4**
> - 由此我们发现，管理工作场所风水的规则与管理家庭风水的规则相似。
> - 因此，口头交流的引入使我们能够与更多的人进行更快速的交流。
> - 由于商业支持，一些机构的科研基础设施得到了改善。
> - 因此，随着时间流逝，沙子不断移动，建在沙子上的房子很可能会下沉。

> **拓展练习**
>
> 浏览 3 到 4 篇你所学专业的文章，分别判断什么样的词是用来：
> - 介绍主要的论辩。
> - 推进论辩。
> - 总结论辩。

第 7 节 用来指示结论的词汇

论辩中所有的理由和证据都应该指向结论，即使涉及不同的观点，这些观点也应该以支持推理线的方式呈现。作者通常会使用这样的词作为结论的标志："因此""所以""总而言之""结论是""从而""我们可以看到"。

篇幅较长的文章，结论可能不仅仅是一个句子，而是一个或多个段落。这些内容通常会被放在文章的结尾。好的长篇幅文章，通常会在展开时就清晰地提出总论点，以帮助受众理解文章的内容。

在篇幅较短的文章中，结论可能是在接近开头的位置出现的，而不是结尾。

示例
- 总而言之，风水不是装饰艺术，而是复杂的环境管理系统，使我们与外部世界更加平衡与和谐。
- 因此，我们已经表明，人类大脑进化是因为我们需要更高效的社会交流。
- 所以，学术研究可以通过商业伙伴关系得到极大的发展。
- 我们可以得出结论：确保进行足够的试验以检查下面的岩石结构，仔细考虑在基岩以外的地面上建造的后果，这两点是非常重要的。

练习

在以下例文中添加信号词来指示论辩的发展。

例文 10.5

失聪者拥有自己的语言，这种语言以手势、身体的位置和面部表情为基础。由于很少有听力正常的人能够理解这种语言，失聪者和听力正常的人之间的交流常常不是很有效。

失聪者会形成强大的社会和文化群体，他们往往被排斥在主流文化之外，在经济中，他们的才能也无法得到有效的发挥。听力正常的人会觉得自己被排斥在失聪者的交谈之外，不知道在失聪者面前时应该如何表现。如果能在学校教导手语，使听不见的孩子和听力正常的孩子长大以后能够有效地相互交流，将会对二者都有益。

例文 10.6

全球化似乎已不可避免，但对于这种发展究竟是好是坏，人们的看法存在分歧。有人认为，不同国家之间的交往可以增进理解，减少未来发生战争的可能性。他们看到了通过电子手段广泛传播信息对民主和人权的好处，这让不同的国家可以相互参照、借鉴。一些人认为，全球化是一种破坏性的力量。他们主张，随着更强大国家的语言在国际政治和经济上的使用，相对弱小的民族将会逐渐失去他们的本土语言。他们认为，全球化往往意味着大企业在较贫穷的国家购买资源和土地，破坏当地的经济，耗尽其资源。尽管全球化有一些潜在的好处，但为了保护较贫穷的经济体，让其免受剥削，还是需要采取一些控制措施。

答案见 398 页

第 8 节　用来构建推理线的词汇和短语

下面的表格总结了本章介绍的信号词。

功能	使用的词汇
介绍推理线	
开篇使用的词汇和短语	表示"首先……"的词汇和短语 "第一""首先""开始""首要的""在一开始""我将从……开始"
发展推理线	
以相似理由加强	表示"类似地……"的词汇和短语 "类似地""同样地""与……一样""同样""以同样的方式""确实""相应地""也""再次""除了"
用不同的理由或证据强化	表示"还……"的词汇或短语 "也""此外""除了""以及""不仅……而且……" "既不……也不……""都不"

（续表）

功能	使用的词汇
进一步强化	表示"进一步"的词汇或短语 "此外""进一步来说""确实""另外"
引入其他的观点	表示"不过……"的词汇或短语 "不过""然而""……对此有不同的看法""其他人则认为……""可能会争辩……" （在"反驳敌对论辩"中使用的词也可以使用）
反驳敌对论辩	表示"但是"的词汇或短语 "然而""另一方面""尽管如此""但是""相反的是""无论如何""虽然是这样""同时""即使"
对比	表示"相比之下……"的词汇或短语 "相比之下""虽然……""反过来""一方面……另一方面……""事实上"
总结	
表达结果和后果	表示"因此"的词语 "因此""这表明……""这表示……""结果是""结果……""因而""从而""所以""因为这""从中我们可以推断出……""由此我们可以得出结论……"
结论	表示"总之"的词语 "因此""结论是""因此我们可以发现""所以"

第 9 节　得出试探性的结论

项目研究、文章、书籍之类的学术写作通常都倾向于避免使用表示绝对含义的词汇，而使用表示试探含义的词汇，这些词汇被列在下表中：

避免使用"绝对"的词汇	使用"限定"的词汇
"所有""每个"	"大多数""很多""一些"
"总是"	"通常""一般来说""经常""绝大多数情况下""至今""还没有"
"从不"	"很少""在少数情况下""不太可能"
"证明"	"证据表明""表示""指向""似乎是"

示例 1

在16世纪的新教改革期间,英国国王的大臣们下令销毁教堂中发现的宗教装饰品,如圣杯和刻有十字架的屏风。那个时候,这些装饰物品从教堂消失了。然而,在天主教女王玛丽·都铎统治的短暂时期,这些物品再次出现。圣杯和精心雕刻的十字架在玛丽统治期间这么快就又出现了,表明这些物品之前并没有被毁坏,人们似乎只是把它们藏起来了。这进一步表明,宗教改革得到的民众支持比以前人们认为的要少,且许多民众一直希望回到旧的天主教传统中。

在这里,作者认为,宗教物品的突然出现表明这些物品是被藏起来了,而不是被毁坏了。然后,作者提出,这证明古老的宗教习俗比以前人们认为的更受欢迎。

这些听起来像是明智的结论。然而,作者在得出这些结论时使用了试探性的语言,因为可能有其他的解释。例如,复制这些物品的技术水平可能比以前想象的要高得多,有可能物品确实被销毁了,而新物品很快就被制造出来。

或者,人们会意识到,新的宗教方式有可能被推翻,他们可能会因销毁圣物而受到惩罚。他们可能更喜欢新的宗教,但是为了在未来保护自己,他们把被禁止的东西藏了起来。

学者们总是会意识到,即使是被普遍相信的观点,也可能存在其他解释或意想不到的发现。在示例1中,作者使用了这样的短语:"表明""似乎""这进一步表明"。

示例 2

每块石头都被浇上少量的盐酸。第一块石头散发出硫化氢的气味,像是臭鸡蛋的味道,表明这块石头是方铅矿。第二块岩石发出嘶嘶声,表明它正在释放二氧化碳,这块岩石可能是鲕状石灰岩。

示例 2 是科学写作。作者是根据久经考验的实验来判断的。实验是相当确凿的，但是作者使用了试探性的语言，因为如果被实验岩石不具有结论中岩石的其他已知特征，如矿物含量或粒度，可能就会出现其他的结论。例如，冒泡的岩石可能是另一种碳酸钙岩，如白垩或大理石。

> **练习**
>
> 阅读下面的例文，思考它们是如何以适当的试探性方式表达结论的。然后阅读下面的评论。
>
> **例文 10.7**
> **解读新发现**
> 我们已经看到，当探险家发现新的土地时，他们倾向于将自己所看到的东西解释为自己打算找到的证据。14 世纪和 15 世纪前往美洲的旅行者寄回了发现巨人和绿人种的报告。早些时候，马可·波罗曾希望自己的中国之旅可以发现独角兽，他便相信自己在爪哇发现的一只角的动物（犀牛）确实是一只独角兽，尽管犀牛和传说中的独角兽没有任何相似之处。不过，和那些声称看到巨人或真的相信自己听到过猩猩谈话的探险家不同，马可·波罗似乎准确地描述了对犀牛的发现。这表明，并不是每个人都用同样的方式来回应新的发现。此外，随着近几十年来新发现数量的增加，人们可能已经可以更从容地面对新的发现了。
>
> **例文 10.8**
> **RNA 劳苦功高**
> 我们在媒体中可以越来越多地听到关于 DNA（脱氧核糖核酸）的报道，特别是在绘制人类基因图之后，但却很少听到 RNA 在细胞繁殖中作用的相关报道。RNA，或核糖核酸，对我们基因的功能至关重要，一种 RNA 读取 DNA 中编码的信息，各种类型的 RNA 参与制造蛋白质，并将这些蛋白质带到人体细胞所需的位置，以便细胞能够正常地进行包括生长和繁殖在内的各种工作。尽管 DNA 中含有有助于定义下一代性质的编码信息，但如果没有 RNA，这些信息的意义不大。因此，似乎是 RNA 在繁殖过程中起到了真正的作用。

评论

例文 10.7 考察了历史上人们发现新事物时试图使之合理化的方式。对于方法、态度、信念之类的内容，人们很难进行绝对确定的写作，如果这些内容出现在很遥远的过去，那就更难精确了。作者使用"这表明"和"可能"来表达结论的试探性质。因为也存在另一种可能性。比如，现在的人们认为已经没有什么东西可以被发现了，所以会对新的发现更加惊讶。在这一段例文中，作者恰当地使用了试探性的语言。

例文 10.8 对 RNA 在繁殖中的相对重要性做出了判断。科学判断通常可以被更加确定地陈述，因为它们可以比态度和反应等问题更准确地被测试、复制和测量。然而，即使是科学，也主要是为支持假设和检验那些看似规律的东西而展开的。在科学中，至少在特定的条件下，进一步的研究可以推翻科学规律。由于这段话的题材是科学，所以它的大部分内容是用比例文 10.7 更确定的语言写的，但它总的结论使用了适当的试探性语言，因为将来的研究可能揭示迄今为止 DNA 或 RNA 未知的作用。

第 10 节　对论文的批判性分析：论文题目

写论文是批判性思维的一种实践活动。在学术语境中，论文主要用于阐明作者对某个问题的理解，需要作者对原始材料和一系列理论观点进行批判性分析，并将之整合起来。

一般来说，适合论文写作的话题通常都会有多种解释的可能性。你应该：

- 通过学习课程、特别是阅读话题相关的材料，了解这些不同的观点是什么。
- 了解这些观点究竟哪里不同、为何不同。
- 了解不同观点的理论基础，并对这些理论基础进行对比、比较。
- 以不同理论、视角为基础，批判地评估证据以及证据在不同语境下的适用程度。
- 将所有的批判性判断整合在一起以形成结论，或以相关证据的质量为基础，提出新的结论，阐明你自己的立场。

布置给学生的论文课题通常都会谨慎措辞，来让学生们把注意力集中在课题中特别复杂或有争议的问题上。在写一篇论文之前，仔细看题目的措辞，以做到下面几点：

- 想清楚要写的论文有多少部分以及每部分所占篇幅。如果有字数限制，请考虑每个部分的大致字数是多少。这会帮助你了解每部分的阅读与写作需要花多少时间。
- 确定论文的中心：老师想让你解决什么问题？如果现在这个问题还不清晰，阅读了课题的相关材料之后，它就会清晰起来。

- 思考哪些理论或哪些流派的思想可以被用来探讨这些问题，你将会需要与这些理论进行"批判性地对话"。同样，题目中可能无法直接得到这些信息，但阅读了课题相关的材料之后，它们就会清晰起来。

> **提示：构建自己的论文题目**
>
> 如果你正在构建自己的论文题目，你需要确保你的题目能够像老师布置的题目一样帮助你：
>
> - 确定论文要解决的关键问题。
> - 确保对于该问题的讨论存在多种观点，每种观点都有良好的论据和证据。
> - 探讨包含争议因素或其他复杂性因素的课题。
> - 确保这些不同的观点有一系列相关的高质量阅读材料。
> - 如果某个问题只有一种观点有比较好的阅读材料或证据，在构建论文题目时要当心，因为这种情况不利于你证明自己的判断。

第 11 节　题目中使用的学术关键词

这些词语指出了文章应该采取的方法或风格。

说明（account for）：说明原因，解释为什么会发生某些事情。

分析（analyse）：非常仔细地检查细节，找出重点和主要特征。

评论（comment on）：找出并写下主要的问题，基于你在讲座中读到或听到的内容做出反应。避免纯粹的个人意见。

比较（compare）：表达出两个或多个事物是如何相似的。阐明相似之处的关联及后果。

对比（contrast）：把两个或两个以上的事物或论辩对立起来，以揭示差异。说明差异是否显著。如果合适，说明为什么一个事物或论辩可能更可取。

批判性评估（critically evaluate）：权衡支持或反对某件事的论据，评估双方证据的力度。使用标准来指导你判断哪些观点、理论、模型或项目是更可取的。

定义（define）：给出确切的含义。在相关的地方，表明你理解定义的问题所在。

描述（describe）：指出某件事的主要特征或特点，或概述主要事件。

议论（discuss）：写下最重要的方面（可能包括批评），提出支持和反对的论据，考虑其含义。

区分（distinguish）：表明两个（可能混淆的）事物之间的区别。

评估（evaluate）：利用证据评估某物的价值、重要性或有用性。可以支持，也可以反对。

检查（examine）：将课题置于"显微镜"下，仔细观察。如果合适的话，也要对其进行"批判性评估"。

解释（explain）：弄清楚为什么会发生某件事情，或为什么事情是这样的。

识别（identify）：概述要点，指出其意义或含义。

举例说明（illustrate）：弄清楚某个事物，举出例子或证据。

诠释（interpret）：指出数据或其他材料的含义与相关性。

证明（justify）：给出支持论辩或想法的证据；说明做出决定或结论的理由，并考虑到其他人可能提出的反对意见。

叙述（narrate）：集中讲述发生了什么，把它当作一个故事。

概述（outline）：仅给出要点，说明主要结构。

关联（relate）：指出两个或多个事物之间的相似性和联系。

陈述（state）：用非常清楚的语言讲出主要特征（几乎像一个简单的列表，但用完整的句子写）。

总结（summarise）：只揭示要点（见"概述"），省略细节或例子。

在多大程度上（to what extent）：考虑事情的真实性或对最终结果的贡献有多大。还要考虑在什么情况下命题是不真实的（答案通常介于"完全"和"完全没有"之间）。

跟踪（trace）：遵循事件或过程不同阶段的顺序。

第12节 对论文的批判性分析：阅读

1.阅读时的批判性分析

学生在写论文时，大部分时间都花在阅读与课题相关的材料和处理这些材料的工作上。老师会期望学生使用前面章节已经学到的批判性能力，比如：

- 根据特定的论文题目和相关的问题，对阅读材料的相关性做出正确的判断。
- 根据材料的质量以及材料的证据基础，对选择哪些阅读材料做出正确的判断。
- 阅读的广度与考虑到的观点的多样性。

2. 展示批判性阅读能力

老师将会通过你使用阅读材料的方式看出你的批判性能力，他们会看下面这些内容：
- 你选择提到哪些内容以及你省略了哪些内容。
- 你如何质疑阅读内容中的发现与意见，尤其是对那些有争议的内容，你质疑的水平如何。
- 你是否能够认识到不同观点的相对优点与缺陷。

3. 为平衡分析而阅读

在论文写作中，既要清晰地阐明自己的立场，又不能显得很武断，这二者之间需要很好的平衡。如果你有强烈的个人意见或信念，那保持平衡对你来说会很困难。下面的技巧可能会对你有帮助。

> **提示**
> - **使用高质量的资料**：从高质量的资料中找出你相信的理由和论据来证明自己的立场。如果你找不到这样的理由和论据，就很难提出强有力的学术案例，也无法获得很好的成绩。引用你所读到的、支持你立场的资料。
> - **平衡你的阅读选择**：要为论辩的各个方面阅读高质量的资料，为所有观点选择最好的证据，而不是只关注你自己的立场。这样会表明你正在做出合理的努力以进行客观的判断。
> - **公平对待**：在阅读支持你自己立场的资料和反对你立场的资料时，要保持相近的批判度。
> - **承认敌对论辩的优点**：即使你不相信其他的观点，也要公平地展示它们的优势。如果你的阅读表明有很好的论辩反对你的立场，那么就承认这些论辩的优点。

4. 如果证据不利于你怎么办？

如果证据更支持你所反对的立场，那么你的受众就会想知道为什么你会在现有证据面前坚持自己的立场。在这种情况下，指出你的证据基础或学术理论从某个角度来看是目前为止最强有力的，将会对你有帮助。如果没有这些，则意味着你的立场是私人的，或者说你不得不改变自己的立场。除此之外，你也可以阐明你认为未来可能会出现哪些支持你立场的证据。

第 13 节　批判分析型写作：引言

> **提示：论文的组成部分**
>
> 论文由三部分组成，即：
>
> - 引言。
> - 论文主体。
> - 结论。
>
> 其中，一篇批判分析型的论文包含以下五个部分：
>
> - 澄清问题。
> - 陈述自己的立场。
> - 分析有说服力的论据以支持你的立场。
> - 对敌对论辩的分析与反驳。
> - 综合性总结。
>
> 这些部分的比重和顺序将根据所涉及的问题和材料而有所不同，但有些技巧是通用的。

论文不像悬疑小说，情节逐渐展开，突如其来地发生意外。相反，在好的论文中，为受众设置的情境是通过一个正式的引言出现的。引言应该简洁、准确、短小，它可以短到只有一个段落，篇幅不应该超过论文的十分之一。

引言应该包含下面这些内容，但不需要过于细致。

1. 核心问题

引言应该提到论文将要讨论的核心问题，如果这些内容篇幅不长，还可以将问题的重要性也写进去。

2. 主要关联

说明论文题目中所包含的问题有哪些主要观点或学派，但不要进行过于详尽的分析。

3. 定义术语

对那些可能有不同解释的、有争议的或可以通过不同方式使用而得出不同结论的术语做出定义。注意，要避免定义通俗易懂的术语，避免对题目中的每个单词都进行定义，不要给出字典式的定义。

4. 你的立场

确保你的立场清晰明了，并且与你写的结论一致。如果可能的话，阐述你正在采取的批判性的观点，比如你倾向的思想流派。如果你没有明确的阐述立场，至少需要确保它可以被轻易地从引言的其他部分中推断出来。

5. 论辩的方向

如果你的论辩中有转折或建议，那么简洁地提及它们，阐明它们如何支持或转变你的推理线。

> **提示：直击重点**
>
> 避免提供不必要的、感兴趣的受众可以自己找到的背景信息。
> 明确阐述重要性，说明为什么这个问题现在很重要，比如：因为新的或引人注目的研究结果，最近的政治或社会事件，它对科学、艺术、经济在可预计的未来产生影响，对一个地区或大量人群的重要性，与解决方案一直难以找到的研究领域有关，或与以前的研究结果已被推翻的领域有关。

> 避免使用笼统的概括作为开始论文的手段，比如"科学""人性"或"世界"。

第 14 节　结构化论辩：论文的正文部分

> **提示：澄清问题**
> 一般来说，论文都以复杂的、有许多方面的课题为基础，这让不同角度的分析成为可能。不过，你不需要囊括课题的全部问题或存在的所有观点。论文题目的用词指示了论文应该关注的问题，这就缩小了要解决的问题范围。你需要在引言或论文主体的开头段落中澄清问题，以引导你的受众理解论文。
> 试着说明这些问题为什么重要、复杂或有争议，如果这对你来说很难，可能是因为你没有充分地了解课题。从与该课题相关的重要期刊中，按照顺序浏览过去几年的论文或书籍摘要，将会帮助你获得对该问题的感觉。

1. 你的立场

确保你提供了一条清晰的推理线，这样就能让引言中的立场清楚连贯地贯穿全文。

2. 分析论辩

论文的主体部分批判性地检验了两种或两种以上关于该问题的观点。在这个过程中，你将会确定一些理由，以支持某些观点、驳斥其他观点。

有些论辩初看起来很有说服力，但如果进一步研究，它的说服力就会变弱。这些论辩可能是占据主导地位的观点，也可能是近期有趣的研究。但对它们的看法，几年后可能就会有所不同。从这个角度去审查它们，看看你是否能找出它们的弱点，这是很有价值的。

另外一些观点可能追随者很少，或者刚提出不久，证据基础还很薄弱。但尽管如此，这些观点还是可能会成为学科的主流观点。考虑哪些研究可以加强这些观点或使其更可信，这也是有价值的。

（1）做出批判性判断

- 对每个观点或学派的相对优点做出批判性判断，说明其优点和缺点。
- 如果证据基础中存在空白，让你无法做出明确的判断，要做好对之进行陈述的准备。
- 弄清楚证据到底支持什么。在某些情况下，证据可能非常有说服力或非常没有说服力，但如果条件改变了，情况可能就不同。证明你已经考虑过何时、何地和为什么一个论据可能适用于一种情况而不适用于另一种情况，以及哪些地方需要进一步研究来支持这种情况。

（2）做出批判性选择

只选择最有说服力的论辩，表达你的赞成或反对。因为本科生论文往往有字数限制，你没有足够的篇幅详细分析自己感兴趣的所有差异和观点。

你的选择证明了你的批判性思维能力。老师会关注你是否能识别出最重要的论辩和材料，并将之包含在你的论文内。

> **反思：论文中的结构化论辩**
>
> 阅读你写的论文，反思：
> - 你自己的立场有多清楚？（你是否倾向于保持中立？）
> - 你是否以一种批判的方式从不同的角度来看待这个课题——你是否评估了与课题相关的其他论辩？

第15节　结论：整合论辩

> **提示：组织你的论辩结构**
>
> - 用一个单独的段落来分析每一个具体要点。如果可以简要说明的话，则用一段话分析一组相关要点。
> - 检查段落是否按照最佳顺序排列，以便向受众展示你的推理线。
> - 使用段落的第一行或最后一行以及"信号词"，帮助受众了解你的论辩过程。

- 如果要分析的问题很复杂，论辩会难以保持清晰的方向，试着进行阶段性的过渡总结。

1. 综合

在考量不同的观点或理论时，你很可能会觉得它们的某些方面很有吸引力，其他方面则没有吸引力。例如，你可能会觉得有些论点非常适用于特定的情况，但在其他情况下则不适用；你可能会觉得所有的论点都对论辩有益，但有益的程度不同，且没有一个论点完全令人满意。

你论文的最终立场，很可能是整合或综合了你分析过的几个不同论点中最引人注目的观点而形成的。如果是这样的话，就要避免一概而论，说什么"它们都很有帮助"或"没有一个是完美的"。试着具体分析你采用了不同角度中的哪些内容。判断综合后的观点是否也有局限性——你应该对自己的综合进行批判性审查。

2. 论文中的结论

论文的结论不应该让受众感到惊讶。相反，它们应该看起来是推理线中不可避免的终点。结论的目的是，你从论文正文呈现的详细理由和证据中深入一步，澄清已经出现的关键信息。这可能包括难以形成确切结论的原因，比如你在证据中发现的漏洞。

你的结论汇总了：

- 你的立场，这可能是其他观点的综合。
- 支持这一立场的最令人信服的理由。
- 最强有力的敌对论辩和对该论辩的反驳总结。
- 提及相关证据的优点或缺点。
- 解释相关的哪些问题特别需要进一步研究，以更好地澄清问题，加强论辩。

> **提示：给人一种结束的感觉**
> - 确保结论把论文"包装"得整整齐齐。在这里引入新的论据或证据是不合适的，因为任何新的材料都应该经过批判性的分析。如果你开始分析这些，那么你实际上是在继续论辩，而不是得出结论。

- 结论不一定要一点一点地回顾已经讨论过的所有问题，但它至少应该提到这些问题，并且有助于加强论辩。结论应该清楚地连接到引言，特别是论文标题中提出的要点。如果可能的话，在论文的最后一句话中找到这样做的方法。

反思：结论

阅读你写的论文，反思：
- 你的目标是整合关于该问题最好的论辩吗？
- 你在这个问题上的最终立场是否坚定？

第 16 节　引用和参考文献

从前面的章节中可以明显看出，好的批判分析型写作需要运用来源可靠的资料。无论是作为学生、作家、艺术家、发明家还是其他群体，承认所引用的资料，都是优秀批判性分析传统的一部分。

1. 引用

当你在写作中引用别人的作品或观点时，应该直接承认这一点。这就是所谓的引用。通常，在阐述观点之后，你会写上作者的姓名和观点、所属文献的出版时间，比如：(布洛格斯，2012)。

（1）参考文献

参考文献是引用的所有资料出处的完整列表，它一般在论文后面。

（2）参考书目

参考书目是用作背景材料却没有直接引用的文献列表。

2. 批评性写作中的引用

所有的学术性写作都要求写作者为文中所使用的全部资料提供细节信息，即参考文献。学生的大部分论文都以阅读为基础，因此，参考文献主要是学术书籍和文章。根据研究的问题，也可能会使用公共领域的其他资料，比如研究型文章、报纸、政府报告、演讲稿、网站信息、电视或电台节目内容、博物馆或画廊的目录和小册子。

提示：引用的目的是什么？

对资料作者：
- 肯定资料作者为论文提供的帮助，这是一种礼貌。

对受众：
- 让受众知道论文中的想法与证据从何而来。
- 使受众能够快速、轻松地找到资料来源。
- 受众可以对照资料来源，检查论文解释的准确性。

对写作者：
- 如果经过充分的研究并借鉴可靠的资料，引用将会加强论文的论辩。
- 如果以后需要这些资料，可以很方便地再次找到它们。
- 承认自己借鉴了其他人的研究，表明写作者的坦诚与正直。
- 对学生来说，引用可以告诉老师，自己进行了老师所期待的背景阅读。
- 对学生来说，这也是必须遵守的惯例，否则将会受到严厉处罚。

3. 不需要作为参考文献的内容

- 常识（名字、日期和确凿的事实，比如作家的出生日期或蜜蜂酿造蜂蜜）。
- 与朋友和学生的对话，除非这些对话是作为商定的研究方法正式进行的。
- 其他学生的论文或学术作品，因为你不应该将它们用于自己的工作。不过，如果这些是学校提供的，特别是为了参考目的提供的，则可以作为参考文献。

第 17 节　参考文献中应该包括什么？

1. 参考文献中应该包括什么？

（1）取决于资料来源

你需要提供的参考文献信息取决于资料来源是什么，比如书籍、书籍中的章节、期刊文章、报纸文章、政府报告、手稿、网站、广播或电视节目、音频文件等。

（2）取决于规定的格式

你需要提供的参考文献信息以及呈现这些信息的精确顺序，将取决于你的学习项目所使用的参考文献格式。你的老师会建议你使用哪种格式。学术研究的典型参考文献格式包括：

- 哈佛式（广泛使用）。
- 温哥华式（尤其是科学和健康学科）。
- 现代语言协会（MLA）式。
- 现代人文研究协会（MHRA）式。
- OSCOLA 式（用于法律资料来源）。

（3）要包括的典型信息为：

- 作者的姓名。
- 出版日期。
- 章节、文章或书籍的完整标题。
- 章节或文章所在的书籍或期刊的完整标题。
- 书籍的版本（如果不是第一版）。
- 图书出版地和出版社名称。
- 期刊文章的系列和卷号。
- 会议的地点、月份和年份。
- 互联网页面的数字对象唯一标识符（DOI）。

2. 参考文献需要多准确？

在学术语境中，引用资料和参考文献有特定的惯例。从中世纪的手稿到博客和推特，每种资料来源都需要以一种特定的方式被引用。

> **提示：完全遵循参考文献格式**
>
> 通常情况下，你不能在参考文献格式之间进行选择，你应该严格遵循课程中使用的参考文献格式。如有疑问，应严格遵照院校提供的示例。
>
> 参考文献"准确"是指：
> - 使用正确的参考文献格式。
> - 根据参考文献格式进行引用，并在论文的末尾或脚注处提供引用的详细信息。
> - 提供参考文献格式所需的全部细节。
> - 按要求的确切顺序提供信息。
> - 使用规定的标点和缩写，甚至包括大写字母、括号、逗号等。

3. 如果不使用参考文献会怎样？

- 引用资料的能力薄弱，会导致低分甚至不及格。至少仔细检查两次参考文献。
- 没有正确使用引用和参考文献，可能会表明你试图把别人的作品或知识产权（他们的研究或想法）当成自己的。这是抄袭。
- 学校有检测作弊和抄袭的软件和其他方法。
- 抄袭被视为违纪行为，会受到严厉处罚。你可能不得不重做部分或全部工作，且只能勉强获得及格分，甚至是零分，也可能会被永久地从课程、学院或学校中除名。

本章小结

批判性写作借鉴了本书前面提到的许多技巧，比如发展论辩，分析、评估和选择证据，做出判断，以及以逻辑的方式构建推理、得出结论。

口头辩论可以利用肢体语言和控制声音等手段来强调观点，而对话本身可以将辩论分成易于管理的部分。然而，在批判性写作中，作者必须注意使用语言和结构来组织论辩，并标明论辩的不同阶段。

在书面论辩中，必须注意设置情境，让受众一开始就知道作者希望他们得出什么结论。作者通常首先表明自己的立场、结论和支持自己观点的理由，尽早将受众引向自己的观点。为受众提供足够的信息让他们理解背景是很重要的。同样，在论辩的最后以及论辩中的某个节点上，作者需要清楚地得出结论。

换句话说，在一篇批判性的文章中，作者必须时刻牢记受众。这样做的目的不是用行话和巧妙的语言使受众感到困惑，也不是用大量信息轰炸受众使他们看不清论辩。相反，作者必须选择、归类、排序，组织最好的理由、证据和细节，以便受众能够轻松地理解作者撰写的内容。一旦在写作中有了这样的计划，作者就可以使用信号词引导受众意识到论辩和结论中出现的任何方向上的改变。

批判性的写作通常遵循某些惯例，这些惯例在本章开头就有概述。例如，必须对批判性写作的最终草稿进行微调，以便批判性分析优先于描述和背景信息等其他方面的内容。这些惯例向受众发出信号：这是一篇批判性的文章，它要求一种特殊的阅读方法。

学生通常被要求使用批判和分析技巧写作论文，以展示他们对问题的理解，同时还要使用支持论辩发展的特定写作惯例。本章前面已概述了这些内容。

在下一章，你将有机会详细阅读两篇批判性论文，以便了解这些不同方面是如何结合在一起的。

资料来源

马可·波罗与独角兽：Eco, U. (1998) *Serendipities: Language and Lunacy* (London: Weidenfeld & Nicolson).

对发现美洲的回应：Elliott, J. H. (1972) *The Old World and the New, 1492–1650* (Cambridge: Cambridge University Press).

岩石与矿物：Farndon, J. (1994) *Dictionary of the Earth* (London: Dorling Kindersley).

生产主义：Lang, T. and Heasman, M. A. (2004) *Food Wars: The Global Battle for Mouths, Minds and Markets* (Sterling, VA: Earthscan).

RNA 和 DNA：Postgate, J. (1994) *The Outer Reaches of Life* (Cambridge: Cambridge University Press).

第十一章

分析在哪里?

——评估批判性写作

学习目标

- 比较两篇批判性论文,以更好地识别优秀批判性写作的特点。
- 将你的评价与作者的评论进行比较,检查你的评估能力。
- 使用结构,批判性地评估自己的写作。

概述

在本章中，你将有机会比较两篇较长的论文，这两篇论文的主题相同，都以附录1的文本为基础。我们假设论文的作者可以阅读附录1中的所有文本，他们也可以自主选择使用哪些材料、省略哪些材料。

在两篇长论文前，各有一个清单，可以帮助你进行评估。每篇论文后面是评论。这些材料只是一种工具，如果你想采用不同的分析方法，可以不使用它们。

在阅读论文时，可以带着这两个问题进行思考：论文在多大程度上满足了本书所涉及的批判性思维的要求？如果把论文当作你的最终作业交上去，导师或编辑会给出什么样的反馈？把你的评论记录下来，可以写在清单或笔记本上，这样你就可以将它与书上的评论进行比较。

第1节 论文1的评估清单

使用这个清单来分析论文1，然后将你的分析与第3、4节的评估与评论进行比较。

内容	是/否	评估
1. 作者在这些问题上的立场很明确。		
2. 支持作者观点的理由很清楚。		
3. 作者的结论很明确，且以事实为依据。		
4. 理由以逻辑顺序呈现，构成推理线。		
5. 论辩结构良好，容易理解。		
6. 理由之间有明显联系，并且与结论有密切关系。		
7. 论文所有内容都与话题有关（在本例中，话题是"盗窃是否总是错误的"）。		
8. 主要理由和要点很清楚。		
9. 作者充分利用他人的研究成果作为支持论辩的证据。		
10. 作者对他人的观点，尤其是那些与自己观点相矛盾的观点做出了合理的评价。		
11. 在介绍别人的观点时，作者在文本中提供了引用出处。		
12. 作者在文章结尾提供了参考文献。		
13. 作者删除了所有非必要的描述性内容。		
14. 写作没有不一致之处。		
15. 作者的信念或个人利益没有不公正地歪曲论辩。		

第 2 节　论文 1

"盗窃永远是错误的"——关于互联网文件共享的讨论

盗窃有多种形式。尽管大多数理性的人会争辩说，某些形式的盗窃（如入室盗窃或抢劫）总是错误的，但其他形式的盗窃则不那么明晰。[1] 在本文中，我将把互联网文件共享视为一个灰色地带。

盗窃很可能自有史以来就存在，当然也早在《旧约》中就被戒律禁止了。所有的宗教都认为盗窃是错误的，所以你会认为对于什么是盗窃或什么不是盗窃，人们有着普遍的理解原则。然而，情况并非如此。这也适用于许多其他类型的伦理问题。尽管长期以来人们都认为盗窃是错误的，但很多人还是会盗窃。事实上，它是一种非常常见的犯罪类型，因此值得考虑的是，为什么这种犯罪会持续这么久。[2]

在互联网普及之前，人们习惯于从收音机里录音乐。李（2015）表示，没有人为此而烦恼，因为不可能抓到人。[3] 每个人都知道这件事发生了，但音乐销量仍然很高，因此它显然对艺术家和唱片公司没有造成真正的影响。[4] 因此，虽然家庭录音技术上是非法的，但只有担心利润的唱片公司才会称之为"盗窃"。没有人知道有多少音乐被复制，而且这种情况一直持续到今天，比如下载歌曲作为铃声使用。

李继续说，仅仅因为有可能抓住那些通过互联网分享文件的人，并不会让这些人比那些用图片做屏保或者用歌曲做手机铃声的人更糟糕。卡拉（2016）同意李的观点，认为文件共享是一种"对艺术有用的服务"。她说，如果没有这种服务，艺术将"极其乏味和平庸"。[5] 希布斯（2016）说，大多数人现在都在线共享文件而不用付费。[6] 因为每个人都在这样做，所以这不能算是坏事，也不能被认为是错的。[7]

文件共享被归类为盗窃的真正原因是大型媒体公司不愿意看到自己的利润从手中溜走。斯普拉特（2014）表示，媒体公司甚至不会对普通人的文件共享感到烦恼。他们只担心那些制作和销售他们产品的盗版公司。那么，他们为什么还要继续起诉小规模的文件共享者呢？这只能是因为贪婪，尤其是在因合法下载的价格太高，最穷的人不得不共享文件的情况下。[8]

卡特尔（2015）说，人们应该为他们消费的产品付费，如果他们不能支付，那么就不应该使用产品。他认为文件共享是盗窃。卡利尼（2013）对此表示赞同。他说，小公司承担不起因非法共享文件带来的损失。[9] 即使是几个这样的例子也会对那些只雇佣少数员工的公司产生不良影响，这些公司可能不得不裁员。[10] 这些公司生产的产品类型往往是非常模糊且不受欢迎的，所以对大多数媒体消费者几乎没有什么影响。[11]

卡拉（2016）说，新艺人往往被主要的音乐和电影公司忽视，只被小型独立公司选中。[12]这些公司通常只能在有限的基础上发行产品。许多公司只有很少的员工和资源，不能走上街头向全国各地的商店出售音乐唱片，更不用说向全世界出售了。规模较大的公司可以雇佣销售团队将产品推向市场，在商店进行促销，或者到学校向学生推销音乐。在校学生购买音乐唱片的数量最多，因此向学生推销的乐队很可能卖得很好，并且更为公众所熟知。期望每一张新专辑都能让乐队到学校巡回演唱是不现实的，因为学校限制每个学期有多少艺术家可以访问，因为他们有其他事情更适合学生，而且，许多乐队负担不起巡回演出的费用。这就是文件共享为不太知名的艺术家提供服务的地方。[13]当人们免费分享音乐时，它实际上有助于让那些不知道该音乐的人听到它。[14]

公众，尤其是那些身无分文的人，不应该因为大企业的利益而承受损失。做生意只受利润驱动。阻止人们共享文件符合大企业的利益。归根结底，他们的争论都是为了钱。他们不太在意收音机里的音乐被录下来，因为复制品的质量很差。如果他们真的对盗窃有道德上的顾虑，他们应该像反对文件共享一样反对家庭录音。[15]

有一些形式的盗窃显然总是错误的，如入室盗窃或抢劫。我们在这篇论文中看到，盗窃是一个由来已久的伦理问题，尽管长期以来一直存在着对盗窃的限制，但是道德立场并没有阻止人们偷窃。这篇论文探讨了一些不那么明确的盗窃领域。为什么通过互联网进行文件共享可能被认为是错误的，这里有支持和反对两种论辩，而支持或反对取决于人们的视角——担心盈利的公司总是认为互联网文件共享是错误的，但普通的音乐听众和电影观众认为共享是有益的服务。我们还必须考虑艺术家，不仅要考虑他们能赚多少钱，也要考虑让他们的作品接触到更广泛的观众是不是好的。[16]不是每个人都会同意对方提出的论辩。这是一场有趣的辩论，无疑它将会持续很多年。[17]

第3节　对论文1的评估

内容	是/否	评估
1.作者在这些问题上的立场很明确。	否	作者没有清楚地说明立场，但是可以猜到。

（续表1）

内容	是/否	评估
2. 支持作者观点的理由很清楚。	否	这些都没有明确说明。
3. 作者的结论很明确，且以事实为依据。	否	这篇论文似乎认为无偿下载是可接受的，但并没有得出结论。最后一段只是概括了论点。
4. 理由以逻辑顺序呈现，构成推理线。	否	理由似乎是随机排列的，因为作者没有清楚地说明自己的立场，也没有说明受众应该得出什么结论。
5. 论辩结构良好，容易理解。	否	写作在点与点之间来回跳动。受众无法了解每个段落对论辩的贡献是什么。由于缺乏明确的立场和结论，论辩很难被理解。
6. 理由之间有明显联系，并且与结论有密切关系。	否	目前还不清楚理由与理由之间的关系。可以使用短语或句子将理由联系起来，标记出论辩方向。过渡结论将有助于受众理解论辩。
7. 论文所有内容都与话题有关（在本例中，话题是"盗窃是否总是错误的"）。	否	从某种意义上来说，这些材料大多与主题有关，但也有一些是相当离题的。论文包含了太多不相关的材料。
8. 主要理由和要点很清楚。	否	作者的观点（比如关于大企业的贪婪）是很明显的，但是理由却很混乱。大多数理由并不明显。
9. 作者充分利用他人的研究成果作为支持论辩的证据。	否	作者很少使用研究证据，也没有使用探讨伦理问题的文本（附录1的文本7、10和12）。
10. 作者对他人的观点，尤其是那些与自己观点相矛盾的观点做出了合理的评价。	否	作者介绍了一些看起来与自己的观点相矛盾的观点，但过于简略，作者没有仔细考虑它们的影响。
11. 在介绍别人的观点时，作者在文本中提供了引用出处。	是	作者在正文中提供了引用出处。

（续表2）

内容	是/否	评估
12. 作者在文章结尾提供了参考文献。	否	没有参考文献，因此受众无法追踪参考文献。如果没有参考文献，文本中的引用就没有多大用处。
13. 作者删除了所有非必要的描述性内容。	否	第二段以及关于学校乐队的段落包含不必要的描述。
14. 写作没有不一致之处。	否	这篇文章把小乐队的音乐描述为不重要且"不受欢迎的"，但后来又说让这种"不受欢迎的"音乐更广为人知是件好事。
15. 作者的信念或个人利益没有不公正地歪曲论辩。	否	与推理或论辩相比，作者的信念看起来更强烈。

第4节 对论文1的评论

评论中的序号对应第2节论文1中标注的数字。

1. "大多数理性的人……"作者假设受众会同意自己的观点，因为作者把他们当作"理性的"人。这种观点可能是有道理的，但没有证据表明，人们对哪些领域的盗窃是错误的已经达成了共识。

2. 这一段主要是过度泛化，重复了第一段的主要内容。它会被编辑或老师认为是"胡扯"，是对文字篇幅的浪费。

3. 作者陈述了李对家庭录音的观点，并声称唱片公司乐于忽视这一点。作者没有提到任何削弱这一论辩的反对意见。事实上，唱片公司确实做出了艰苦的努力来阻止家庭录音，比如20世纪80年代的"家庭录音正在扼杀音乐"运动。作者认为，家庭录音问题被关注的唯一原因是利润，而没有提到伦理论辩的可能性，如艺术家的知识产权。作者要么没有充分深入地考虑这些问题，要么在试图进行虚假陈述。

4. 这是一个假设：作者没有提供令人信服的证据，证明艺术家没有受到这种复制行为的影响。如果没有复制的话，销量可能会更高。艺术家可能只得到一小部分利润，因此任何销售额的下降都可能影响到他们的收入。

5. 在这几句中，作者不加批判地使用了李和卡拉的文本。虽然李的资料来源相对可靠，但卡拉的文本是从一个支持免费下载的网站上获得的。因此，受访者对自己的论辩有既得利益，这使他们的论辩不那么可靠。还有一个没有经过质疑就被接受的观点，即没有下载，音乐产业将会变得"乏味"，作者没有对这一假设进行批判性思考。例如，我们有必要考虑音乐如何在几个世纪中发展、改变，以及如何在没有互联网的情况下在许多文化中发展的。

6. 希布斯信息来源的可信度值得怀疑，然而，作者重申了这些观点并把它们当作事实，没有进行任何分析或讨论。

7. 因为每个人都做了某件事，就认为这件事是可以接受的，这是有缺陷的推理。

8. 在这一点上，作者的论辩非常有争论性。作者的主要观点是，"贪婪的"媒体公司急于保护利润。如果能提供支持这一观点的证据，它将是有用的。作者需要做一些研究，看看媒体公司利润下降和互联网文件共享增加之间是否有联系。同样，作者需要找到一些证据来说服受众，即人们分享文件的主要原因是因为他们无力支付。文本资料中有一些不同的观点，但作者并没有使用，而是直接跳到结论，似乎是选择事实来支持自己的观点。这一立场可能是合理的，但并没有得到证据的支持。

9. 在这里，推理线发生了突然的转变，作者列举了一系列证据，以支持网络下载不正当的观点。在此段之前，即推理线转变前需要一个连接的段落，总结之前的论点，并指示话题的转向。

10. 这里需要一个连接词或短语，如"但是"或"另一方面"。

11. 这一段，卡特尔和卡利尼在这里提出的反对非法共享文件的论辩似乎很有道理。然而，作者在没有分析证据的情况下，过快地驳回了这些敌对论辩。这种推理是有缺陷的，因为本段末尾的结论关注的是有多少媒体消费者受到影响，而这与文件共享是否为盗窃无关。即使音乐或电影确实晦涩难懂，文件共享仍然可能被认为是盗窃。如果不进一步探讨作者的思想，受众就很难理解这一过渡结论是如何得出的。

12. 论辩已经转回到支持免费下载的观点中。同样，作者没有总结前面的论点，帮助受众理解内容，也没有提示受众论辩方向将要改变。

13. 对学校巡回演出的关注是不恰当的。这一段的大部分内容过于冗长且无关紧要，论辩迷失了方向。

14. 这一段不加质疑地使用了文本 1 中的材料。这可能是一个很好的论点——免费下载有助于将不知名群体制作的音乐带给更广泛的受众——但作者没有提供证据支持这一点。此外，这种观点与作者早些时候提出的观点不一致，即该类音乐是晦涩而不受欢迎的。这一点也忽略了文本中提出的其他复杂问题，比如小型唱片公司需要销售量才能生存以及艺术家和企业的法律权利。

15. 这是个有趣的观点，但是论辩已经跳回了早先提出的观点中。

16. 虽然在最后一段中，作者总结了关于无偿下载的两种立场，但没有说明作者自己的立场，也没有得出合乎逻辑的结论。

17. 这篇文章的最后一句非常无力，对论辩没有任何帮助。

总的来说，作者表现出了描述和总结文本的能力，但并没有展示出良好的推理能力。

本文的推理线不清晰，结论中也没有反映作者的立场。许多材料都是无关紧要的，且来源并不可靠。

最后一句话提醒受众注意整个论辩的弱点。它几乎没有对证据进行批判性的分析。作者曾经说过这种情况是一个"灰色地带"，但是并没有确定什么因素使它成为"灰色地带"。这篇论文结尾使用了模糊的概括，因而非常无力。

一些完整的段落，比如第四段和第六段，只不过是一个接一个地改写资料。它们是总结而不是批判性的分析。

第 5 节　论文 2 的评估清单

使用这个清单来分析论文 2，然后将你的分析与第 7、8 节的评估与评论进行比较。

内容	是/否	评估
1. 作者在这些问题上的立场很明确。		
2. 支持作者观点的理由很清楚。		
3. 作者的结论很明确，且以事实为依据。		
4. 理由以逻辑顺序呈现，构成推理线。		
5. 论辩结构良好，容易理解。		
6. 理由之间有明显联系，并且与结论有密切关系。		
7. 论文所有内容都与话题有关（在本例中，话题是"盗窃是否总是错误的"）。		

（续表）

内容	是/否	评估
8. 主要理由和要点很清楚。		
9. 作者充分利用他人的研究成果作为支持论辩的证据。		
10. 作者对他人的观点，尤其是那些与自己观点相矛盾的观点做出了合理的评价。		
11. 在介绍别人的观点时，作者在文本中提供了引用出处。		
12. 作者在文章结尾提供了参考文献。		
13. 作者删除了所有非必要的描述性内容。		
14. 写作没有不一致之处。		
15. 作者的信念或个人利益没有不公正地歪曲论辩。		

第6节 论文2

"盗窃永远是错误的"——关于互联网文件共享的讨论

从拦路抢劫和入室盗窃，到通过剽窃偷取思想，盗窃有许多不同的形式。虽然许多形式的盗窃都有法律制裁，但在道德和社会制裁方面总是比较复杂。例如罗宾汉，他劫富济贫，被认为是一个伟大的英雄。皮亚斯金（1986）认为，道德问题不仅仅是对与错的问题，而应被视为"进退两难的困境"。在本文中，我将以互联网上的文件共享为例来强调这些复杂性，但是，与皮亚斯金的观点相反，我认为在互联网文件共享的例子中，盗窃总是错误的。[1]

近年来，针对互联网上免费共享文件的案件屡见不鲜。在互联网普及之前，音乐通常是通过家庭录音来共享的。李（2015）认为，虽然家庭录音技术上是非法的，但没有人追究这一点，因为犯罪者不可能被抓获。[2] 但抓获网络文件共享者是可能的。李认为，网络文件共享者受到了不公平的惩罚。虽然这种说法可能有实际的基础，即抓获下载者比抓获家庭录音者要容易，但这并不意味着家庭录音应该被认为是可接受的，而文件共享则不应该。这种论辩是一种合理化，它使不可接受的行为看起来是可以接受的。

事实上，这一论点是由卡特尔（2015）提出的。法律专家卡特尔认为，盗版视频、音乐和软件是盗窃，并明确指出，所有这些复制行为都是非法的。[3] 考虑到反对家庭录音和网络下载的法律论据，似乎可以合理地假定这两种行为都应被视为错误。[4] 然而，探索伦理论据也很重要，这样才能从道德角度评估这些行为是否也应被视为错误。[5]

米克西姆、莫斯和普卢默 1934 年的研究以及米克西姆等人后来的研究表明，大多数人确实保持着对与错的伦理意识，即使在某些盗窃似乎更容易被社会接受的领域里也一样。他们的发现表明，当支付方式困难时，人们的道德意识会减弱，但他们不会忘记什么是道德上正确的。埃博、马卡姆和马利克（2014）研究了简化支付方案对互联网下载的影响。在研究期间，非法下载的数量急剧下降，大多数用户选择使用易付款方案。这表明，大多数参与研究的人都承认，免费下载音乐实际上是盗窃，它是错误的。[6]

那些支持无偿下载的作者，特别是那些用道德和艺术的论辩来反驳经济论辩的作者，提出了一个不同的道德视角。许多作者，比如互联网文件分享者卡拉（2016），声称反对有偿下载的主要论辩来自媒体公司，他们关心的是自己的利润。[7] 对于这类作者来说，经济论辩天生弱于艺术论辩。卡拉进一步阐述了这一论辩，认为真正的艺术家都渴望让别人听到他们的音乐，并欢迎文件共享者提供的"服务"。希布斯（2016），一个普通大众，也认为文件共享是朋友之间的善意。这些论辩听起来很有说服力，因为它们使得下载看起来是利他的，而且相对于追求利润而言，利他主义似乎更具有道德优势。但另一方面，这种利他主义损害了别人的利益。免费下载的经济效益并不能帮助不太知名的艺术家，因此不付费就下载他们的作品是不道德的。[8]

此外，那些为下载辩护的人常常表现得好像他们知道艺术家"真实"的愿望和兴趣。[9] 例如，卡拉提到真正的艺术家时，没有定义什么是真正的艺术家，也没有提供证据表明这样的真正的艺术家想要什么。卡拉和希布斯等作者没有提供证据表明艺术家认为免费下载比企业采取的行动更符合他们的利益。由于音乐销售通常对艺术家有直接的经济利益，许多艺术家可能也不赞成免费下载。[10]

另外[11]，卡特尔（2015）声称，卡拉和希布斯的论点在自由市场条件下是无效的。[12] 出版商有权收取他们能够获得的最高价格，消费者可以选择是否购买。在这种情况下，无论市场支持何种价格，企业收取费用都没有错。然而，还有其他经济方面的，甚至是艺术方面[13]的论辩,反对卡拉和希布斯的立场。[14]这些作者认为,反对免费下载的主要是可以被斥之为"贪婪"的大公司。卡利尼(2013)认为,小型独立公司和录音室艺术家最有可能受到下载的影响,因为他们对销售的总体依赖程度更高。鉴于独立艺术家的销售额往往很低,销售额的下降可能意味着小唱片公司的倒闭。虽然艺术家们可以通过免费下载让受众听到他们的音乐,但却无法长期保持经济上的可行性。具有讽刺意味的是,如果没有互联网下载,音乐产业将更有可能出现各种被卡拉抱怨为"乏味"或"中庸"的作品,这些"乏味"或"中庸"作品的创造者将是唯一能保证合理销售量的艺术家。[15]

最后,我在这篇文章中已经证明,有足够的论据支持这一论辩——所有的盗窃行为都是错误的,即使在互联网下载和文件共享等复杂领域也是如此。在互联网下载和文件共享领域中,社会的普遍行为似乎支持另一种观点,即免费下载是可以接受的。[16]但事实上,在无偿下载的情况下,仍存在着法律、道德、经济和艺术方面的论据来支持盗窃是错误的这一观点。也有反对意见,例如下载音乐可以为音乐和小艺术家提供服务,但几乎没有证据支持这种观点,也没有证据表明这些观点代表了大多数人的观点。相反,当给予可访问的、可负担的付款方式时,大多数人选择不去盗窃,从而承认免费下载是错误的。尽管道德立场很容易受到实际情况的影响,比如付款的难易程度。但研究表明,人们保持着一种道德感,在心底认为偷窃永远是错误的。

参考文献

Carla (2016) Internet chat room, Cla.media.room.host 7 September 2016.

Cuttle, P. D. (2015) 'Steal it Away'. In *National CRI Law Journal*, vol. 7, issue 4.

Ebo, T., Markham, T.H. and Malik, Y. (2014) 'The Effectsof Ease of Payment on Willingness to Pay. Ethics or Ease?' *Proceedings of the Academy for Ethical Dilemmas*, vol. 3 (4).

Hibbs, A. (2016) Letter to the editor of the *National Press Daily*, 3 November 2016.

Kahliney, C. (2013) 'Is This the End of the Road?' In *Small Music Distributor*, 12 August 2013.

Lee, A. (2015) 'Why Buy?' in R. Coe and B. Stepson, *Examining Media* pp. 36–57 (London: Many University Press).

Mixim, A., Moss, B. and Plummer, C. (1934) 'Hidden consensus', in *New Ethical Problems*, 12, 2.

Piaskin, F. (1986) 'Moral Dilemmas in Action', in the *Joint Universities Journal of Advanced Ethics*, vol. 8, 2.

Spratt, A. (2014) 'The Editorial' in *The Middletown Argus*, 17 June 2014.

第 7 节　对论文 2 的评估

内容	是 / 否	评估
1. 作者在这些问题上的立场很明确。	是	这一点在开篇和结论中都有清楚的说明，有助于受众理解。
2. 支持作者观点的理由很清楚。	是	作者提出了法律、伦理、经济和艺术方面的理由。
3. 作者的结论很明确，且以事实为依据。	是	结论是从理由中推出的，建立在研究的基础上。
4. 理由以逻辑顺序呈现，构成推理线。	是	理由分类明确，从法律方面的理由开始，然后是道德和其他方面的考虑。
5. 论辩结构良好，容易理解。	是	论辩将相似的观点和细节组合在一起，论辩的阶段很清晰。
6. 理由之间有明显联系，并且与结论有密切关系。	是	作者很好地利用了过渡结论来总结论辩，并使用了信号词来连接推理线。
7. 论文所有内容都与话题有关（在本例中，话题是"盗窃是否总是错误的"）。	是	本文几乎完全由理由、总结、连接词、评论和判断组成。
8. 主要理由和要点很清楚。	是	作者清楚地说明了理由，也没有迷失在不必要的意见或描述中。
9. 作者充分利用他人的研究成果作为支持论辩的证据。	是	作者有效地利用法律等专家意见来支持自己的立场。

（续表）

内容	是/否	评估
10. 作者对他人的观点，尤其是那些与自己观点相矛盾的观点做出了合理的评价。	是	作者提到了与推理线相矛盾的观点，指出了反对者的观点，并提供了理由说明为什么这些观点总体上是不可接受的。
11. 在介绍别人的观点时，作者在文本中提供了引用出处。	是	作者使用的所有资料都有出处。
12. 作者在文章结尾提供了参考文献。	是	作者提供了完整的参考文献列表，并将之准确列出。
13. 作者删除了所有非必要的描述性内容。	是	除了引言部分的罗宾汉，本文几乎没有什么描述性内容。
14. 写作没有不一致之处。	是	本文的写作没有不一致之处。
15. 作者的信念或个人利益没有不公正地歪曲论辩。	是	作者可能有强烈的信念，但论辩完全以推理为基础。

第8节 对论文2的评论

评论中的序号对应第6节论文2中标注的数字。

1. 作者在首段清楚地阐明了自己的立场。作者承认这个问题很复杂，但还是明确地说明了自己的立场。我们从一开始就知道，作者认为盗窃总是错误的。

2. 作者通过提出一个似乎与自己立场相矛盾的证据并对之进行分析来创建自己的论辩。在驳斥该证据时，作者确立了自己的论辩，将之与敌对论辩进行比较来确定自己论辩的可靠性。

3. 作者开始梳理论辩的不同层次。这一论辩显然以法律对该问题的处理为基础。作者很好地引用了法律专家的观点来支持自己的立场。

4. 在这句话中，作者对论辩进行了有效的总结。作者很好地使用了试探性的语言，"似乎可以合理地假定"，表明一种论辩尚未取胜的意识。

5. 本段的最后一句话有助于向受众传达这样的信息：论辩现在将从不同的角度来看待这个问题，即道德的角度。因此，作者正确地使用了信号词"然而"，指示话题的转变。

6. 作者充分利用了该领域的研究。研究认为，当人们有机会在付费下载或盗窃之间做出选择时，大多数人的行为表明，他们认为免费下载是错误的。

7. 作者把卡拉的立场还原到她是一个互联网共享文件下载者的背景中。作者没有明确指出卡拉的信念必然是利己的，但是通过将她的评论还原到语境中，作者帮助受众理解为什么她会持有这些观点。

8. 作者通过说明为什么敌对论辩看起来有说服力来加强整个论辩，并通过质疑谁在为利他主义付出代价来有效地削弱敌对论辩。

9. 连词"此外"的使用表明，这一论辩在以类似的方式继续，作者正在引入一个新的角度来加强观点。

10. 作者很好地运用了批判性分析能力，指出敌对论辩的不足和缺陷。作者对论辩的某些方面进行了详细分析，比如"真正的艺术家"（它是情绪化的语言），指出了敌对论辩中的漏洞。敌对论辩预设了艺术家的想法，而作者指出艺术家可能会有其他的看法并说明了理由。

11. 通过在段落的开头加上"另外"一词，作者向受众发出了这样的信号：为了支持当前的推理过程，还会提出进一步的观点。

12. 专家的观点再次被用来支持这个论辩，同时暗示了理论立场，即"自由市场经济"。

13. 作者指出，出版商有权收取任何价格的费用的观点可以绝对地驳斥所有敌对论辩。然而，这一理由对某些受众来说可能不具有说服力，因此作者考虑了其他角度以全面地发展论辩。

14. 在整个写作过程中，作者通过对理由进行分类，帮助澄清了论辩的本质。前面作者表示自己会提到法律和道德方面的理由，这里的文本表明，还有经济和艺术方面的理由支持作者的立场。

15. 作者通过展示免费下载如何导致"中庸"音乐的增加，有效地削弱了自由下载阻止"乏味"音乐世界的敌对论辩。

16. 这一段得出盗窃总是错误的结论。这个结论在整篇文章的推理过程中得到了很好的支持，所以受众应该不会对此感到惊讶。作者在结论中总结了自己的观点，明确表明了立场，并概括了论辩的要点。受众可能不同意这一立场，但会清楚地知道作者相信什么和为什么相信。

总的来说，这是一篇比论文 1 更有力的批判性文章。作者的立场是明确的，行文是一致的，并提供了支持自己立场的理由。作者充分利用专家的资料来支持自己的立场，因此它不会让人觉得只是个人观点。作者仔细考虑了敌对论辩，解释了为什么这些敌对论辩可能是有吸引力的，同时让受众注意到敌对论辩的漏洞和缺陷。

自始至终，作者都谨慎地引用资料来源，并指出资料来源是否具有权威性，这是很有益处的。无论是法律专家还是普通公众，引用都只简单提及，以服务"研究"和"调查"。参考文献的列表是完整的，且被正确一致地列了出来。

如果作者对支持自己立场的一些基本理论的论辩提出更多质疑，这篇论文可能会更有说服力。本文认为法律和自由市场经济是正确的，但没有对其进行任何批判与质疑。

第 9 节　评估你的批判性写作

你可以把这份清单作为工具，来对自己的报告或作业进行评估。

自我评估	是/否	行动
1. 你很清楚自己在这个问题上的立场以及你持有该立场的理由。		用一两句话把你的立场以陈述句的方式表述出来。如果你不能做到这一点，这表明在你的头脑中，立场还不是清晰的。如果可能的话，还要检查一下，对那些对这个话题知之甚少的朋友或同事来说，你的立场是否是清楚的。
2. 你的结论或建议是明确的，它们以证据为基础，并在适当的情况下以试探性的语言写成。		首先写下你的结论。大声读出来，检查它们是否有意义。假设有人告诉你，你的结论是错误的，你有什么理由为之辩护？你是否在写作中囊括了所有理由？
3. 论文所包含的材料是与话题最相关的。		仔细检查你的推理过程是否符合要求，比如完成项目简介或者回答了论文需要回答的问题。它是否符合你对自己立场的陈述？

（续表1）

自我评估	是/否	行动
4. 写作的所有章节都与特定任务有关。		依次阅读每个部分或每个段落，检查这些信息是如何帮助你推理的，从而得出你的结论或建议。检查确认每部分内容都符合任务的要求，或者对回答特定问题是必要的。
5. 你已经分析了论辩结构。它按照最佳顺序列出理由，并且可以清楚地得出结论。		如果没有做到这一点，简要地写出你论辩中的理由，并考虑每个理由如何与结论联系起来。检查论辩是否从一点跳到另一点。将相似的理由组合在一起，并指出每个理由对整个论辩或结论的贡献。
6. 这个论辩在信息中非常突出。你已经选出了最好的例子。		检查一下你是否提供了太多细节以至于忽略了主要论辩。对特定例子或细节进行分析比对大量材料进行肤浅的分析要好。仔细选择，以满足任务的要求。
7. 你的理由显然是相互关联的，也与结论有关。		检查确认每个段落的开头都与前面的内容有清晰的关联，或者使用第十章中建议的"信号词"来指示论辩方向的改变。
8. 受众可以清楚地知道你的主要理由和关键点。		用记号笔标出每一段中概括主要观点或理由的句子。如果你觉得这很难，受众可能也很难识别你的观点。如果一个段落的大部分都被记号笔标出了，那么你很可能没有对主要观点做出充分的总结。
9. 事实是准确的。		不要依赖观点或记忆。检查确认你的资料来源是可信赖的，并且是最新的。调查最近发表的文章是否提供了不同的信息。检查你所报道的事实是否准确，确保它没有失真。
10. 你参考了相关理论。		找出与这个话题相关的思想或理论流派，对它们进行批判性的评估，以确定它们在哪些方面支持你的论辩或与你的论辩相冲突。

(续表2)

自我评估	是/否	行动
11. 你运用其他人的研究，将之用作证据来加强你的论辩。		查看其他人在这个话题上写了什么或者创作了什么，引用最能支持你的观点的相关内容。
12. 你写下了作为证据的资料和相关理论的出处。		在正文中简短写出参考文献的细节，并在文章结尾处列出全部内容。
13. 你对那些与你相矛盾的观点进行了合理的评价。		找出哪些内容与你的观点相矛盾，并考虑其他可能的敌对论辩。评估这些敌对论辩，并将之作为你推理的一部分。弄清楚为什么你的理由比敌对论辩更有说服力。找出敌对论辩中的缺陷、漏洞或不一致之处。
14. 你的写作主要是分析性的，只包含简短的、必要的描述性内容。		检查文章中所有的描述性内容和背景信息，确保它们对理解你的推理至关重要，或是你正在写的报告类型惯例的一部分。保持简洁的描述，寻找概括它们的方法，并清楚地将它们与你的主要论辩联系起来。谨防冗长的介绍。
15. 你检查了你的论辩是否前后矛盾。		检查你用的理由或证据是否与你在文章的其他地方所写的内容相矛盾。
16. 你已经给出结论是否准确的概率或不确定性水平的明确指标。		检查你是否在文章中表明了你对结论准确程度的判断。如果研究结果可能被其他人以不同的方式解释，你是否使用了适当的语言表明了可能被解释的程度。
17. 你当前的信念并没有不公正地歪曲你的论辩。		如果文章中有内容涉及你有强烈信念或兴趣的话题，要特别小心，确保你已经检查了支持你推理的证据。论辩要以冷静和理性的方式表达出来，这样才能说服受众。检查几次，注意不要使用过于情绪化的语言，避免让文中出现证据不足的意见。

（续表3）

自我评估	是/否	行动
18. 你的文中已经涵盖了这项任务所要求的方面。		仔细检查文章的细节。用"√"勾出完成了的内容，从而让你尚未处理的内容清晰起来。

本章小结

本章提供了两篇主题类似的批判性文章，让你有机会评估它们，并且能够将自己的评论与书中给出的评论进行比较。这项练习的目的之一，是通过将你的能力应用到拓展的文本中，来增强你批判性评估的水平。不过，它最主要的目的是帮助你发展评估自己的批判性写作的能力。

评论部分是对两篇文章的批判性评价，指出了它们的弱点和优点。在你提交自己的作品时，编辑或老师也会采取这样的方法评估你的作品。如果你需要为考试或出版撰写批判性文章，你应该在提交文章之前，对自己的作品进行同样严格的评估。

在这种情况下，评估意味着将你的作品作为一篇完整的批判性文章进行评论，检查各个部分如何对所撰写的论辩强度做出贡献。在进入这个阶段之前，你应该已经评估了论辩不同的组成部分，比如证据的质量、选择的有效性（你选择写出哪些内容和省略哪些内容）、理由是否支持结论，以及结论的有效性。

评估你作品的正确方法不止一种。你可能会发现，在文章上以评论的形式做粗略的笔记更容易。或者，你可能会发现使用一个或多个结构化的清单更容易，因为这便于寻找特定方面的内容。你也可能更喜欢将这两种方法结合起来，请根据适合你写作方式的方法进行切换。

重要的是，在对原始材料进行了良好的批判性分析后，你在自己的写作中也要运用同样的批判性方法，确保以结构化的、合乎逻辑且令人信服的方式提出论辩。

第十二章

批判性反思

学习目标

- 理解批判性反思的含义,领会它对学术研究和专业实践的挑战和益处。
- 了解如何进行批判性思考,并为你的目的找到最合适的方法。
- 制定你自己的批判性思考模式。
- 了解第一阶段反思与第二阶段反思的差异。
- 知道如何将理论与实践联系起来。
- 识别好的批判性反思和坏的批判性反思。
- 了解如何向他人展示批判性反思,尤其是在学术评定中。

概述

我们很容易陷入每天的常规生活中，而忽视了自己思考、感觉、信念和行动的原因。我们的经验和情绪反应的不同方面以及我们对它们的解释，可能会以不明显的方式纠缠在一起。这会扭曲我们的观点，阻碍我们的理解，从长远来看，对我们是没有帮助的。

批判性反思作为将我们的注意力集中到自身经验上的一种手段，越来越多地被用于专业和学术领域。在这种语境中，"反思"指的是特定类型的心理训练，它包括澄清思想、加深理解和以创新的方式强化学习。

"反思"听起来似乎很容易，但在实践中却很有挑战性。这在我们处理已有一定经验的原始材料时，特别是要以正直的态度在学术惯例的框架内为支持学习而处理它们时，尤其突出。

本章会帮助你理解批判性反思在服务于专业和学术目的时的要求，并提供框架来帮助你协调批判性反思的各个阶段与过程（从最初的选题到在评测中对反思的呈现）。

第 1 节　什么是批判性反思？

在日常用语中，"反思"一词被宽泛地用来指代：

- 专注于思考。
- 模糊的沉思或者做白日梦。
- 回顾我们脑海中的某一个事件。

服务于学术和专业目的的批判性反思与上面的内容不同。批判性反思是有结构、有关注点、有意识的，它最终的目的是发展并提升我们的理解力。如果你把批判性反思看作学术项目或职业的内在需求，那么你就会期望了解它的形式，以及如何表现它。

> **提示：批判性反思的特征**
>
> 批判性反思有很多不同的类型，典型的特征包括：
>
> - 选择：选择从经验、学习或专业实践的某一个方面进行分析。
> - 改变角度：从不同的角度、以不同的细致程度来分析经验。
> - 回顾经验：针对具体的问题，选择回顾具体经验的频率，可以是一次性、定期或经常性的。
> - 分析自己的角色：审视自己行为背后的原因和行为导致的后果。
> - 借鉴已有的智慧成果：利用已有的理论知识、研究成果和专业知识。
> - 深化理解：积极寻找其意义，认识什么是重要的，并从中学习。
> - 利用洞察力实现变革：在未来，把你的新理解应用到不同的做事方式中——最好是为了他人和自己的利益。
>
> 下面将更详细地讨论这些特征。

在下面的介绍中，"行为"指的是明显的行动、言语、感受和想法，包括肢体语言、影响行为的假设、不做反应等。

1. 选择

有效的批判性反思是一种专注的活动，需要时间、精力，而且通常还需要情感能量。实际上，你不可能将同等程度的批判性分析应用到所有经验领域。所以选择一个或两个领域，这样你的付出将为你带来最好的回报。

2. 改变角度

在日常生活中，我们倾向于从一个特定的角度、以特定的细致程度来观察我们的行为，这主要指的是我们自己的观点。如果不这样做，观察就很难在日常生活中发挥作用。但对于批判性反思来说，我们的目的是培养理解力，这要求我们在一定程度上改变关注点，并采取与日常生活不同的细致程度，就好像放大或缩小照相机镜头，从而用新鲜的眼光来观察周围的环境。

（1）具体分析

这意味着要把我们的经验放在放大镜下观察，以确定其组成部分和有益因素。例如，通过理清事件发生的确切顺序，我们可以找出当时被忽略的潜在原因和影响。或者，我们可能会回忆起说过或做过的、在当时看来不重要的事情，但是，当我们重新考虑其背景、动机或自己的焦虑时，这些事情会有新的意义。我们可以使用这些观察结果，得出新的模式和主题。

（2）考虑大局

这意味着退后一步，从更广阔的视角来看待我们的经历，就像通过广角镜头一样：

- 积极寻找我们反思范围内的主题或模式。
- 利用已发表的理论、研究和专业知识来检测我们的个人经验。
- 考虑更广泛的政治、社会或思想背景的影响。

3. 回顾经验

回顾经验的合适频率取决于你想从批判性反思中得到的东西。你可以选择：

- 详细分析**重大的一次性的事件**，帮助你更好地理解发生了什么，以及你自己的角色和反应。

- 对于**反复出现的情况**，在每次事件发生后进行反思，以积累观察，增强你对潜在因果和自身角色的感知。
- 你需要定期回顾**某一个问题或主题**，这样随着时间的推移你就能确定自身行为和情绪反应的模式。
- 记录你对**某一个特定的项目或挑战**的观察和在此期间进行的反思。总结你自己的角色和行为、它们背后的动机，以及它们对项目、对自己、对他人、对未来行动产生的影响。

4. 分析自己的角色

批判性反思要求你审视自己的经验，它并不关注他人。根据具体的情况，这意味着要考虑以下内容：

- 你做过或没做过的事，它们有哪些影响或后果，以及背后的原因。
- 你的行为的原因，这需要你超越表面和直接的线索，进一步审视潜在的恐惧和动机、替代性的情绪、你所做的假设，并思考这些因素对事件的发展产生了什么样的影响。
- 你的行为或反应随时间所发生的变化。

5. 借鉴公认的智慧

在学术语境下进行批判性反思，需要你将自己的经验与理论联系起来。

6. 深化你的理解

批判性反思不仅仅是对事件的详细观察或叙述。它需要积极地研究你已有一定经验的原始材料，以了解具体的情况和事件、它们的动力、你在其中的角色，以及它们在更广泛语境中的影响。这意味着需要疏理你的反思，选择关键的见解，并找出为什么这些因素对你在学习或工作中的表现、你与他人合作的方式或你的整个生活有重要的意义。

7. 利用洞察力实现变革

批判性反思的一个关键目的是改变你看待世界的方式，或改变它的某一个方面，从而帮助你拥有不同的思维和行为方式。这种改变还具有一个隐含的目标，即改变可能很小，但会对你或其他人产生真正的影响。这通常意味着我们需要在参与的事件中为自己承担责任，这可能是一种挑战，但也可能是一种解放。在最好的情况下，批判性反思可以带来一种变革性的品质，对你的存在及自我感知、对他人和你周围的世界都会产生深远的影响。

第 2 节　为什么要进行批判性反思？

1. 批判性反思的挑战

尽管我们可能已经意识到，专门留出一些时间进行批判性反思会令自己受益，但大多数人却很难做到这一点。由于下面的因素，批判性反思需要付出和训练。

- **分心**：常有更有吸引力的事情分散我们的注意力。
- **困惑**：我们可能会把日常的、不集中的思考与更有目的和结构性的批判性反思混为一谈。
- **感受**：如果我们选择对难度较大的材料进行批判性反思，就可能要面临它带来的挑战，比如不适的感受、意想不到的情绪反应，或以我们不想要的方式颠覆我们的自我认知。想要逃避这些是很自然的。
- **技巧**：在学术写作的要求与对经验的批判之间取得平衡需要一定的技巧。当这种平衡与个人和理论相关时，尤其如此。

认识到这些挑战并不简单，这会对我们有所帮助。应对这些挑战是批判性反思的目的之一，它也有助于增强成就感。

2. 批判性反思的好处

（1）一种有用的精神训练

批判性反思为我们提供了一种精神训练，能够带来许多好处。这些好处常常是我们预料不到的，它可能是前面提到的那种变革性的结果。在学术或专业工作中，要求批判性思考是有益的。因为它为我们提供了一种外部激励，它通常也是一个框架，否则我们可能不太会进行那样深入的分析。

养成批判性反思的习惯，会令我们在自我管理、批判性观察、情感的处理，以及灵活利用经验帮助自己和他人方面有更多的收获。

（2）用于自我发展的空间和时间

当我们致力于批判性反思时，需要创造适当的条件，比如适当的脑力状态和情绪空间，并用一种独特的方式关注我们自身。它帮助我们有效管理时间，使不同类型的思考成为可能。

（3）更高效的研究与学习

你可以把自己的学习或研究当作批判性反思的对象。从学习或研究中退一步，然后反思自己的态度、策略、效率，反思哪些因素有益、哪些有害，这会对你的研究和学习有帮助。

通过批判性的观察，你可以更好地理解自己的表现：

- 你的教育背景及其对成绩和自信程度的影响。
- 你的态度和学习策略是如何演变的，以及这些是否最适合你目前的处境。
- 你的自我认知是否有助于你的表现。
- 你是否无意识地破坏了自己的表现。
- 如果你希望更深入地研究这个问题，可以参考《成功的技巧：个人发展与就业能力》(*Skills for Success: Personal Development and Employability*)（科特雷尔，2015）。

（4）支持专业实践

批判性反思丰富了专业实践。通过理解你正在做什么、为什么要做，以及你行为的后果，你能更好地以专业的方式处理新情况以及意外情况，同时也能满足你自己的需求。

第 3 节　确定你的方法和目的

由于前面说过的那些挑战，你可能很难：

- 开始进行批判性反思。
- 在开始之后坚持下去。
- 让你的反思逐渐成形而变得有意义。
- 过一段时间回头看看它究竟告诉了你什么。

- 以有成效且有创造力的方式处理批判性反思的材料，让你可以从经验中学习并使用它。

有些人紧抓当下，当创意闪现，便以即兴的方式创造出他们最好的反思状态。如果你也是这样的人，你可以保持自己的风格。在为受众提供你反思的最终总结之前，你可能都不需要使用正式的反思方法。

不过，对于大多数人来说，尤其是批判性反思的初学者或觉得批判性反思很难坚持的人，使用一种结构化的方法将会使批判性反思更加简单。这种结构化的方法，有起点，有方向，能够帮助你形成更有力、更集中的批判性反思。

一般来说，提前花时间详细阐述自己希望从批判性思考中获得的东西，以及将采取的方法，将会提升你的反思质量和时间的利用率。本章概述了制定方法时需要考虑的一些关键因素。

反思：你的风格是什么？

下面哪种情况会让你更能够产生好的批判性反思？
- 以更自由、更有创造性的方式工作。
- 使用结构化的方法。

提示：确定一种方法

主要考虑因素包括：
- 目的。
- 预期结果的类型。
- 关注点。
- 使用反思模型。
- 方法。
- 受众。
- 相关的经验和理论。

下面将详细讨论这些问题。

1. 明确你的目的

首先，从知识、理解和表现方面确定你想从反思中得到什么。例如，对于你学习、生活或工作的某些方面，你可能想要了解：

- 为何事情进展顺利，以及所汲取的教训是否适用于其他情况。
- 为什么一个特定的情况会出现或以这样的方式展开。
- 为什么事情似乎不像你希望或预期的那样顺利。
- 为什么你对研讨会或工作的贡献没有你希望的那么大。
- 为什么你在特定情况下会有那样的想法或反应。

一旦你清楚了自己的目的，就很容易决定方法的其他方面，例如预期的结果、适当的关注点、你的方法和要使用的模式。

2. 确定结果的类型

在开始反思之前，先考虑你将如何利用反思的成果，这将帮助你确定结论的形式，比如：

- 经验教训清单。
- 批判分析型文章。
- 个人行动建议。
- 未来行动指南。
- 未来行动的指示说明。
- 上述形式的综合。

如果你正遵照学习计划或专业实践的要求进行批判性反思，该要求可能会对如何呈现反思结果做出一定的指示。

> **反思：结果**
> 你为项目或专业所做的反思成果被要求以什么样的形式呈现？

3. 选择一个关注点

为你的反思选择一个有意义的关注点，它可以是一个特定的事件或一种特定类型的事件、一个反复出现的问题或一系列的关系，甚至其他你认为与实现你目标相关的类似事件。

你需要选择一个相对具有挑战性的关注点，这样才有足够的材料帮助你锻炼你的理解力。然而，关注点应该足够狭窄，方便你从多个角度审视它而不流于表面。

4. 选择一个反思模型

你可以利用各种各样的反思模型为你的反思提供一个框架——尽管这并不总是必要的。某些特定类型的框架可能更适合你的学科或专业领域。

> **反思**
> - 你的课程或专业是否有推荐的特定反思模型？
> - 你觉得用模型构建反思对你有益还是有害？

5. 方法

并不存在单一的批判性反思方法，你需要考虑：
- 你的专业是否有规定的方法。
- 如果你可以选择，哪种方法会帮助你最有效地进行反思。

下面的问题或许可以帮助你找到最适合你的方法。

（1）怎样记录你的反思？

对你来说，在稿纸、笔记本、博客和电子文件中，把最初的想法记录在哪种载体上会更有利于你达成目的？你愿意用数码的方式进行记录吗？

（2）应该和谁一起？

对于你所确定的目标来说，完全独立思考，或让同事、朋友、伙伴来帮助你打开思路，哪种方式能帮助你培养出最深刻的洞察力？

（3）以怎样的频率和规则进行反思？

对于你所确定的目标和结果来说，每周进行一次批判性反思与更频繁或更少的次数，哪一种更好呢？你更喜欢每天、每周或每月安排特定的时间进行批判性思考，还是在有新思路时随时做笔记以备考虑？

（4）第一步应该怎么做？（提示）

考虑一下你将如何开始自己的反思。下面哪种方法对你的反思最有效？
- 随时记下想法，然后回头进一步考虑。

- 每次都使用相同的问题组，以构建你自己的思考模型。
- 从理论开始。
- 与同事讨论某一件事，然后记录自己的想法。
- 每次都系统地使用同一种反思模型。
- 用一种形式来引导你的反思。

（5）如何处理"材料"？

你最初的反思通常会为后来的反思提供原始材料，它也可以被称为第一阶段反思，需要进一步处理。考虑你将在什么时候、如何深化你的第一阶段反思，从而通过第二阶段反思形成更深层次的理解。

（6）终点

考虑你将如何汇集你的想法，以形成结论。它将会采取什么样的形式？比如，你可能会被要求提交一份包含你的思考内容的博客和汇总关键点与结论的反思性文章。

> **反思：方法**
> - 你认为你采取的方法中哪些方面需要进一步改善？
> - 你会怎么做？

6. 受众

如果只是自己进行批判性反思，那么你可以随意决定它的形式。但如果你需要与老师、同事、上级、评论员等其他人分享你的反思成果，你就需要考虑如何修改你的文字表述，以照顾到预期的受众。

这可能包括：

- 在反思的第一阶段和第二阶段使用不同的写作内容和风格。
- 只写出你认为适合他人阅读的信息与反思内容。
- 提供结构完善且有参考文献的批判性总结。
- 确保不透露反思中提到的人的姓名和秘密，确保自己有权使用工作场所中的材料。

> **反思：保密**
> - 什么样的信息会让你觉得不适合与同伴、老师或其他人分享？
> - 通常来说，你为课程所进行的反思活动，可能会涉及哪些保密问题？

7. 相关的理论与实践

为了对学术工作的经验进行批判性反思，你需要将经验与前人的智慧或理论联系起来。你可以通过不同的方式来实现这一点，下面列出了其中的一些方法。

（1）检查研究的基础

在选择批判性反思的对象时，尽量选择你知道的、有相关研究成果被发表的领域，该领域最好有支持不同理论的研究成果。如果没有这样的研究成果，你会很难写作用于评估的反思内容，而反思之后寻找相关理论及研究则会更难。

（2）更新你对这些问题的了解

调查与反思相关的研究成果及被普遍接受的专业实践，阅读一些可信赖的期刊或关于该课题最新出版的书籍，找出该领域需要解决的关键问题，以及热门话题。

确保你知道：
- 与热门话题或其他你希望通过自己的批判性反思进行调查的领域相关的经典理论和新理论。
- 支持这些理论的研究。
- 对这些研究的批评。
- 在你的学科或专业范围内，对这些话题的争论方向。

在这方面，你的背景阅读工作将类似于其他类型的学术工作。

（3）你的经验支持这个理论吗？

考虑你的经验与你期望得出的关键理论在什么时候是匹配、什么时候是不匹配的。如果不够匹配，思考原因是什么，比如语境或数据中可能存在的差异。在特定情况下正确的理论可能并不适用于你的情况。

（4）理论支持你的发现吗？

你最初使用的研究材料可能并不包含你后来得出的结论或观点。如果是这样，你需要进一步调查是否有理论或研究发现能够支持或反对你的观点。将你的结论与更深入的研究基础相结合会增加你自身立场的分量，对更广泛的社会、政治、文化问题进行研究也会有这个效果。

（5）向专家学习

运用可靠的研究资料和结论来帮助你处理对你来说有困难的研究或实践。考虑这些研究资料能够在你的做事方法方面为你提供什么样的帮助。例如，关于记忆如何工作的理论可以帮助你应对考试。

你对重要理论的分析与思考将会帮助你更好地理解：

- 截至目前发生过什么以及发生的原因。
- 你行为的原因和影响。
- 更普遍的问题如何影响个人与日常生活。
- 你可以采取什么样的行动，从而产生不同的结果。

第 4 节　总结：确定你的方法和目的

内容	确定你的方法和目的
目的	反思之后，你希望更理解什么，或在哪些方面做得更好？
结果的类型	当你回顾自己的反思以得出结论时，你希望它们采取什么形式？例如： • 经验教训清单。 • 个人行动建议。 • 行动指南。 • 如何应用所学内容的说明书。

（续表）

内容	确定你的方法和目的
关注点	对你的反思来说，什么是与你的目的相关且有意义的关注点（一个特定的实践、反复出现的问题、一系列的关系等），又是什么让花费在这个关注点上的时间和情绪变得值得？
反思模型	• 你是否被要求应用一种特定的反思模型？如果不是，采用或改编一个现有的模型会有助于你构建反思吗？ • 自己设计模型会更有帮助吗？
方法	如果可以选择的话，你将如何进行你的反思？ • **记录载体**：稿纸、笔记本、博客还是电子文件？ • **和谁**：独自一人，和同事或同伴，还是和一群人一起？ • **频率**：每周、每天、根据需求，还是进行一次性的反思？ • **第一步（提示）**：你将如何开始反思？自由联想会有帮助吗？还是使用一系列的问题或某种格式来提供模板？或用一个理论作为起点？与另一个例子进行比较和对比？ • **发展**：你将如何深化你的第一阶段反思？ • **终点**：你将如何汇总你的想法以得出结论？
理论	• 你打算利用哪些理论或研究成果来增加反思的洞察力和深度？ • 你将如何处理相关的理论与经验？ • 是否有更广泛的社会、政治、文化、意识形态、经济或科技问题可以用于研究，从而为反思带来额外的有益视角？
受众	如果你的书面反思会被同学、导师或其他人看到，你将如何调整它以实现以下目标？ • 突出关键点。 • 尊重保密性。 • 确保他人看到你的个人信息或阅读你的个人感受不会令你觉得不适。

第 5 节　提纲：反思的方法

下面是反思方法的提纲，可以引导你找到自己的方法，请在表格的右侧写下你的答案。如果需要的话，你可以复制它来帮助你完成工作。

内容	答案
目的	你想更好地理解什么（以及为什么这是重要的）：
结果的类型	结论、建议、批评性意见、个人行动指南等？
关注点	重点关注的经验领域： 这种关注对于实现你的目标有什么帮助？
反思模型	你不会使用正式的反思模型，因为…… 你将使用的模型是：

（续表）

内容	答案
方法	记录载体： 和谁一起： 频率： 第一步（提示）： 发展（深化你的第一阶段反思）： 终点：
理论	你将借鉴哪些理论观点和方法：
受众	为了帮助受众，你将这样组织反思的写作： 你需要解决的保密问题及方法：

第 6 节　第一阶段反思和第二阶段反思

反思的过程可以分为两个不同的阶段：
- 第一阶段：产生想法和原始内容。
- 第二阶段：分析和综合。

1. 第一阶段反思：产生想法和原始内容

第一阶段反思指的是在细节、思想和情感刚刚出现的时候就以思想流的形式粗略地记录下的思维内容，它们可以被记录在笔记本、文件、博客、数字录音或者任何适合你工作方式的载体上。

> **提示：第一阶段反思的特征**
> - 即时性：在记忆犹新的时候写下来。
> - 时间顺序："像发生的那样"写下来，这样读起来就像一个展开的故事。
> - 情绪化：它提供了一个机会，让你探索自己的感受——如果你知道自己的情绪如何以及为何如此，你将会产生更丰富的情绪。
> - 细化：可能包含看似相关的信息和细节，但随着时间的推移，这些信息和细节可能变得不那么重要。
> - 碎片化：在不同的时间里，重要的事物不同。

2. 第一阶段反思的示例

为了一个医学学位项目，索菲娅和夏洛特创建了一个资源，帮助家长和护理人员与幼儿沟通癌症问题。她们每人每周完成一份反思日志。下面的日志说明了第一阶段反思的特点和范围。

> **她们在承担新任务和扩展现有技能时的感受**
> 我有点担心我的计算机能力，不确定如何创建可用于这个资源的专业图表……

对她们当前经验的评价

我在处理孩子丧亲之痛方面的经验很少,我觉得我必须对这个领域进行研究,以帮助我更好地理解它。

她们对处理这样一个敏感而困难的问题的感受

(该资源)通过满足明显的需求而帮助到父母,这个前景令我感到兴奋,但我也对处理像癌症这样的重大话题感到焦虑。

与导师见面

我们在第一次研讨会上提出了自己的想法并进行讨论,缩小了它们的范围以创建具体的项目摘要。在会议开始之前,我感到很不安,因为我和我的伙伴想法不同,没有就项目的方向达成一致。但……之后,我对这个项目就没有那么焦虑了。

她们进行的研究

……我们发现了许多研究成果和期刊文章,它们主要来自直接关注这个问题的《英国医学杂志》(BMJ)。这鼓励我继续……因为最初我担心没有太多的文献可以支持我们的研究,或表明它将是一个有价值的项目。我在处理孩子丧亲之痛方面的经验很少。为了帮助我更好地理解它,我必须研究这个领域。

她们对阅读的反应

很多父母不愿意告诉孩子关于癌症的事情,结果孩子自己通过无意中听到的谈话和房子周围找到的就诊单来了解这一情况。这让我很震惊。

她们在前行过程中受到的教训

当我意识到制作具有视觉吸引力的卡片并不是这个项目的主要目标时,我大吃一惊。这有点令人沮丧,因为我正在期待……然后我开始明白,思维过程、基本原理和想法的发展比创造故事板卡片更重要。事后看来,如果(我们)在会议之前……就一个具体的想法做出决定,或许会更有用。

她们的想法是如何一周一周地发展起来的

本周我们还考虑了这个资源如何在帮助孩子之外也帮助到大人……在看了童话般的纸牌游戏之后,我意识到我们忽略了故事的许多重要方面。然后,我们开始更有逻辑地重新组织我们的想法并发现了新的想法……

认可团队的贡献

我和我的伙伴在其他方面互补。她的词汇量更大……我更擅长……

> **更广泛的社会和文化问题**
> ……宗教、语言、种族和家庭状况。在思考和讨论这个问题时，我意识到……这些文化差异很可能会导致应对坏消息的不同方法、家庭状况和支持的关系网络。这些都需要被思考，并在我们的资源中得到处理……

3. 第二阶段反思：分析和综合

正是反思中的分析与综合加深了思考和学习，它们最常出现在被评价或得分最高的第二阶段反思中。第二阶段反思与第一阶段反思之间的关联是很清晰的。实际上，在第二阶段反思中，你既考虑特定的问题，也考虑自己与这个问题之间的关系。

> **提示：第二阶段反思的特征**
> - 整体性：把一次经历、一个事件或一个项目作为整体来回顾。
> - 距离感：退后一步，以获得旁观的视角。例如，观察那些被唤起的感觉，而不是深陷其中。
> - 分析性：批判性地分析自己的反思。
> - 综合性：将截然不同、分散的想法和分析汇集在一起，形成更全面的判断和结论。
> - 归纳性：它是一个梳理含义、见解和意义的过程。

在第二阶段反思中，你从整体上处理你的反思，寻找重要的趋势、模式和结论。你可以静静地坐一会儿，看看有什么进一步的想法会出现，也可以积极地处理反思，向自己提问，提炼出你认知中的含义。

4. 第二阶段反思的示例

索菲娅和夏洛特在一份反思性总结和项目报告中汇总了她们的经验，这些报告借鉴并发展了她们在每周日志中记录的材料。下面给出了一些例子。第二阶段反思综合了她们的反思并将之聚集在一起：

- 她们的思维如何发展以及该发展对项目的影响。

- 她们如何运用研究成果。
- 她们学到的更广泛的教训。
- 她们对自己未来的医生职业看法的改变。

她们的假设和目标如何以及为何会随着时间推移而改变

在这个项目开始时,我一直在想,我要创建一个专业且实用的资源……这个最初的目标实际上阻碍了我对卡片背后的概念进行更深入的思考……我慢慢意识到……卡片不必看起来特别漂亮,更重要的是卡片所代表的东西。

影响她们想法的研究

巴尔内斯等人(2000)说,大多数参与他们试验的、患有乳腺癌的母亲……没有得到应该如何告诉自己的孩子这个消息的建议。许多人表示,她们很欢迎这样的建议。克罗尔等人也支持这一观点,他们认为,需要进行研究,以帮助医生和家长了解应该在疾病的哪个阶段给予孩子适当的信息。

她们如何从过去的个人经验中学习

我也被迫重新审视我在母亲生病期间了解到的一些问题……事实上,这个项目让我想起了这些问题……这有助于我思考一些需要在我们的资源中解决的问题,以便我能够帮助他人。

推导出更深层次的经验

我认为,我从这个项目中学到的最重要的内容之一就是癌症不仅对个人产生影响,而且会对整个家庭和与他们亲近的人产生影响。项目开始时,我只知道癌症及其影响的科学知识,但从项目中,我获得了……癌症如何影响人生活的洞察力。

在这个项目之前,我从来没有考虑过……不同的家庭结构会影响我们应对和依赖他人的方式。一个人的文化肯定会对他看待和处理疾病和逆境的方式产生巨大影响。我认为,作为一名医生,记住这一点并相应地调整自己的建议是至关重要的。

个人意识和改变

完成资源包的工作,让我更深刻地意识到许多文化的影响,这些影响指导我选择某种特定类型的图像。我以前从未想过我可能会选择一张图片来代表一个特定的问题,而这张图片对于不同文化背景的人来说可能传达着完全不同的意义。我认为了解这一点很重要,因为这会让我在将来使用某些图片或文字时三思而后行。

> **对职业建议的变化及其原因**
>
> 我还认为……我们已经确定了一个重要的事实,即临床医生应该加强与病人家属的联系……这受到病人及其家属的极大赞赏。它将产生一个连锁反应……因为他们可能会觉得带着后续问题来找你更舒服……(关于)医疗方面的好处,即这样可以使问题得到及早解决和治疗,既最大限度地减少了对病人的影响,又减少了NHS(英国国家医疗服务体系)的成本和时间。
>
> 无论病人是在家还是在医院,医生有责任确保病人获得足够的信息和资源来了解他们的癌症。(否则)人们可能会尽量不把他们得了癌症的消息告诉孩子……

5. 了解你与这个问题的关系

在反思的两个阶段,特别是第二阶段中,你需要考虑自己的角色和行为,它们在当时或以后有怎样的影响,以及这些影响对你或他人来说意味着什么。例如:

- 你应对某一处境的能力如何?你做决策的能力和其他技能有多好?
- 在反思的过程中,你的观点和见解是如何深化的?
- 你的新理解会对你未来处理类似问题的方法产生什么影响?
- 什么样的培训、研究、反思或支持能够帮助你在个人和职业方面得到发展?

第 7 节　反思模型

模型提供了框架,以辅助构建反思过程。从实用的角度来看,反思模型的复杂性不同。这种复杂性取决于该反思模型需要多少步骤或阶段来分解反思过程,以及它在每个阶段中又提供了多少可以作为潜在记忆点的提示。

> **提示**
>
> 反思模型有三个基本假设,即我们可以:
>
> - 回想我们的经历。
> - 更深入地理解它们。
> - 利用这种理解以便在未来以不同的方式做事——也就是说,通过学习实现改变。

1. 阶段性模型

"阶段"指示了一个名义上的顺序来思考经验的不同方面。每个阶段都是一个有用的参考点，推动反思者采用不同的方法处理经验。在实践中，你可能会在这些阶段之间灵活地变动，甚至是思考这些阶段没有明确涵盖的内容。

2. 三阶段模型

有各种各样的三阶段模型，如博顿（1970）和德里斯科尔（1994）。它们基本上简化了反思的过程：

- 是什么？
- 怎么样？
- 现在怎么办？

它们指示的内容大致如下：

- 是什么？——回顾过去的经历，确定发生了什么。
- 怎么样？——仅仅描述经历是不够的，你还需要弄清楚为什么这段经历重要，以及你现在对它又多了哪些了解。
- 现在怎么办？——既然你对自己的经历有了更多的了解，那么你将如何利用所获得的见解呢？你会有什么不同？

3. 多阶段模型

从经验中吸取有用的教训是一个复杂的过程，它有许多潜在的组成部分，从确定什么是相关的，到探索个人感受和理解他人的观点，再到从研究成果中获得见解，一直到考虑社会学、政治学或其他的维度。

上面的任何一个组成部分或其他的部分，都可以被提取出来进行特别强调。这可以被框定为模型中的一个特殊阶段，或者一组特别的提示。例如，吉布斯（1988）提供了一个模型，其中包括一个单独的感受阶段，而其他模型，如鲍德等人（1985）提出的模型则没有这个部分，而是在整个反思过程中考虑到感受的方面。

4. 基于提示的模型

约翰斯和弗雷什沃特（1998）已经开发了一个流行于护理专业实践领域的模型，它提供了一些提示性的问题，大致涉及五种不同的认知方式：
- 实证：经过检验的知识库，如科学研究。
- 个人：了解情感和动机如何影响你的行动。
- 审美：知道如何在当下做出有意义的、有创造性的、无意识的反应。
- 伦理：知道做什么是正确的。
- 回到自身：知道如何运用从经验中获得的知识。

第8节　确定你的反思模型

在开始你的反思之前，考虑以下几点。

1. 你被要求使用模型吗？

你的项目是否要求使用特定的反思模型？如果是的话，确保你理解该模型的基本原理，这样你就可以把它应用到你自己的反思中。

2. 你想使用现有的模型吗？

如果你可以选择是否使用反思模型，考虑一下使用现有模型对你的方法和思考会不会有帮助。如果有帮助，研究一下各种可能的选择。

3. 你想要设计自己的模型吗？

你也可以设计自己的模型。自己设计模型的好处在于它不仅能更适合你自己的目的和环境，还能让你在规划反思活动时获得锻炼。你还可以通过与现有模型进行积极的、批判性的对话来设计自己的模型。这会加深你对批判性反思的理解。

提示：设计自己的反思模型

自己设计的反思模型可以简单，也可以复杂，只要它有助于激励你产生深刻而有用的反思就好。你也可以根据模型的效果来调整它。

概念：

你需要考虑本章第 7 节概述的基本概念。

特征：

你需要确保你的模型符合本章第 1 节概述的反思特征。

改写一个阶段模型：

你可以改变现有的模型，让它适合自己。思考多少个反思阶段对你最有帮助。你可以调整三阶段模型或本章第 9 节概述的核心模型（科特雷尔，2010），或者研究其他的模型并改写其中的一个。

提示：

考虑每个反思阶段中的提示性问题是否会对你的反思有帮助。把这些问题列出来，可以帮助你确定自己真正希望处理的问题。

为阶段和模型命名：

为模型的各个阶段命名，有助于让这个模型成为你自己的。在实用的层面上，它能够帮助你弄清楚各个阶段之间是否相互区分，以及是否能够互相配合。在进行反思时，你会更容易回想起这些阶段。

在为模型的各个阶段命名之后，你应该更清楚地知道模型的特性，再给你的模型取一个能够反映该特性的名字。

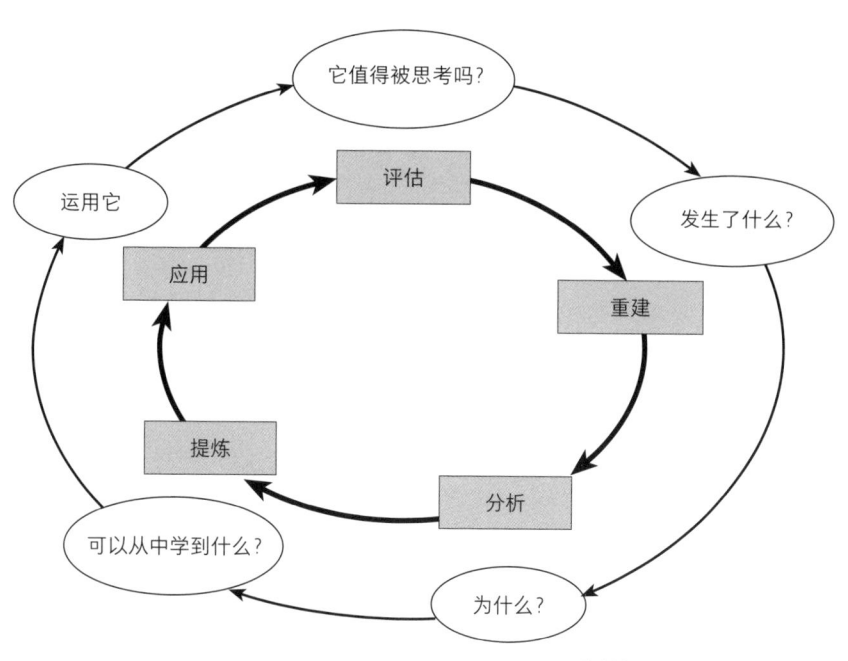

第 9 节　批判性反思的核心模型

资料来源：斯特拉·科特雷尔（2010）。

批判性反思的核心模型包括五个阶段，每个阶段都被以问题为基础的提示支持着（科特雷尔，2015）。你可以改写、选择或删除这些阶段。如果你觉得某个特定的提示或一组提示值得单独关注，不管是出于你自己的目的还是因为它在你的学科中特别重要，你都可以添加更多的阶段。

下面描述了这五个阶段。

1. 评估

正如我们所看到的，本章中所描述的批判性反思紧凑、耗时，潜在地消耗着情感，因此你需要选择一个关注点。考虑到整个反思活动的消耗，花时间批判性地反思你的选择和方向是值得的。由于这一点非常重要，所以反思的第一阶段是批判性的评估阶段，即检查你的目标和关注点，并确定它们是否真的会产生最好的结果。

> **示例 1**
> - 这个关注点是否有足够的难度和相关材料，还是你选择了一个过于简单的方向？
> - 它是否太具有挑战性？你是否被这个问题影响，或太过愤怒而无法把它作为学术任务的一部分来处理？
> - 你还会再次遇到类似的情况吗？如果不会，你现在花费精力会有什么收获？

2. 重建

每次我们以反思的方式回顾一个事件，可能都会有不同的描述，所以这个阶段被称为"重建"，它在第一阶段反思中很典型。在这个阶段中，我们把现在回忆起的事件、感受和细节放在一起。仔细检查一个事件可能会带给你意想不到的收获，或让你注意到之前忽略的内容。

从其他人那里得到的关于事件的信息，或者从阅读中获得的相关观点，可能会引导你以稍微不同的方式重建该事件。在重建过程中，你的关注点转移到不同的方面，新的内容凸显出来。如果我们将这些内容记录下来并回顾它们，两次描述之间的差异将会非常显著。

> **示例 2**
> - 当时你这样说、这样做，或没有这样说、这样做，是为了得到什么？
> - 结果如你所料吗？
> - 当某事件发生时，你的感受如何，反应如何？

3. 分析

从不同的角度检查你的反思材料、想法或者笔记，查询材料回答你的提示问题，将你的新发现与你阅读或者训练中预期的结果进行比较，询问自己是否真的有直面自己的动机并接收那些困难的信息。散散步，和同伴谈谈你发现的东西；记下新的想法，睡一觉，安静地坐下来反思，再回顾一遍所有的事情。也就是说，用多种方法处理你的材料，以促进出现新的见解。

示例 3
- 在事件展开时，哪些行动或疏漏最有影响力？
- 意想不到或难以应对的情绪会带来怎样的后果？
- 什么解释或理论有助于你理解该事件？
- 这一事件是否有更深的、当时不显著的根源？

4. 提炼

如果你的分析能够帮助你理解自己的经历，那么下一步——从经历中吸取教训——就会相对容易了。分析可能会让你产生许多想法，它们具有不同层次的意义。从这些想法中筛选出最相关的内容，然后把它们综合成可行的关键点或结论。

示例 4
- 有哪些东西是对将来有用的？
- 起因是什么？你该如何以不同的方式处理这些问题？
- 你处理问题或思考问题的方式对取得预期成果有什么样的帮助或损害？

5. 应用

如果你真的有新的见解，并从中得到了教训，那么合理的下一步动作，就是考虑在忘记这些理解和教训之前，如何运用它们。这可能意味着你需要让其他人参与进来，这样他们才能理解你为什么想以不同的方式做事，并准备好支持你。

示例 5
- 你将把这些见解应用到什么样的情境中？
- 你需要什么支持？
- 你还需要谁的帮助？你如何才能让他们相信那样做的好处？

第 10 节　将反思应用于专业实践

1. 为什么要对实践进行反思？

批判性反思一直被应用于健康相关的专业、看护工作和教育行业中，它的价值在其他领域也越来越多地得到认可，比如在管理和商业领域中。这种认可有许多的原因，例如：

- 它将理论置于有意义的、具体的经验中，让它鲜活起来。
- 承认在非学术环境中获得的知识。
- 在实践经验和学术研究之间架起桥梁。
- 有助于加深对较难工作情况的理解，改进专业实践。

2. 把工作当作资源

工作可以为学习和研究提供许多有意义的资源，但我们必须考虑一些道德方面的因素。

确保工作信息的保密性和匿名性。只有删除姓名和细节信息，让工作环境和个人无法被识别，或得到相关部门和个人的同意，才可以将其作为例子使用。

如果工作的相关文件没有公开，那么使用它就需要获得许可。研究项目很可能会要求你考虑所选择的关注点和将使用的材料涉及了哪些道德问题。

> **提示：对知识基础的反思**
>
> 你在工作中的实践很可能要至少部分地以理论、研究成果或既定的专业知识为基础。你可以通过对它们进行批判性反思，来增强你的专业能力和理解力。
>
> - **选择与你的工作相关的理论或研究成果。**
> - **确定该理论或研究成果在你的工作中意味着什么。** 该理论或研究成果总体上提出了什么？如果将它应用到你的工作中，你希望发生什么？你希望更好地听到、看到、感觉到、经历到什么？
> - **检查是否适用。** 在实践中，该理论或研究成果是否如预期般适用？它们能否阐明你的经历？它们从哪些方面可以帮助（或不能帮助）你理解自己的专业实践？

- **确定可能的原因。** 如果该理论或研究成果似乎没有如预期般适用，它与预期的差异是什么？为什么会这样？例如，你是否使用了与初始研究不同的调查对象？其他条件不同吗？有没有其他的理论可以解释你的发现？
- **支持改变。** 你的反思是否表明现有的工作状态需要做出改变，比如检查流程或调整期望？已有的研究成果或理论如何支持你的案例？

3. 回顾你以前的实践

利用你的批判性反思来质疑你以前的想法、假设和行动。根据你读到的内容重新检查这些。如果你发现这本身就有些困难，思考困难是什么，它们是如何产生的，以及你将如何解决它们。试着与你的老师或上级讨论那些复杂的问题或困难。

第 11 节　反思和专业判断

1. 遵循程序

在临床实践和工作环境中，你通常需要遵循固定的程序或惯例。这对确保每个人知道自己应该做什么以及团队的协作有很大的作用，同时也可以满足健康、安全、质量保证、法定义务等要求。

2. 如果程序不够用

然而，有时会出现一些意外情况，让人无法严格遵循程序，或让遵循程序变得不合适。在这种情况下，你需要做出判断——有时是现场的判断。工作中许多不好的结果之所以出现，都是因为人们对理论和实践的关系没有足够的理解。这意味着他们不清楚：

- 何时偏离了程序。
- 在没有程序的情况下，该怎么做。
- 如何理解现状，以便做出适当的决定。

> 我想给我的女儿阿维开一个银行账户。
>
> 新账户
>
> 好的,先生。我们只需要她的签名和身份证明就可以办理。请问她有驾照吗?

约翰是一个循规蹈矩的人。

3. 做出正确的判断

如果你掌握了支持日常实践的知识基础和与工作相关的背景信息,那么你在需要的时候就会比较容易做出好的决定。你更有可能:

- 了解建立常规程序的原因。
- 了解构成常规程序的假设。
- 能够判断它们是否适用于当前的情境。
- 判断程序本身是否可以被改进或推翻。
- 评估常规程序有哪些方面仍然需要被满足。
- 做出符合当前情况的决定。

提示:反思非常规的行为

下面的提示可以帮助你反思常规反应不合适时你的行为如何。

- 在这种情况下,通常的做法是什么?
- 常规程序的基本原理(即以这种方式行事的原因)是什么?
- 非常规的情况和平时有什么不同,以致很难或不适合遵循常规程序?

- 常规程序中有哪些仍必须要坚持？为什么它们是必不可少的？
- 常规程序的哪些方面可以改进或推翻？原因是什么？
- 你会坚持常规还是改变它？为什么？
- 你的做法效果如何？直接影响是什么？后果是什么？
- 如果这种情况再次出现，你会怎么做？

第 12 节 批判性反思的优劣

根据前面的内容，你应该已经可以判断什么是好的批判性反思。下面这个表格突出强调了好的批判性反思与不好的批判性反思之间的区别。

内容	好的批判性反思	不好的批判性反思
1. 经验	把个人、群体或工作环境作为检验理论、知识的手段，用批判的眼光看待经验。	认为经验本身就是目的。没有充分的理由，却认为个人经验可以应用到他人身上。认为经验等同于洞察力，不批判性地看待它。
2. 个人责任	关注个人的作用（例如对某一情况的猜测、采取或没有采取的行为），也关注个人应承担的责任，且表现出同样的正直性。	把责任转移到他人或环境本身，或只肤浅地考虑个人的责任，因而没有深入地考察行为和结果之间的关系。为与自己没有太深关联的事情假想个人责任或感到内疚。
3. 关注点	选择一个关注点，例如一个特定的时间段、一系列活动、某种类型的事件或者相互影响的例子。	漫谈或涵盖了太多的维度，所以不清楚什么是反思的关注点。
4. 规模	关注点足够宽泛，它可以带来挑战，也能够提供有意义的见解，同时能在时间和字数的限制内被合理地探讨。	要么过于狭隘而无法得出需要的观点，要么过于宽泛而无法进行深入研究。

（续表1）

内容	好的批判性反思	不好的批判性反思
5. 方向	无论以什么方式开始，好的批判性反思都会在找到关注点之后确定一个方向。	漫谈或跳来跳去，而不是寻找方向。
6. 深度	深入研究：收集最初的想法或简介，进一步分析它们，以获得更深刻的理解或更广泛的应用。	肤浅，没有表现出任何对深入理解的兴趣。
7. 挑战	通常属于较困难的领域，比如处理个人难以解决的问题，或无法被简单处理的问题。	倾向于停留在安全区，或用肤浅的方式来处理困难的问题，没有更深的理解。
8. 理论	运用相关的理论观点、研究成果或已有的专业知识，并说明它们如何有助于理解问题。在相关的前提下，将特定事件与更广泛的社会和政治问题联系起来。	只提及个人的想法、经验和轶事，或肤浅地参考理论和研究成果。
9. 批判性	用探索、批判的眼光看待反思的关注点以及所有的理论和信息来源，从而产生对问题的洞见。这种批判性（比如质疑自己的观点或行为，展示自己的经验如何支持或挑战现有的知识）可以帮助反思者进一步理解核心问题。	主要专注于描述环境、内容或事件。可能会进行一些批判性分析，但这些分析不足以增进对核心问题的理解。
10. 洞察力	它帮助人提高自己的理解力，从而让人更能够了解自己的处境、工作或研究，进而更好地管理它们；帮助人以不同的方式行事，让人可以把自己的理解运用到新的语境中；等等。	在剖析环境或问题以及自我认知方面没有表现出什么进步。

（续表2）

内容	好的批判性反思	不好的批判性反思
11.终点（归纳出的结论）	它在过程中可能会把人带往许多不同的方向，但到最后的时候，反思者会更进一步，总结他们从反思中学到的关键信息，并将之归纳为结论或建议。	读起来更像是对一个过程或者漫无边际的自由联想的描述。学到的经验教训并没有作为结论或建议被清楚地提出来。
12.受众（如果要分享反思）	如果要在学术、工作或公共环境下使用批判性反思，反思者会以书面的形式表明自己已恰当地考虑了道德问题且已掌握了自己使用的体裁或学术惯例。保密问题也已得到妥善的处理。	在提交或公布反思成果时，没有采取措施解决信息的保密性问题，也很少考虑如何使反思成果更易于他人阅读。

> **反思：你的批判性反思质量如何**
>
> 根据表格的内容，评估你自己的批判性反思。
> - 你的批判性反思有哪些优点？
> - 有哪些方面是你需要改进的？

第13节　向他人展示你的反思

1. 日志、博客、日记

初始的反思，可能主要是作为第一阶段反思被写在日志、日记或博客里。如果你需要将这些反思以作业的形式提交，那么请遵循第3节中"受众"部分的要求，阅读你的反思资料，然后对之做出适当的修改，删除那些你觉得不适合提交的部分。如果你的初始反思很长，那么最好编辑一下，或者让重要的部分凸显出来，以帮助你的受众理解反思的整体，辨认出最相关的内容。

2. 反思性总结或论文

通常，你需要写一篇批判性的反思总结、论文或者报告。这往往是最重要的任务，值得花费时间和注意力，以公正地展现你所学到的东西。下面几点很重要：

（1）学术惯例

确保你遵循了常规学术惯例。

（2）引用理论与研究成果

你可能已经在第一阶段反思中参考了不同的理论观点，或者在项目报告中提供了研究背景的纲要。但是，更重要的是，你需要在自己的反思性总结或论文中，将这些背景理论与自己的反思联系起来，用批判性的眼光看待它们，表达清楚它们如何影响了你的反思与实践。

示例：运用理论

例1：商科学生

在采访这些参与者的工作经历时，他们的私生活细节会浮现出来。我没想到自己会那么焦虑。史密斯（1992）认为，对于敏感话题，应该有一位经验丰富的共同领导者在场，"以充分监测群组的舒适度"。我原以为共同领导者只是商业环境下的极端职位，但这些采访让我重新思考这个问题。对于史密斯的观点，我不能认同的是，让一个人只作为共同领导者在场，可能会让小组的人觉得不舒服——让他们觉得自己被监视了。或许还有一种办法，即一次采访两个人……

例2：教育学学生

许多作者在喂食与教学之间建立了联系（科伦，1997；威廉姆斯，1997）。扎尔茨贝格尔-威滕伯格（1983）指出，学习和消化过程相似，即摄入、吸收和生产……在教育领域，"填鸭式灌输"经常被用来比喻糟糕的实践，带来肤浅的学习和"反刍"。我反思自己的教学，认为这个过程比我想象的要复杂得多。我将证明……

（3）应避免的常见错误

在联系理论与实践时：

- 避免在论文的开头段落中引用所有理论，然后忘记它。如果你一开始就总结了研究成果，要确保在论文后续的相关处回顾它。
- 避免引用那些与你的反思没有关联的理论。

- 避免长篇大论地复制理论的内容，如弗洛伊德说了什么，又说了什么，还说了什么。应该具体说明理论或研究成果对解释某些事情有什么样的作用或有什么局限性。

本章小结

本章从不同的角度来审视批判性思维，将关注点转向你自身的行为。这种批判性反思在学术和专业领域都得到了越来越多的应用。

批判性反思是具有挑战性的，它要求你分析自己的行为和假设，将它们与更广泛的理论、研究与专业背景联系起来，并且做到诚实、正直，即使材料本身很困难或会暴露出我们行为的某些不完美。

此外，还需要筛选初始的反思，提取关键的经验教训，并将之与理论、实践联系起来，最后所有这些都需要通过学术写作惯例呈现给他人。在这一过程中，材料很可能会对你个人产生挑战，可能会唤起一些不适的情绪和感受，需要好好处理。

如何形成好的批判性反思，似乎令人很难捉摸。动力可能是个问题，以连贯的方式平衡不同方面可能也会让人感到困难。本章提供了解决这些问题的方法。它将反思活动分为不同的时期和阶段，给出示例，以便你了解应该做的事情，并提供循序渐进的方法和实用的工具。你可以使用这些方法和工具，并根据自己的批判性反思进行调整。

如果能够将上面的内容融会贯通，你一定会有巨大的收获。那些深入参与这一过程的人常常会发现，自己在相对较短的时间内，从初始的、肤浅的观察，到对自我、对学习、对自己的职业角色有深入而成熟的理解，甚至对如何让事情变得更好以及自己在世界中的存在方式都有了更完善的结论。

资料来源

Borton, T. (1970) *Reach, Touch and Teach* (London: Hutchinson).

Boud, D., Keogh, R. and Walker, D. (eds) (1985) *Reflection: Turning Experience into Learning* (London: Routledge).

Coren, A. (1997) *A Psychodynamic Approach to Education* (London: Sheldon Press).

Cottrell, S. (2010) *Skills for Success: The Personal Development Planning Handbook*, second edition (Basingstoke: Palgrave Macmillan).

Cottrell, S. (2015) *Skills for Success: Personal Development and Employability*, third edition (London: Palgrave).

Driscoll, J. (1994) 'Reflective Practice for Practice'. *Senior Nurse*, 13 (7), 47–50.

Gibbs, G. (1988) *Learning by Doing: A Guide to Reading and Learning Methods* (Oxford: Further Education Unit, Oxford Polytechnic).

Johns, C. and Freshwater, D. (1998) *Transforming Nursing through Reflective Practice* (Oxford: Blackwell Scientific).

Salzberger-Wittenberg, I., Williams, G. and Osborne, E. (1983) *The Emotional Experience of Learning and Teaching* (London: Karnac Books).

Smith, L. (1992) 'Ethical Issues in Interviewing'. *Journal of Advanced Nursing*, 17, 98–103.

Williams, G. (1997) *Internal Landscapes and Foreign Bodies: Eating Disorders and Other Pathologies* (London: Tavistock Clinic Series, Duckworth).

第十三章

对未来职业和就业能力的批判性思考

学习目标

- 了解如何将批判性思维应用到自己的专业和职业发展中。
- 能够在求职过程中运用批判性思维。
- 认识到批判性思维对雇主的价值。
- 了解如何向雇主清晰地传达自己的批判性思维能力。
- 批判性地评估自己的表现以助于求职。

概述

批判性思维能力在国内外的工作场所都很受重视，对你的职业发展和在就业市场上的成功至关重要。

这意味着你很有必要留出时间，用批判性分析和反思的方法来考虑工作世界和你在其中的位置。你可以集中思考一些关键的问题，如：

- 你是否正在为实现更长远的生活、职业或工作目标而思考应该考虑的问题？
- 你的职业道路会是什么样的？
- 你应该申请什么样的工作？
- 你的求职申请是否达到了预期效果？
- 你从求职经历中学到了什么，对未来有什么帮助？

第1节　批判地思考生活和规划职业

1. 工作决策的重要性

随着劳动力市场趋势的转变，大多数人在找工作时都需要更新他们的求职技能。有时候，退后一步，批判地全面思考自己的生活和工作决策会很有用，因为你可能已经与之前有所不同。

你对工作的决定几乎会影响你很多年的生活：

- 每天在哪里做什么。
- 遇到什么样的人。
- 会进行什么样的对话。
- 开启或关闭的生活机会。
- 衣食住行，所见所闻所感。
- 空闲时间。
- 健康、愉悦和幸福的状况。

所以你需要花时间思考，自己对工作和职业的决定会在哪些方面影响到生活，以及你希望自己的工作在人生中占据什么样的地位。

2. 对你来说，什么最重要？

宽泛地思考自己想要从生活中得到什么，可能看起来很抽象，尤其当一个人只有几个工作岗位可以选择的时候。然而，你可以通过批判性地思考自己的长期目标、实现它的途径，以及当前的决定会对它有怎样的影响，来帮助自己改善短期决策。

最终，你对职业道路的决定会成为独一无二的东西，是你综合考虑过家人、朋友、生活方式、工作状态等问题之后的成果。例如，如果你很有创造力，

或从事体育、社区工作对你很重要，那么你就需要检查自己申请的工作是否有助于实现这些内容。如果你需要照顾家人，就要考虑经常出差、时间不规律的工作是否适合自己。

3. 理解承诺

虽然一份特定的工作可能在短期内适合你，但在你研究它对你每天生活的真正意义之前，承诺从事一份工作是不明智的。如果你不喜欢随之而来的人、事等，那对一份听起来很有声望或很高薪水的工作感到兴奋就没有太大意义。

> **反思：生活方式和价值观**
> - 在使用时间时，你最看重的是什么？什么样的工作适合它？
> - 在哪类工作中你最有可能遇到自己喜欢的人并与之共事？
> - 对你来说，还有哪些重要的价值观会影响你的职业决定？

4. 下一步要做什么？

这是第一个重要的问题。许多毕业生需要一年或更长的时间来试验工作、地点和生活方式。有些人空出一年来旅行，发展他们的创新实践，或者做实习生、志愿者。如果你还不清楚自己到底想做什么，这样的方法会很有帮助。

然而，即使你对未来的职业生涯有很明确的概念，停下来批判性地思考自己的未来仍然是有用的。想一想该职业路线对你是否仍然是最合适的，它是否能够激励你，让你更有动力。如果你的思考仍旧支持该职业路线，那当然很好；但如果你发现了一些不确定性，那在进一步投入该职业之前，要更谨慎地思考这些问题。

> **反思**
> - 毕业之后的第一年，你可以选择哪些生活方式？
> - 你想毕业之后直接工作吗？还是想要先休息一下再开始职业生涯？你想要自己创业吗？还是想要继续深造？

如果你不确定这些选择对你的职业发展有什么样的影响，请向你所在大学或学院的职业顾问咨询。他们会帮助你探索你的选择。

5. 最终角色

如果你确实对自己希望在职业生涯的顶峰时期完成的工作或扮演的角色有明确的认知，你会比较有方向感。这样的话，和大学的职业顾问谈谈你最有可能通过什么路径来实现自己的目标。

> **反思：规划理想的职业角色**
> - 你的职业或职位目标是什么？
> - 为此你需要哪些资格证明？满足这些资格需要多长时间？
> - 哪些过渡性的工作可以帮助你达成目标？这些过渡性的工作分别需要花多长时间？
> - 实现你的目标需要哪种类型的时间表？

6. 什么行业，什么职业？

如果你已经通过学习获得了某个专业领域的资格证明，你可能希望继续沿着这条路线前进。不过，如果这个领域是你不喜欢的，那么就运用你的思维技巧分析就业市场，寻找其他适合你的特质与能力的工作。

相反，如果你想在一个特定的行业工作，而你的学位似乎无法通往该领域一个明确的职位，这个行业很可能还有许多其他好的职位需要你的技能。大多数企业，不管是金融、艺术、服务还是工程，都需要一系列的技能：技术、管理、计算机、创意、营销等。大概有一半的应届生岗位是对所有专业的毕业生开放的。

> **拓展练习：劳动力市场研究**
>
> 找出：
> - 与你感兴趣的工作相关的最佳网站。
> - 这些职位的数量、所在地，以及一般的起薪。
> - 这些工作需要哪些技能和特质。

第 2 节 自我评估：批判地思考你的职业道路

无论你是否已经拥有一份工作，知道从何处开始思考职业道路都是一个挑战。每个人的起点都不同。当你的成绩进步时，或是当你在某个特定领域尝试一份新的工作时，你可能会对自己的职业选择有不同的感觉。自我评估可以为你提供一个有用的起点。

批判地评估下面的陈述，思考你的反应，可能会让你注意到以前忽视的内容。对评分进行反思，可以帮助你知道自己的职业道路与应该采取的行动。

下面的自我评估表格为批判性反思提供了一个起点，让你可以根据关键内容分析自己的职业意识。

- 阅读下面的各个陈述。
- 在 0—4 的范围内给自己打分，0 表示"完全错误"，4 表示"非常正确"。
- 边打分边记下你的想法，比如你可以采取的行动、要调查的事情，或者你可以跟职业顾问进一步沟通的事情。

A	职业和生活方式的选择	评分 ☹ 0 1 2 3 4 ☺	你对评分的想法和观察
1.	你深入且仔细地考虑过什么样的工作最适合你。		
2.	你对自己想要走的职业道路有很好的认知。		
3.	你对自己想要的生活和生活方式，以及适合这种生活和生活方式的工作有很好的认知。		
4.	你知道自己感兴趣的工作有哪些要求。		
5.	你很清楚什么样的工作符合你的需求。		
6.	你很清楚所有毕业生都可以选择的那些工作。		
7.	你很清楚只有自己这种学位的毕业生才能找的工作。		
8.	你很清楚自己是更愿意为雇主工作还是创业。		

B	资质	评分 ☹01234☺	你对评分的想法和观察
1.	你很清楚自己想从事的职业需要具备哪些资格证明。		
2.	你目前正在学习适合你想要的工作或职业的课程。		
3.	你知道为了达到你的目标,你可能需要获得更多的资格证明。		
4.	你知道与你感兴趣的职业有关的专业团体的要求。		

C	工作经验	评分 ☹01234☺	你对评分的想法和观察
1.	你知道如果以前有过工作的话,你就更有可能得到面试机会。		
2.	你知道如果你已经在工作了,你更有可能得到面试机会。		
3.	你已经有了良好的工作经验记录。		
4.	你已经很好地理解了"现实生活"中工作岗位的需求。		
5.	你有与你感兴趣的职业或工作相关的工作经验。		

D	技能	评分 ☹ 0 1 2 3 4 ☺	你对自己评分的想法和观察
1.	你有很多可以借鉴的技能和经验。		
2.	你很清楚如何用雇主可以理解的方式表达你现有的技能。		
3.	你知道在你感兴趣的工作领域，雇主需要什么样的技能。		
4.	你有很强的书面沟通能力。		
5.	你已经纠正了自己在使用语法和标点符号方面的所有问题。		
6.	你有经营自己的事业所必需的技能。		

E	申请工作的经验	评分 ☹ 0 1 2 3 4 ☺	你对评分的想法和观察
1.	你知道去哪里找感兴趣的工作。		
2.	你成功申请过工作。		
3.	你从找工作的过程中学到了很多东西。		
4.	你知道如何选择适合自己申请的工作。		
5.	你知道如何写出一份有力的求职简历。		
6.	你知道如何在评估时好好表现。		
7.	你知道如何在面试中有好的表现。		

第 3 节　批判地思考你的职业——采取行动

批判性地思考职业生涯，一个重要的方面是承认自己行动的力量，或者说作用。这会影响你的职业选择和最终的结果，在关键时刻尤其如此，比如在大学毕业时或在职业生涯的十字路口时。在下表的事项中打"√"，列出你认为目前对你有用的行动。

职业准备"待办事项"清单	从职业准备"待办事项"清单中选出的优先事项
☐ 见学院或学校的职业顾问。	1.
☐ 使用专业文本来帮助你更深入地发展你的职业技能。	
☐ 检查你是否具备期望的职业道路所需要的资格证明。	
☐ 浏览求职网站，了解开放的工作岗位以及这些岗位对资质的要求。	2.
☐ 了解雇主对毕业生能力的更多看法。	
☐ 获得工作经验，任何经验都可以（如果近期没有工作）。	3.
☐ 获得相关领域的工作经验。	
☐ 看看校园里有没有工作机会。	
☐ 了解更多关于创业的信息。	4.
☐ 了解如何提升和发展自己目前的事业。	
☐ 看看是否有一个自己可以学习并能够作为课程构成部分的企业模块。	5.
☐ 了解你正在学习的企业推广的奖励和计划。	
如果现在正在工作：	
☐ 更有效地利用工作中的员工评估或考核方案。	其他（列在这里）：
☐ 考虑在现有的工作环境中晋升。	
☐ 和雇主谈谈你在工作中的发展机会。	
☐ 善用雇主的培训计划。	
☐ 对平常工作以外的、会提升你的经验的工作表现出兴趣。	
☐ 寻找展示主动性和承担责任的方法。	

第 4 节　在求职时运用批判性思维

可能你第一次申请工作就获得了成功,这是很好的。不过通常并不会这样,尤其是在你期望找到非常好的工作的时候。

求职失败可能会耗尽你的动力,甚至破坏你的自我价值感。

通常,你在申请工作时会面临许多的压力,可能是生活的改变,需要谋生或获得更高

的收入，要向他人证明自己。在这种情况下，你很可能陷入这样一个过程——申请许多工作，花费时间在成功机会很小的工作上。

将批判性能力运用到找工作的各个阶段，可以帮助你更有效地利用你的时间和精力，获得一种专注的方法。这可以让你拥有更大的控制感，并增加成功的机会。

其实并不一定要这样。

- 根据信息评估你的最佳工作选择，花时间选择合适的职位空缺。
- 使用线索：仔细检查"任职要求"和其他雇主提供的信息，确定雇主在寻找什么样的人；使用这些信息，以便做出有力的申请。
- 批判性阅读：根据求职岗位对个人责任的要求，明智地解释个人资质。
- 选择能够说明你的特质的最佳证据，以匹配任职要求。
- 检查你是否已经证明，根据个人资格，该岗位应该考虑选择你。

关于这在实践中意味着什么，下面将提供更多的细节。如果你已经申请过工作，请考虑你是否在申请流程的每个阶段都使用批判性能力以达到最佳效果。

第 5 节　批判地考虑最适合你的工作

1. 你在寻找什么？

在开始申请工作之前，请仔细考虑对你来说工作中什么是至关重要的。这就像在学术研究中进行信息检索一样，如果知道自己在寻找什么，就更有可能找到自己想要的。

2. 哪种工作最适合你？

- **为自己工作或为他人工作**。你更适合创业吗？你想为一家大公司工作吗？还是更想在小公司？你更喜欢私营企业、公益项目还是公共事务部门？
- **工作类型**。你在找的是能够与自己的毕业学位相契合的工作吗？还是想要找一份能够培养经验、专业知识和技能的入门工作？是读书时的兼职吗？还是想要在现有的职位基础上晋升？

- **职位和部门**。这次你的目标职位是什么？你不考虑接受什么样的职位？有没有你更偏好的部门或你不考虑接受的部门？
- **地理位置**。你准备在哪里工作？不考虑去哪里工作？多长的通勤时间或出差量是你可以接受的？
- **财务状况**。你的期望工资是多少？比较现实的预期工资是多少？你能接受的最低工资是多少？
- **工作环境**。你想要什么样的工作环境？你认为工作环境中哪些价值观最为重要？什么样的价值观是你不能接受的？对你来说，提高利润、服务客户、专业性、团队合作或社会责任之类的价值观有多重要？它们能让你更兴奋，激励你做得更好吗？
- **生活方式**。你准备在什么时间段工作？你打算晚上或周末工作吗？你接受每天通勤吗？你想出差吗？

> **反思：恰当的工作类型**
> - 以相反的方式向自己提问，并记录下你的答案。哪些因素对你最重要？
> - 考虑你的答案对你找到适合自己的工作有什么样的启发。

3. 申请工作前有效利用时间

批判性地阅读所有与你考虑申请的工作相关的信息。在确定申请之前，请充分反思"证据"。

> **提示**
> 在花时间申请一份工作之前，请考虑你是否可以对以下所有问题说"是"（√）。
> ☐ 你对这份工作有充分的了解吗？
> ☐ 这真的是你要找的工作吗？
> ☐ 它能否满足你的最低要求？
> ☐ 你能想象出自己任职的样子吗？
> ☐ 你是否有资格胜任这份工作——你是否符合任职要求？
> ☐ 你真的能完成该岗位的工作吗？

> ❏ 在面试时，你是否能够以令人信服的方式，表达出你想要得到这份工作，并且能够胜任这份工作？
> ❏ 如果录用你，你真的会接受这份工作吗？
> ❏ 你可以通过这次的申请过程学到很多吗？
> ❏ 在这次申请上花费时间值得吗？

第6节 使用线索：雇主提供的信息

1. 进入雇主心态

在整合你的求职材料时，试着把自己带入雇主的角色，运用批判性思维能力来考虑：

- 雇主想雇用什么样的人？
- 一旦求职成功，雇主对应聘者的期望是什么？
- 雇主将如何利用自己的批判性能力来选择自己想要的求职者？
- 忙碌的雇主会如何"淘汰"最不合适的求职者，以便花更多的时间考虑看起来合适的求职者？
- 通过上面的思考，你认为求职材料中应该包括什么、强调什么？

2. 雇主想要什么：线索

雇主是忙碌的人。他们既不想浪费自己的时间，也不想浪费求职者的时间。他们会为求职者提供信息，以便求职者做出合适的选择。他们希望求职者能够仔细、批判性地查看：

- 招聘广告。
- 工作职责描述。
- 任职要求。
- 背景信息。

通常，雇主会希望看到你：

- 能够找到可用的信息。
- 理解这些信息的含义。
- 能够根据工作角色解释这些信息。
- 有效、一致地使用信息。

3. 招聘广告

初始招聘广告中的概要信息可能指明了下面的内容：

- 出现这份工作需求的原因。
- 工作所属组织的目标。
- 与该岗位相关的资历水平。
- 该岗位的级别和范围。
- 对该岗位最重要的个人特质和性格特征。

4. 工作职责描述（job discription）

它告诉你，求职成功后，需要做哪些事情。批判地阅读它，以决定：

- 它对你来说是不是一份合适的工作——还是比目前适合你的职位更高或更低。
- 你是否可以一开始就"投入到业务运作中"，履行几乎所有的重大责任。雇主通常不希望听到有人需要经过训练才能胜任工作。他们更喜欢"准备好"的人。

5. 任职要求（person specification）

任职要求是你在写申请资料时最需要关注的地方，因为它通常就是雇主用来选择候选人的标准列表。运用你的批判性阅读能力，分析在该工作岗位的背景下，每一项要求具体意味着什么。

- 你是否满足任职要求中所有的"基本"要求？如果你能够明智地解释自己如何满足这些要求，你就有合理的机会进入下一轮应聘流程。最终，最符合任职要求的候选人将得到这份工作。
- 仔细考虑你在哪些方面可以满足在任职要求中被表述为"理想候选人"的内容。如果有许多候选人都符合基本要求，这些"理想"的要求将决定谁会得到该工作。

6. 背景信息中的线索

- **申请程序**：它传达了公司和岗位的哪些信息？
- **雇主网站**：关于公司价值观、使命、结构、战略、计划、财务报告，你能了解到什么？

- **公共信息**：互联网上可能有关于雇主的有用信息，如社交网站，以及政府机构或慈善委员会持有的信息。

第 7 节　求职者的错误

知道其他人的错误之处，可以为你在申请工作时运用批判性分析能力提供指导。

1. 不使用现有的证据

（1）没有仔细阅读招聘材料，也没有批判性地思考特定岗位需要做什么。

（2）联系雇主以获取招聘程序里或网站上已提供的信息。

（3）在面试时问一些自己能找到答案的问题。

（4）其申请资料或回答表明他们误解了该工作的真正内容。

2. 不遵守指示

（1）没有严格遵守关于如何填写申请表的指示。

（2）不提供需要的文件或提供不需要的文件。

（3）在截止日期后提交申请。

（4）没有及时到达评估中心或面试地点。

（5）没有准确回答面试中提出的问题。

3. 以给雇主添麻烦的方式"走捷径"

（1）其做事方式给雇主带来不便，增加了雇主处理求职申请的时间。

（2）没有在指定位置向雇主提供简历、附件或工作案例。

（3）要求雇主做出特殊安排，如更改面试日期或使用特定软件，而不是调整自己的个人安排。

（4）在一个回答中囊括任职要求的多方面问题。这会让雇主很难找到要点，可能会忽略重要信息。

4. 空洞的阐述

（1）复述任职要求，却没有给出具体的例子。例如，如果雇主要求"优秀的社交能力"，他们会说"我的社交能力很好""人们都说我社交能力好"，或者"工作要求我拥有好的社交能力"。没有足够的证据可以证明他们的论述。

（2）用世界观、信念或价值观之类的宽泛陈述来回答专业的问题，而不是举例说明他们如何通过工作经验来处理这类问题。

5. 细节模糊

（1）没有给出细节，以证明他们满足基本的任职要求。

（2）用"我们"或"团队"之类的语词进行指称，雇主无法判断他们的个人贡献。

（3）省略了能使雇主充分了解其资历和能力的细节。

6. 言行不一

（1）声称自己社交能力强，但实际表现却并非如此。

（2）声称自己非常细心，但自己的求职材料却措辞不当，甚至包含错误，没有好好检查。这会降低他们的可信度，并被视为不符合任职要求的证据。

7. 不够关注细节

（1）求职材料没有涵盖任职要求的全部方面（因此失去了一些得分）。

（2）求职材料缺乏应填写的信息，如到职日期、预期工资、资格证书、推荐信等。

（3）工作经历不完整——给雇主留了想象空间。

（4）犯了低级错误，比如拼写错误，或者把公司名字弄错了。

8. 对自己比对雇主更感兴趣

（1）描述自己的能力和素质，但没有向雇主说明这些能力和素质与所申请的工作有何关系。

（2）描述的长远目标与企业利益不符。

（3）对假期和福利过于感兴趣，或是在招聘信息中已经说明的情况下询问假期和福利。

（4）申请全职工作，同时已经有其他的工作——说明他们无法全身心投入工作。

（5）更关心找到工作，而不是某个特定的雇主或职位。

（6）在面试中声称自己没有时间好好准备简历或了解应聘岗位的信息。

（7）仿佛在责备雇主，比如很难找到相关信息。

（8）对企业的性质、企业对员工的要求不敏感或无知。

9. 没有申请合适的工作

（1）申请的岗位明显高于自己目前的能力水平。

（2）申请薪水远高于自己目前水平的岗位（这通常是需要有丰富经验的高级职位）。

（3）认为只要自己关心某个领域或有一定的生活经验，就能够做到需要特定技能或工作经验的工作。

（4）申请自己并不真正感兴趣的工作，因而无法说服雇主相信他们想做那份工作。

10. 不修改申请资料

（1）重复使用之前的申请资料，没有根据岗位情况做出修改。

（2）申请资料中包含为申请其他岗位撰写的细节信息。

（3）只寄一份标准版的简历。

（4）简短地回答申请表中的问题，期望雇主自行补充其他信息。

（5）在面试中提供不完整的信息，期望雇主自行查找。

练习：求职者的错误

根据上面概述的错误，判断下面求职者的错误之处，并给出你的建议。请注意，下面的每位求职者可能会有多个错误。

例文 13.1

塞里纳

现在是 4 月，塞里纳正在申请一所小学的教师职位。她是今年即将毕业的学生，有教师资格证。该小学的招聘广告上说，4 月 20 日晚上，学校会开放给感兴趣的应聘者参观，且应聘成功者将在

8月14日正式开始工作。塞里纳和她的朋友们已经预定好了，9月份要到海外度假3周。她联系雇主，询问：

- 学校是否考虑接受新教师？
- 申请工作前是否可以在周末去参观学校？
- 如果应聘成功，是否可以10月再正式开始工作？

例文 13.2

阿尔诺

阿尔诺是体育新闻专业的应届毕业生，他一直都没有找到一份适合自己的工作，所以正在扩大自己的求职范围。他申请在一所大学的学生服务部门担任副主任的工作，该岗位要求任职人员在管理服务项目预算、领导学生服务方面（例如咨询服务、残疾人帮扶、理财建议、住宿管理、国际办公室等）有丰富的经验。阿尔诺没有这方面的具体经验，但他写了一份详细的申请资料：

- 他刚刚毕业，因而对学生的需求有很好的理解。
- 他曾管理过学生柔道协会，有领导经验，能够激励他人。
- 他管理过柔道协会的预算（500英镑）。
- 大学暑假时，他在学校的国际办公室兼职。

例文 13.3

金

金是一名商业管理专业的大四学生，他很希望找到一份工作。他写了几十份求职申请书，其中的一份是申请做起亚控股公司（Kiaru Holdings）的实习生。该岗位任职要求的第五项是"独立工作和团队协作能力"。金对这部分的回应是：

> 有人跟我说，我很好相处，我也喜欢与人一起工作。我以学生的身份参与过几个需要良好团队协作能力的项目。我热衷于体育运动，是好几个社团（比如无线电协会）的活跃成员。我相信自己可以将这些能力转化，用到起亚控股公司（金的拼写是"Kairu Holdings"）的实习岗位中，成为一名优秀的团队成员。

> **例文 13.4**
>
> **莉齐**
>
> 莉齐是一名社会政策专业的学生，她在申请 Gener8 公司的工作。该公司位于首都附近，是一家大型的国际能源公司。招聘广告要求求职者在网上提交一份申请表，并附上求职信，但不需要提供简历。该岗位的任职要求包括：
> - 有学士或以上的学位，不限专业。
> - 出色的社交能力。
> - 愿意出差，能够接受弹性工作时间。
>
> 在求职信中，莉齐写道：
>
> > 遇到这样的工作机会让我很兴奋，因为我一直想要留在首都生活。我在一个小镇长大，但大学是在大城市读的。我真的很喜欢城市生活，所以愿意搬到首都。我将于今年夏天毕业，以高级的二等荣誉获得社会政策专业的学士学位。我很想在 MTZ-Co 工作。我很愿意附上我的简历，其中概述了我在校学习期间获得的技能，还有 18 个月兼职商店主管、10 个月志愿做护理人员的经验。
>
> 答案见 398—399 页

第 8 节　雇主对批判性思维能力的需求

1. 全球性的需求

世界各地的雇主都在寻找具有优秀批判性思维能力的毕业生，他们能够带来开放的思想，能够进行自我反思，能够灵活地在多个视角中切换，并颠覆传统的思维习惯（戴蒙德等人，2011）。

在英国，近年来对雇主的调查表明，雇主对员工的批判性思维和相关能力有持续的需求（英国工业联合会，2009；洛登等，2011）。

2013 年，美国的一项重要调查发现，超过 93% 的雇主更看重雇员在批判性思考、解决问题以及沟通效率方面的能力，而不是他们的在校成绩。截至 2014 年 6 月，美国招聘广告中对批判性思维能力的需求量比 2009 年增加了一倍（科恩，2014）。

在印度，招聘公司注意到全球不同工作场所对批判性思维能力的要求存在差距（费希尔，2012）。

中国的雇主正在寻找具有"软技能"的员工，比如沟通、创新和主动解决问题的能力。这些能力的匮乏与批判性思维能力的缺陷有关（钱等人，2015）。中国一流的国际本科学术互认课程（ISEC）确认了批判性思维能力的重要性，将批判性思维能力作为8个核心内容之一纳入课程中。

2. 批判性思维对雇主的意义是什么？

在形形色色的招聘广告和任职要求中，雇主们会以不同的方式使用"批判性思维"这个词语，这说明，确认批判性思维在不同语境中的具体含义是非常重要的。

根据工作岗位的不同，雇主可能需要员工可以这样运用批判性思维能力：

- 用批判性的眼光概览全局，快速发现问题和机遇，并主动寻找切实可行的创造性解决方案。
- 批判地反思个人实践并做出改进。
- 快速又合理地评估现状与各种信息，做出好的工作决策。
- 批判地审视商业计划、建议、设计、政策变更等内容。
- 分析数据，找出重要的内容。
- 能够接受新观念和新视角。
- 系统地分析与企业相关的各种事项。

不管是什么样的职位，雇主都会更看重那些能够聪明地进行思考的员工，这些人知道什么时候需要进一步调查某个问题，什么时候又需要做出尝试。雇主们希望自己的员工可以很好地推进工作，在企业语境中批判地运用常识，而不是来询问自己。

雇主需要的这种能力与思维有关，它要求人能够从不同的角度思考问题，构建并尝试不同的想法或假设，搜集信息，根据恰当的证据做出正确的决定。这也就是说，雇主们需要那种通过学术锻炼或批判性反思专业实践而发展起来的技能。

第9节 如何在工作中应用批判性思维？

不管是在哪个领域，批判性思维都处在绝大多数毕业生工作的核心位置。它支撑着一系列相关的技能及个人素质，比如：

- **解决问题的能力**：构想出一系列的解决方案并进行评估，然后选择最合适的方案。
- **在压力之下做出决策的能力**：批判性思维能力越强，就越能够快速地分析形势，做出最佳决策。
- **更好的沟通能力**：理解自己需要做的工作，会让你能够更清晰地与同事或其他人（如顾客、患者、赞助人）交流。
- **更好的共情能力**：好的批判性思维能力会帮助你多角度地看待事物，更能够理解其他人的观点。这在那些社交关系处于中心位置的行业中尤其重要，比如服务、销售、护理等行业。
- **增强信心**：能够在各种场合灵活运用批判性思维能力，会让你对完成工作更加自信。

> **反思：流动的批判性**
> 你是怎样系统地将自己的批判性思维能力应用到新情况、新问题中的？

最开始在通信部门工作时，我其实没有任何类似的工作经验。学生时代，我在分析文本方面有很好的基础，所以我决定把同样的基础批判能力用到工作中。

大部分时间，我只需要向自己提批判性的问题，比如"这里我们想要传达什么信息？""需要为新受众改变传达方式吗？""表格看起来很好，但它对我们要传达的信息有帮助吗？""有什么证据表明人们与我们使用同样的媒体以获取信息？"

> 我是一名护士，我做的每件事都需要观察、分析、评估，然后采取行动。如果病人告诉我，他们很痛苦，我的脑袋中就会快速出现一系列的内容：
> - 痛苦的根源在哪里？是已知的问题，还是有更深层次的原因？
> - 患者的疼痛是否有躯体表现，比如流汗或手部扭曲？
> - 他们上一次服用止痛药是什么时候？现在给他们服用止痛药会有什么样的影响，会过量或会有副作用吗？
> - 病人现在正在经历着什么？我可以通过和他们交谈几分钟或建议他们冥想来缓解他们的疼痛吗？

第 10 节　向雇主展示批判性思维能力

1. 雇主是怎样检测批判性思维能力的？

如果雇主关注批判性思维能力，他会通过以下内容来了解你的表现：

- 你如何申请工作，该过程是否能反映出你的批判性思维能力。
- 你如何看待批判性思维与工作的关系，尤其是与他们的业务的关系。
- 你举了哪些批判性思维实践的例子。
- 他们是否可以信任你能够明智地思考工作中可能出现的各种困难和问题。

2. 用关联的方式表达优势

在申请要求批判性思维能力的工作时：

- 理性地思考这份工作有哪些要求。你每天要处理什么样的问题？你将如何利用你的批判性能力处理这些问题？
- 找出你在工作中需要用到批判性能力的例子，比如分析数据、撰写报告、调查问题、确定解决方案、反思你与他人协作的方式等。
- 对比你运用批判性思维的方式以及这份工作所需要的方式，并在面试中将这种对比呈现出来。
- 尽可能精确地让你的能力与工作相匹配，尤其是在工作量和复杂度方面。

3. 批判性思维与共情能力

有些工作可能会要求你共情地使用批判性思维能力。在申请工作的过程中，雇主可能会期待看到：
- 你是否能够意识到他们的业务需求。
- 你对顾客、客户、患者或利益相关者的理解，你的经验和技能对他们有什么样的价值。
- 你对他人的体贴程度，你的需求以怎样的方式影响他人。
- 你如何应对困难的处境，以及在较难的处境中，你如何应对他人的需求和感受。

4. 批判性和前瞻性思维

在需要批判性思维时，有的雇主会寻找这样的员工：
- 积极地概览全局，发现机遇和问题。
- 能够在平衡潜在利益与风险的报告中呈现出机会。
- 提前思考，找出可能会出现问题的地方。

提示：证实你的言论

使用证据，证明你的批判性思维能力。好的申请资料应该：
- 包括至少一个详细的例子，与两三个其他例子一起，说明你在何时何地最好地展示了该特质。
- 如果可以的话，用一句话总结其他示例，证明你能力的广度。
- 措辞简洁准确。

例如：

在为公众准备我个人的艺术作品展时，我运用批判性判断来选择效果最好的作品。我想让当地人参与进来，这可

> 以反映出我在何地如何推广展览的。我说明了这项工作对社区的意义，这一点很成功，带来了良好的出席率并获得了积极的反馈。

第 11 节　检查表：求职时的批判性自我评估

使用下面的清单，帮助你将批判性思维能力应用到求职之中。

- 在提交申请材料之前，尽量确保你的申请是有说服力的。
- 在整个求职过程中，确保你始终关注雇主的要求。
- 无论是否求职成功，这次的经验都能帮助你以后做得更好。

	A. 求职检查表	完成（√）
1.	**你在求职过程的每个阶段都展示了自己适合这份工作**	
（1）	在求职过程中，你很细心地证明了自己提到的每一项能力。	
（2）	在**所有**的接触与写作活动中，你都展现了很好的沟通能力。	
（3）	你已经仔细阅读了申请材料，改正了所有不当的措辞。	
（4）	你在网络中的形象已经被恰当而有益地编辑过。	
（5）	你更新了网络上相关的个人资料。	
2.	**你展现出自己对雇主需求的兴趣**	
（1）	申请材料表达了你对企业和工作需求的综合认知。	
（2）	你没有谈论不符合雇主利益的长期抱负。	
（3）	听起来你并不热衷于"逃离工作"（度假、在家办公等）。	
（4）	你在申请的各个阶段都非常小心。	
（5）	你没有批评雇主及其招聘流程、信息、网站等。	
3.	**你仔细地使用了雇主提供的所有资料**	
（1）	你已仔细阅读雇主或代理机构提供的**所有**资料。	
（2）	你已经查看了网上关于雇主的信息。	
（3）	你没有向雇主索取其已经提供的或可在网上获得的信息。	

（续表1）

A. 求职检查表		完成（√）
（4）	在申请之前，你很清楚这份工作所涉及的内容。	
4.	**你准确地按照要求遵循了申请指示**	
（1）	你已填妥**所有**申请表格，没有遗漏任何资料。	
（2）	你提交了**所有**需要的文件。	
（3）	你已经删除了**所有**不需要的内容。	
（4）	你以规定的方式提交了申请资料。	
（5）	你会在规定的截止日期前提交申请资料。	
5.	**你避免了宽泛的陈述和空洞的回答**	
（1）	你没有简单地重复或复述任职要求中的内容。	
（2）	你避免对生活、世界、经济等做出宽泛的概括。	
（3）	在提到团队成就时，你清楚地说明了自己的贡献。	
（4）	对于**所有**的要求，你举例说明相关的经验或能力。	
（5）	你的经验实例阐明了所涉任务的规模和资历水平。	
6.	**你从头到尾都证明了你对细节的密切关注**	
（1）	你已提供求职需要的**所有**资料（到岗日期、预期薪金、资历等）。	
（2）	申请资料中的工作经验日期连贯，或对不连贯处做出了解释。	
（3）	你已核对关键信息的准确性，比如公司名称。	
（4）	你仔细检查了申请材料，避免了如打字、拼写等错误。	
7.	**你关注了任职要求**	
（1）	你已经处理了任职要求的各个方面。	
（2）	你把任职要求中的每一项都看得很认真、很全面，所以不会失分。	
（3）	你单独处理任职要求中的各项内容，让它们彼此独立。	
8.	**你的申请资料是为这份工作、这位雇主特别准备的**	
（1）	你指出自己的能力和经验如何与这份工作相关。	
（2）	你修改了简历和申请材料以适应这份工作。	
（3）	你删除了所有涉及其他工作的申请信息。	

（续表2）

A. 求职检查表	完成（√）
9. 你避免那些会给人留下坏印象的"捷径"	
（1）你已尽量避免在不必要的情况下与雇主联络。	
（2）你在要求的部分提供了所有信息。	
（3）你已经注意不麻烦雇主看其他部分或其他文件。	

B. 为申请过程的每个阶段做准备	完成（√）
10. 你为笔试和面试做了充分的准备	
（1）你已经确认过笔试的试题类型。	
（2）你进行过多次类似的练习，因而准备充分。	
（3）在与雇主或代理人会面之前，你重新阅读了雇主和工作的所有信息。	
（4）你准备了一系列可能的问题和理想的答案，并大声练习。	

C. 从经验中学习	完成（√）
1. 你接受在工作申请过程中的所有反馈。	
2. 你认真对待这些反馈，将其作为对下一次申请有用的指南。	
3. 面试结束后，你把被问到的问题记录下来，以便下次有所准备。	
4. 你反思了整个过程，思考下一次有哪些地方可以做得更好。	

本章小结

批判性思维能力往往与学术活动或学习有关，因为高等教育以系统的方式培养这项能力。然而，它其实可以在任何语境中被使用和发展，这包括工作的语境。批判性思维能力可以帮助你找到适合自己的职业或工作，也可以帮助你完成自己的工作。

与职位相匹配的求职者会更有可能求职成功。如果求职者没有真正考虑到自身，考虑自己的价值观、兴趣，以及真正适合自己的工作类型，这些问题会在申请过程中显露出来。即便没有，进入一条不适合自己的职业道路，或从事一份自己无法维持的工作，对你也是不利的。

这意味着，花时间以反思的方式，批判性地、诚实地评估什么对你有意义是非常重要的。你需要研究劳动力市场，考虑哪一种职业道路适合你。当然，你的职业道路不可能完全符合预期，但这样的计划可以帮助你有效地集中精力，还可以让你避免犯下代价高昂的错误。

如果你只有时间关注工作申请的一个方面，请关注任职要求。如果招聘信息中没有任职要求，那么就关注工作说明。一般来说，你需要根据这些内容，思考雇主在找什么样的人。认真对待任职要求的每一项内容，因为每一项内容都可能产生不同的关键点。要避免将两项内容合并，然后一起回答，这会降低你的分数。同样，要在正确的地方写下每一项信息，不要让雇主自行寻找答案，这也很重要，因为他们很可能不会去看预期之外的内容。

建设性地运用批判性评估来调整申请资料，为笔试和面试做准备，并完善你介绍自己的方式（无论是当面、书面还是在线）。在每一个阶段之后，思考下一次怎样做得更好，记下笔记，以帮助你进行下一次申请。无论是否求职成功，总有一些经验可以汲取。

延伸阅读：

Bolles, R. N. (2016) *What colour is your parachute?* (New York, Ten Speed Press).

Cottrell, S. (2015) *Skills for Success: Personal Development and Employability*, 3rd edn (London: Palgrave).

附 录

附录 1
第八、九、十一章的练习材料

这些文本是为第八、九、十一章中的练习编写的，文本中的名称、数据和参考文献皆为虚构。

文本 1

在互联网上分享音乐或视频并不是盗窃行为。真正的艺术家希望自己的作品能够被更多人欣赏，他们更关心作品对受众有什么样的影响，而不是金钱之类的基础问题。唱片公司和电影制片厂只对能够带来巨大利润的、有广泛吸引力的音乐和电影感兴趣，他们忽视了创新、激进的电影和音乐。这类作品的艺术价值更高，但销量却不好。很多独立艺术家都在艰难地发行自己的作品。在互联网上分享文件的人，可以为艺术提供有用的服务，因为他们让更多的人了解小众艺术家和多样化的音乐和电影。如果没有这些内容，媒体将会变得极为乏味和平庸。

卡拉：在网络聊天室中，Cla.media.room，2016 年 9 月 7 日。卡拉是一名音乐和电影文件的定期分享者。

文本 2

街坊邻居对他们从植物上剪下来的枝条很慷慨，各地的人都互相交换玫瑰、金钟花和玉簪花的剪枝。他们分享的许多植物都注册在植物育种家的名下，这种注册让培育或发现这种植物的人获得专利权。种植者们从来不会费心去找出自己必须为哪种植物支付专利费。对于音乐爱好者来说，文件共享就相当于种植者的剪枝。如果种植者不需要花钱支付剪枝的费用，为什么文件共享（比如从互联网上下载音乐）需要支付版税呢？

伊凡·波特，载于《你的园艺问题》，一本由伦敦 GPX 公司出版的流行月刊，第 6 卷，2016 年 6 月。

文本 3

　　无论是文件共享公司还是个人，私自复制视频、音乐和软件，都是在盗窃。有些人争辩说，因为大家都在这么做，所以复制作品是可以被接受的。还有人说，复制作品并不是真正的盗窃，因为它没有从一家公司拿走某个文件，只是创建了一个副本。他们认为，公司应该为高昂的价格而自责。他们没有意识到开发这些产品需要成本，公司有权从市场流通中收取费用。消费者是有选择的。如果他们特别想要某个产品，就应该准备好为它付钱。如果不付钱，那就放弃获取该产品。

　　卡特尔，法律专家撰写的文章《偷走它》，载于《国家 CRI 法律杂志》，第 7 卷，第 4 期，2015 年 4 月。

文本 4

　　音乐和电影的出品方主要关注盗版商人的大规模复制问题。这些盗版商制作多份复制品，并以更低的价格出售。他们并不介意大众通过文件共享来欣赏最新的电影或电视节目。

　　阿诺德·斯普拉特，编辑专栏，载于《阿古斯中心城报》，2014 年 6 月 17 日。

文本 5

　　越来越多的人通过文件共享来观看自己喜欢的电视节目。文件分享者的善意应该被称赞。截至目前，很可能所有的人都通过文件共享下载过文件。每个人都做过的事不会是坏事。如果不是坏事，又谈什么犯罪呢？

　　艾伦·希布斯，一名经常付费下载文件的普通民众，文本出自写给《国家新闻日报》编辑的信，2016 年 11 月 3 日。

文本 6

　　许多音乐和电影发行商并不是商业的主流。他们雇佣少量员工，依赖于对许多小众艺术家的媒体销售而存活。在销售独立艺术家作品时尤其如此，因为独立艺术家作品的销量相对较低，许多作品根本就卖不出去。这类艺术家的市场很小，即使一个潜在买家进行了非法复制，也会对他们产生巨大的影响。非法文件共享，很可能会动摇小型发行商的财务基础，而独立音乐和电影产业则依赖这些发行商才得以存在。

卡勒姆·卡利尼，《这是路的尽头吗？》，载于《小型音乐分销商》，2013年8月12日。小型经销商贸易杂志上的文章。

文本 7

律师说，种植者把注册了培育者权利（PBR）的植物送人，是在欺骗把该植物带入市场的人。培育一种新的植物并不便宜，育种者可能需要花费许多时间才能培育出适合市场的品种。注册了培育者权利的植物必须保证自身的稳定性和统一性，以便购买者可以知道它们在几年之后的样子。它们必须与众不同，才不会和其他植物混淆。一种成功的植物，以成千上万次的失败为基础，而每一次失败都需要成本。育种可能非常昂贵，调查研究、控制种植空间、雇佣专业劳动者都需要投资。如果培育者足够幸运，成功培育出合适的品种，他还必须支付一大笔钱来注册培育者权利，并且每年都要花钱更新注册。尽管如此，这种植物只能使用20年，它的专利使用费也会在25年后消失。这意味着培育者需要继续投资育种，否则他们将会失去收入。植物的专利使用费是每株剪枝20到30便士①，甚至更多。将这个价格乘以数千，育种者真是要亏本了。育种者能否拿到这些钱，取决于种植者的道德敏感度以及他们对育种者权利的意识。警察不太可能帮育种者追回费用——律师只关心大公司。然而，正如律师指出的那样，这并不意味着免费剪枝是可以接受的。为了继续培育新品种，育种者需要每一分钱。

安杰利·约尔，《算算花朵的成本》，载于《国家新闻日报》，2016年7月10日。约尔是该报法律栏目很有声誉的作家。

文本 8

如果人们绝对不应该在互联网上分享音乐或视频文件，却可

---

① 英国等国家的辅助货币。

以选择每天复制图像或音乐作为铃声或屏保使用，这是说不通的。在互联网出现之前，每天都会有人在家从收音机里录下音乐。未经许可复制图像和音乐可能也是非法的，但与家庭录音一样，没有人关心这个问题，因为几乎不可能抓住人。不应该仅仅因为互联网服务供应商能够检测到文件共享，就把共享文件当作是犯罪行为。文件共享并不比用电影中的图像做手机或电脑屏保更糟糕。

李（2015），《为什么购买？》，载于R.科和B.斯特普森的《媒体考察》，第36—57页（伦敦：马尼大学出版社）。

文本 9

虽然可以设计软件来捕捉在互联网上分享文件的人，但不太可能对每个分享文件的人收费。如果你不能执行法律，那就没有任何理由通过它。如果没有法律，就没有犯罪。

KAZ，于 AskitHere.truth 个人网站，2015 年 11 月。

文本 10

道德和伦理问题不仅仅是对错的问题，它们更应该被视为一种两难的困境。法律或"正义"所做出的、关于对错的最终决定，从来不是真正民主的。法律随时间累积，且常常自相矛盾。关于正义是否是对错的基础，公众讨论得太少了。在历史中，时常会有勇敢的人站出来，挑战法律，可以说，正是他们的挑战带来了法律的进步。即使是今天，当法律似乎在支持不道德行为时，与之有重要关联的人也会遵从自己的良知，毅然选择坐牢。彼得斯（1974）和吉利根（1977）认为，优先考虑自主、勇气、对他人的关切之类的因素是合理的。科尔伯格（1981）也采取了道德基于正义的方法，他表示，能够对正义做出判断是"道德行为的一个必要但不充分的条件"。

弗雷德·皮亚斯金，《行为中的道德困境》，出自《联合大学高级伦理学刊》，1986 年，第 8 卷，第 2 期。

文本 11

从书、文章或网上复制信息，却没有指出信息来源，是一种盗窃行为。这被认为是盗窃他人的知识产权，大学非常重视这件事。然而，盗窃意味着你知道自己在拿走一些不属于自己的东西。许多学生对此很困惑。大多数人都知道，使用与信息来源相同的句子便是引用，需要列出引用来源或参考文献。他们以为，只需要改动一些词语，复制句子或段落就是可以被接受的。

索因卡 (2013),《揭开盗窃的面纱》,《世界高等教育期刊》27(3), 231—247 页。

文本 12（一篇研究论文的缩减版）

埃博、马卡姆和马利克（2014）,《支付便利程度对支付意愿的影响,道德还是轻松?》,《伦理困境研究院论文集》,第 3 卷（4）。

介绍

本文旨在表明，人的道德行为主要受到行事容易程度的影响。这说明，2008—2013 年间，在奥尔德利亚地区，制定令付费下载音乐或视频更轻松的方案，会让互联网非法共享文件数量减少。

这项研究的基础是米克西姆、莫斯和普卢默（1934）的开创性研究，该研究表明，在面对复杂或繁琐的支付性系统时，人某些形式的盗窃行为，并非基于盗窃的欲望，而是行为的惯性。米克西姆等人发现，特定年龄段的人很难排队，他们倾向于关注与排队相关的不适感，而不是付款的要求。这导致他们离开商店以减轻自己的不适，忘记自己携带的物品还没有付款。

当布兰和富岛（1974）承认米克西姆等人的理论框架，但批评了其证据基础，即它只涉及很短的时间、极少数的参与者。当布兰和富岛（1986）使用了 200 名老年人的样本，发现人的道德行为随健康状况存在显著差异。几项研究表明，外部条件比道德认知对行为有更大的影响（辛格、麦克蒂尔恩、布劳尔，1991；科尔比，1994；米娅、布劳尔，1997）。不过，这些研究没有关注到 25 岁以下的人，也没有注意到互联网对这类行为的影响。

研究假设：(1)如果付费很简单，大多数免费下载音乐的年轻人会支付费用以下载音乐；(2)人们付费下载的意愿将取决于收入，高收入者比低收入者更愿意支付费用。

方法

参与者被分为三组，分配到两种试验条件中。这三组分别是低收入者、中等收入者和高收入者。第一种试验条件提供了快速、简便地付费下载的设备，第二种试验条件则让支付极为耗时、复杂。受试者是 1206 名年龄在 15—25 岁之间的人，两种条件下的参与者在年龄、性别、种族等背景方面相一致。在参与者在线时，网页上会出现一个广告，提供可以免费下载音乐的网站。这让参与者可以选择免费下载，但该网站同时给出了一个信息，即不支付费用会使艺术家失去收入。

结果

结果支持第一个假设，但不支持第二个假设。第一个假设的结果在……情况下是明显的。

讨论和结论

这些研究结果表明，与年龄较大的人群一样，如果付费下载很容易，大多数 15—25 岁的人都会以道德的方式行事。

在轻松的付款与不道德地免费访问之间，78.6% 的下载者选择了付款。当支付方式变得复杂时，只有 47% 的下载者选择支付费用，其他人则选择了免费网站。在访问之前，几乎所有的参与者（98%）都调查了这个免费网站。这表明，当他们选择付费时，他们做出了合乎道德的选择，而不是简单地选择分配给他们的网站。

然而，第二个研究假设并没有得到支持。这项研究发现，在低收入群体中，86% 的参与者为音乐付费，而在中等收入群体中，这一比例为 69%；在最高收入群体中，这一比例仅为 47%。这表明，低收入群体的道德反应更强，高收入群体反而较弱。

参考文献

Colby, R. (1994) 'Age, Ethics and Medical Circumstance: A

Comparative Study of Behaviours in Senior Populations in West Sussex and Suffolk'. *South West Journal of Age-related Studies,* 19, 2.

Damblin, J. and Toshima, Y. (1974) 'Theft, Personality and Criminality'. *Atalanta Journal of Criminal Theory*, 134, 2.

Damblin, J. and Toshima, Y. (1986) 'Ethics and Aging'. In R. Morecambe, *Is Crime Intentional?* (Cambridge: Pillar Publications).

Miah, M. and Brauer, G.T. (1997) 'The Effect of Previous Trauma on Crime-related Behaviours'. *Atalanta Journal of Criminal Theory*, 214, 4.

Mixim, A., Moss, B. and Plummer, C. (1934) 'Hidden Consensus'. In *New Ethical Problems*, 17, 2.

Singh, K.R., McTiern, S. and Brauer, G.T. (1991) 'Context and Action: Situational Effects upon Non-typical Behaviours in Post-retirement Males'. *West African Journal of Crime Theory*, 63, 3.

附录 2
长文本的练习

这部分提供了较长的练习材料。练习 1 和练习 3 的文本，是很好的批判性写作的例子。它们可以让你在阅读长文本时识别论辩的特点。练习 2 和练习 4 则是比较差的批判性写作的例子，可供你进行比较。

每个练习都有提示和答案。

练习 1：论辩的特点

阅读《全球变暖需要全球性的解决方案》一文，找出论辩的特点，可以使用下面有编号的提示来帮助你。

在评论区域为你的答案加上标签和序号。使用与下面提示表中相同的数字，将有助于你检查自己的答案。

提示	完成（√）
1. 找出概括主要论辩的句子。	
2. 找出作者的立场。	
3. 找出总结性的结论。	
4. 找出总体的逻辑性结论。	
5. 找出支持逻辑结论的主要理由。	
6. 找出所有作为理由的过渡结论，在空白处解释过渡结论的目的（即为什么作者需要该过渡结论来推动论辩过程）。	
7. 找出支持理由的证据。	
8. 找出为受众提供背景信息的描述性文本。	
9. 找出用来表示论辩发展的词汇（表示主要论辩或引出过渡结论的词汇）。	
10. 找出作者提出的所有敌对论辩。	
11. 找出作者用来处理敌对论辩的论据。	
12. 找出使用一手资料的地方。	
13. 找出使用二手资料的地方。	

全球变暖需要全球性的解决方案 评论

  50 年来，温室气体排放量的增加被视为全球变暖的一个主要原因。全球变暖问题的世界级权威机构——联合国政府间气候变化专门委员会（IPCC）的研究表明，即使今天停止排放二氧化碳，未来的几年内，还是可能会发生气候变化。到 2025 年时，它会导致 5 亿人缺水，令北欧洪水量增加。然而，科学家们已经提出了一系列的解决方案，从提高化石燃料的有效利用率，到鼓励使用更清洁的能源。他们认为，在全球范围内应用这些解决方案，足以对气候变化问题产生真正的影响。

  2015 年，第 21 届联合国气候变化大会（COP21）上《巴黎协定》草案被确定为减少温室气体排放、限制全球气温上升（上升幅度在 2 摄氏度以下）的方法。2016 年，该协定开放给各国签署，但协定所规定的行动要到 2020 年才会开始。联合国 195 个国家中，预计会有 120 个国家签署该协定，但该协定并不具有法律效力，每个国家都将会自己决定自己的目标。世界上一些较大的污染国家已经表示将签署该协定，但另外一些国家对此有抵抗心理。一些发展中国家的政府认为，该协定的某些内容不符合发展中国家的利益。然而，我认为，尽管该协定可以根据具体情况做出调整，但一个全球性的、强制执行的解决方案是至关重要的，发达国家需要起到带头作用。

  发达国家的政治家、科学家和企业家已经给出了许多不签署这项协定的理由，他们怀疑二氧化碳排放与全球变暖之间的真正联系，担忧该协定对自身经济的影响，拒绝做出志愿性的行动，这将导致一些国家无法进行"共同协作"。米纳·拉曼（2016）认为，发展中国家不应急于签署该协定。她认为，发展中国家应该等着，看发达国家如何履行 1997 年《京都议定书》中规定的、2020 年之前的义务，等待将使发展中国家在未来的谈判中有更多的政治影响力。这个观点虽然有些道理，发达国家确实是世界的主要污染国，但全球变暖是关系到每一个人的问题，它不仅仅是发达国家的问题，它要求每一个人都参与其中。勒·佩奇（2015）认为，对于寻找方法解决全球变暖问题，《巴黎协定》已经"太少、太晚"。

发展中国家的温室气体排放显然是一个重要的问题，但对发展中国家来说，和发达国家同时签署气候变化的限制协定，显然并不合适。发展中国家见证了发达国家通过广泛使用化石燃料而获得了现有的财富和权力，如今却被要求限制使用，这似乎是"我做的事情你不可以做，你只能听我的指令行事"的例子。虽然该协定规定，发达国家将在减少排放方面为发展中国家提供财政支持，但许多人认为这是不够的。拉曼指出，财政支持已经被从 2020 年推迟到 2025 年。国际绿色和平组织的执行主任奈杜（2015）指出：

> 对于身处气候变化前线的国家和人民来说，这项协定还不够。它包含着一种内在的、根深蒂固的不公正。造成气候变化问题的国家对已经失去生命和生计的人们承诺的帮助太少了。

基层全球正义联盟（2015）指责发达国家"虚伪"，认为发达国家正在督促其他国家做出自己不愿意采取的行动。他们把《巴黎协定》称作是"人性缓慢、痛苦地死亡的一次失败"。

美国前副总统阿尔·戈尔（2015）建议，《巴黎协定》"可能预示着化石燃料时代的结束"。许多人预计，这项协定将会让化石燃料公司被征收重税，且缺少投资，转而向可再生能源技术的方向发展。对发达国家来说，这个过程可能要比发展中国家容易。

埃利奥特（2015）指出，发达国家倾向于将制造业和一些服务外包给成本更低的发展中国家。这增加了发展中国家对能源的需求，而其中的大部分能源仍来自化石燃料。据估计，为了将全球气温上升限制在 2 摄氏度以下，地球上三分之二到五分之四的化石燃料必须被留存不用。中国、印度等几大重要的发展中国家也致力于开发可再生能源，但仍然需要时日。

短期来看，由于缺乏签署《巴黎协定》的需求，且目标缺少强制性，各国还是可以自由从事会导致全球变暖的活动。然而，如果现在不主动解决气候变化问题，上面提到的那些变化最终将会发生，它们将超出《巴黎协定》规定的各国需要承担的内容。长期的全球变暖，将导致全球各国的气候发生重大变化，其中包括那些不愿意签署协定的国家。这些变化将会影响许多行业，比如旅游中心洪水泛滥、农业用地干旱等。它将对全球市场造成极为不好的经济影响，因此，所有国家都应该尽早签署协定。如果各国都不自愿，那就应该强制签署。

所以，尽管采取行动减少温室气体排放将会影响经济发展，但如果不采取全球性的行动，气候变化将会产生更严重的后果。各个国家在导致全球变暖方面，责任并不相同。公正地说，对全球变暖影响较大的国家，应该承担更大的责任、做出更重要的贡献。然而，考虑到全球变暖的实际与潜在后果，它确实需要一个全面的、全球性的解决方案，所有国家都应该发挥自己在减少温室气体排放方面的作用。

参考文献

Elliot, L. (2015) 'Can the World Economy Survive without Fossil Fuels?' *The Guardian* 8/4/15, http://www.theguardian.com/news/2015/apr/08/can-world-economy-survive-without-fossil-fuels, downloaded 14/4/16.

Grassroots Global Justice Alliance (2015) *Call to Action: The COP21 Failed Humanity*, http://ggjalliance.org/ParisFailure 2015, downloaded 16/4/16.

Jamet, M., *What do Green NGOs make of the COP21 Climate Deal?*, http://www.euronews.com/2015/12/14/what-do-green-ngos-make-of-cop21-climate-deal, downloaded 16/4/16. Jamet quotes both Raman and Naidoo.

Le Page, M. (2016) *Developing Nations Urged to Boycott Paris Agreement Signing*, Climate Home, http://www.climatechangenews.com/2016/03/29/developing-nations-urged-to-boycott-paris-agreement-signing, downloaded 15/4/16.

Raman, M. (2016) *The Signing Ceremony of the Paris Agreement in New York on 22nd April – Why There is no Need to 'Rush' into Signing*, Third World Network, https://www.scribd.com/doc/306273316/ Note-on-the-Signing-Ceremony-in-New-York, downloaded 17/4/16.

United Nations Treaty Collection (2015) *The Paris Agreement*, https://treaties.un.org/pages/ViewDetails.aspx?src=TREATY&mtdsg_ no=XXVII-7-d&chapter=27&lang=en, downloaded 11/4/16.

Vidal, J. and Vaughan, A. (2015) 'Paris Climate Agreement "May Signal End of Fossil Fuel Era"'. *The Guardian* 13/12/15, http://www.theguardian.com/environment/2015/dec/13/paris-climateagreement-signal-end-of-fossil-fuel-era, downloaded 15/4/16. Quotes Al Gore.

练习 1 的答案：论辩的特点

全球变暖需要全球性的解决方案	评论
50 年来，温室气体排放量的增加被视为全球变暖的一个主要原因。全球变暖问题的世界级权威机构——联合国政府间气候变化专门委员会（IPCC）的研究[13]表明，即使今天停止排放二氧化碳，未来的几年内，还是可能会发生气候变化。到 2025 年时，它会导致 5 亿人缺水，令北欧洪水量增加。然而，科学家们已经提出了一系列的解决方案，从提高化石燃料的有效利用率，到鼓励使用更清洁的能源。他们认为，在全球范围内应用这些解决方案，足以对气候变化问题产生真正的影响。[8]	文中和下面的数字序号参考文章前面表格中的提示。 13. IPCC 的研究在这里为二手资料。 8. 这段描述性的段落是关于全球气候变化的基本背景信息。
2015 年，第 21 届联合国气候变化大会（COP21）上《巴黎协定》[12]草案被确定为减少温室气体排放、限制全球气温上升（上升幅度在 2 摄氏度以下）的方法。2016 年，该协定开放给各国签署，但协定所规定的行动要到 2020 年才会开始。联合国 195 个国家中，预计会有 120 个国家签署该协定，但该协定并不具有法律效力，每个国家都将会自己决定自己的目标。世界上一些较大的污染国家已经表示将签署该协定，但另外一些国家对此有抵抗心理。一些发展中国家的政府认为，该协定的某些内容不符合发展中国家的利益。然而，我认为，尽管该协定可以根据具体情况做出调整，但一个全球性的、强制执行的解决方案是至关重要的，发达国家需要起到带头作用。[2, 8]	12.《巴黎协定》是这篇文章使用的一手资料。 2. 这句话概括了作者的立场。 8. 本段给出了有关《巴黎协定》的基本背景信息。
发达国家的政治家、科学家和企业家已经给出了许多不签署这项协定的理由，他们怀疑二氧化碳排放与全球变暖之间的真正联系，担忧该协定对自身经济的影响，拒绝做出志愿性的行动，这将导致一些国家无法进行"共同协作"。[10] 米纳·拉曼（2016）[13]认为，发展中国家不应急于签署该协定。她认为，发展中国家应该等着，看发达国家如何履行 1997 年《京都议定书》中规定的、2020 年之前的义务，等待将使发展中国家在未来的谈判中有更多的政治影响力。这个观点虽然有些道理，发达国家确实是世界的主要污染国，但全球变暖是关系到每一个人的问题，它不仅仅是发达国家的问题，它要求每一个人都参与其中。勒·佩奇	10. 作者在这里提出了几个可能的敌对论辩。 13. 二手资料。

（2015）认为，对于寻找方法解决全球变暖问题，《巴黎协定》已经"太少、太晚"。[6, 5, 7]

发展中国家的温室气体排放显然是一个重要的问题，但[9]对发展中国家来说，和发达国家同时签署气候变化的限制协定，显然并不合适。[11]发展中国家见证了发达国家通过广泛使用化石燃料而获得了现有的财富和权力，如今却被要求限制使用，这似乎是"我做的事情你不可以做，你只能听我的指令行事"的例子。虽然该协定规定，发达国家将在减少排放方面为发展中国家提供财政支持，但许多人认为这是不够的。拉曼指出，财政支持已经被从2020年推迟到2025年。国际绿色和平组织的执行主任奈杜（2015）[12]指出：

> 对于身处气候变化前线的国家和人民来说，这项协定还不够。它包含着一种内在的、根深蒂固的不公正。造成气候变化问题的国家对已经失去生命和生计的人们承诺的帮助太少了。

基层全球正义联盟（2015）指责发达国家"虚伪"，认为发达国家正在督促其他国家做出自己不愿意采取的行动。他们把《巴黎协定》称作是"人性缓慢、痛苦地死亡的一次失败"。[10]

美国前副总统阿尔·戈尔（2015）建议，《巴黎协定》"可能预示着化石燃料时代的结束"。许多人预计，这项协定将会让化石燃料公司被征收重税，且缺少投资，转而向可再生能源技术的方向发展。对发达国家来说，这个过程可能要比发展中国家容易。

6. 过渡结论：全球变暖是关系到每一个人的问题，需要发展中国家在减少排放方面发挥作用。

5. 支持这一点的理由是：现在可能已经太晚了，无法阻止气候变暖，但我们不能冒风险，进一步拖延或不采取行动。

7. 为不控制排放的后果提供证据。

9. "但"标志作者处理敌对论辩以推进论辩发展。

11. 作者在这里提出了敌对论辩。

12. 奈杜是二手资料中引用的一手资料。

10. 作者在这里暗示了一个敌对论辩。似乎有人认为发展中国家是发达国家行为的受害者，因此发达国家应该为应对气候变化提供更多的资金。

埃利奥特（2015）[13]指出，发达国家倾向于将制造业和一些服务外包给成本更低的发展中国家。这增加了发展中国家对能源的需求，而其中的大部分能源仍来自化石燃料。据估计，为了将全球气温上升限制在 2 摄氏度以下，地球上三分之二到五分之四的化石燃料必须被留存不用。中国、印度等几大重要的发展中国家也致力于开发可再生能源，但仍然需要时日。[3, 6, 5]

短期来看，由于缺乏签署《巴黎协定》的需求，且目标缺少强制性，各国还是可以自由从事会导致全球变暖的活动。然而[9]，如果现在不主动解决气候变化问题，上面提到的那些变化最终将会发生，它们将超出《巴黎协定》规定的各国需要承担的内容。长期的全球变暖，将导致全球各国的气候发生重大变化，其中包括那些不愿意签署协定的国家。这些变化将会影响许多行业，比如旅游中心洪水泛滥、农业用地干旱等。[7] 它将对全球市场造成极为不好的经济影响，因此，所有国家都应该尽早签署协定。[6, 5] 如果各国都不自愿，那就应该强制签署。

13. 二手资料。

3. 总结性的结论：发达国家应该为减少排放做出更多贡献。

6. 过渡结论：发达国家支持发展中国家，参与到全球性的解决方案中，有道德上的原因。

5. 支持这一过渡结论的理由是：
- 发达国家有更多的资源来投资新的产业结构和科技。
- 发达国家的行为导致发展中国家对能源有更多的需求。

9. "然而"标示主要论辩的发展，即全球变暖的后果让全球性的参与变得至关重要。

7. 关于全球变暖后果的证据，以支持作者观点。

6. 过渡结论：不签署《巴黎协定》将很快使发展中国家推迟签署的呼吁无效。

5. 支持这一过渡结论的理由是：
- 气候变化会带来洪涝和干旱，不愿签署协定的国家也不能幸免。

所以，尽管采取行动减少温室气体排放将会影响经济发展，但如果不采取全球性的行动，气候变化将会产生更严重的后果。各个国家在导致全球变暖方面，责任并不相同。公正地说，对全球变暖影响较大的国家，应该承担更大的责任、做出更重要的贡献。[1] 然而，考虑到全球变暖的实际与潜在后果，它确实需要一个全面的、全球性的解决方案，所有国家都应该发挥自己在减少温室气体排放方面的作用。[4]

- 不采取行动的话，各行各业都会被影响，破坏潜在的经济优势。

1. 这些句子概括了作者的主要论辩，即我们都需要减少温室气体的排放，但有些国家应发挥更大的作用。

4. 总体的逻辑结论：不采取行动的后果，要比减少排放的经济后果更加严重，因此需要全球性的解决方案。这将结论与文章标题联系起来，加强了论辩的呈现效果。

参考文献

Elliot, L. (2015) 'Can the World Economy Survive without Fossil Fuels?' *The Guardian* 8/4/15, http://www.theguardian.com/news/2015/apr/08/can-world-economy-survive-without-fossil-fuels, downloaded 14/4/16.

Grassroots Global Justice Alliance (2015) *Call to Action: The COP21 Failed Humanity*, http://ggjalliance.org/ParisFailure2015, downloaded 16/4/16.

Jamet, M., *What do Green NGOs make of the COP21 Climate Deal?*, http://www.euronews.com/2015/12/14/what-do-green-ngos-make-of-cop21-climate-deal, downloaded 16/4/16. Jamet quotes both Raman and Naidoo.

Le Page, M. (2016) *Developing Nations Urged to Boycott Paris Agreement Signing*, Climate Home, http://www.climatechangenews.com/2016/03/29/developing-nations-urged-to-boycott-paris-agreement-signing, downloaded 15/4/16.

Raman, M.(2016) *The Signing Ceremony of the Paris Agreement in New York on 22nd April – Why There is no Need to 'Rush' into Signing*, Third World Network, https://www.scribd.

com/doc/306273316/ Note-on-the-Signing-Ceremony-in-New-York, downloaded 17/4/16.

United Nations Treaty Collection (2015) *The Paris Agreement*, https://treaties.un.org/pages/ViewDetails.aspx?src=TREATY&mtdsg_no=XXVII-7-d&chapter=27&lang=en, downloaded 11/4/16.

Vidal, J. and Vaughan, A. (2015) 'Paris Climate Agreement "May Signal End of Fossil Fuel Era"'. *The Guardian* 13/12/15, http://www.theguardian.com/environment/2015/dec/13/paris-climate-agreement-signal-end-of-fossil-fuel-era, downloaded 15/4/16. Quotes Al Gore.

练习 2：找出论辩中的缺陷

阅读关于全球变暖的第二篇文章，找出论辩中的缺陷。

注意，练习文章不包含清单上的所有缺陷，而且有些缺陷不止一次出现。你可以使用清单来记录相关的例子，以便更容易地检查你的答案。

在评论区域空白处为你的答案加上标签和序号。使用与下面提示表中相同的数字，将有助于你检查自己的答案。

提示	找到的例子	没有例子	参阅页码
1. 假前提			113
2. 错上加错			150
3. 刻板印象			123
4. 论辩缺乏一致性			84, 87
5. 不必要的背景信息			74, 216
6. 缺乏精确性			85
7. 证据不支持的假设			107—113
8. 假定因果关系			129
9. 虚假相关性			131
10. 不符合必要条件			133
11. 不满足充分条件			135
12. 虚假类比			138
13. 偏离方向			141
14. 共谋			141
15. 排除			141
16. 没有根据的跳跃			144—145
17. 情绪化的语言			145
18. 攻击个人			146
19. 虚假陈述			148
20. 琐碎化			149
21. 同义反复			149
22. 引用不当			206—209 239—242

全球变暖需要全球性的解决方案　　　　　　　　　　　　　　　　　　　　　　　　评论

2015年,《巴黎协定》作为限制长期气候变化或"全球变暖"的手段被通过,它要求各国签署,以减少温室气体的排放。它试图在未来几年内将全球气温的整体上升幅度限制在2摄氏度以内。尽管有许多国家、绝大多数的发达国家都签署了这项协定,但还是有一些发展中国家没有签署。

联合国政府间气候变化专门委员会(IPCC)指出,我们签署协定、做出改变的时间可能已经太晚了。即使今天完全停止排放二氧化碳,气候变化和全球变暖仍将持续,导致海平面上升、饮用水污染之类的问题。如果幸运的话,它将带来破坏性的影响;如果不幸,那影响可能就是灾难性的。我们必须现在就采取行动,将否认气候变化判定为犯罪行为。

考虑到气候变化的后果,不签署协定的国家是疯狂的。这些国家为此给出了许多理由,从质疑气候变化的相关研究,一直到二氧化碳不是污染物。这表明,有些国家在否认温室气体排放的原因和影响。我们挣扎、努力了很多年,想令发达国家减少排放量,现在却面临着许多发展中国家拒绝签署协定的局面。发达国家的财政支持为这项协定提供了基础,但一些人认为,发展中国家需要的不只是这些,发展中国家应该不签署协议,以增加在全球舞台上的政治影响力。

这一论辩肯定令发达国家非常难受。发达国家一直努力减少温室气体的排放量,还通过了《巴黎协定》,而这时,发展中国家突然决定,希望有更利于自己的交易。发展中国家抱怨发达国家在工业中使用化石燃料产生的影响,然后认为,现在增加排放促进自己的工业化是合理的。拉曼认为,发展中国家不需要签署《巴黎协定》,因为大多数发达国家并不真正关心气候变化,也不会费心履行1997年《京都议定书》中规定的义务。这表明,他对发达国家及其对限制气候变化做出的承诺缺乏信任,有点像孩子长大后,抱怨父母吸烟,但一有机会就养成了每天吸60支烟的习惯。

当人们看到发展中国家对《巴黎协定》犹豫不决的真正原因时，这种空洞论辩的感觉就更强烈了。发展中国家使用廉价的化石燃料，可以降低自己的工业成本，因而可以从发达国家抢走生意。尽管有明显的证据表明，这种行为会对地球造成伤害，但一些无知的发展中国家仍然认为，最重要的是自己应该被允许通过污染的方式实现全面工业化。

发展中国家认为，发达国家期望他们签署《巴黎协定》是不公平的，因为这意味着要采取行动，并引入发达国家不愿意引入的限制。大多数情况下，发展中国家是为了发达国家而使用更多的化石燃料，因为发达国家已经停止了许多污染活动，但仍然想从发展中国家低价购买产品或服务。虽然一些发展中国家抱怨发达国家在支持可再生能源方面做得不够，但自身非常热衷于保持使用化石燃料所带来的经济优势。眼睁睁看着协议失败符合发展中国家的既得利益。

最终，各国不能解决的温室气体排放问题，终将会自食其果。长期的全球变暖预计将导致重大的气候变化，各国将不得不应对城市和旅游区的洪水以及农业区的干旱。然而，由于这两点都无法对这些国家的企业或政府产生影响，因此他们认为，赚钱和保护自身利益的短期战略是合理的。他们声称，只有发展中国家可以做发达国家做过的事情才是公平的。他们提出的是经济性的论辩，而不是道德的论辩。他们认为，经济优势比人们的生活更加重要，考虑到他们的行为对全人类的影响，这显然是不可接受的。每个人都知道我们正面临着气候灾难。全球变暖是关系到每一个人的问题，人们不能仅仅因为它不适合自己就选择退出。

参考文献

United Nations Treaty Collection *The Paris Agreement* https://treaties.un.org/pages/ViewDetails.aspx?src=TREATY&mtdsg_no=XXVII-7-d&chapter=27&lang=en.

M. Le Page, (2016)-*Developing Nations Urged to Boycott Paris Agreement Signing,* Climate Home http://www.climatechangenews.com/2016/03/29/developing-nations-urged-to-boycott-paris-agreement-signing downloaded 15/4/16

Grassroots Global Justice Alliance - *Call to Action: The COP21 Failed Humanity,* http://ggjalliance.org/ParisFailure2015.

Feeling the Heat: The Politics of Climate Change in Rapidly Industrializing Countries (2012) (Basingstoke: Palgrave Macmillan). Bailey, I. and Compston, H.

练习 2 的答案：找出论辩中的缺陷

提示	找到的例子	没有例子	参阅页码
1. 假前提	√		113
2. 错上加错		√	150
3. 刻板印象	√		123
4. 论辩缺乏一致性		√	84，87
5. 不必要的背景信息		√	74，216
6. 缺乏精确性	√（2）		85
7. 证据不支持的假设	√（2）		107—113
8. 假定因果关系		√	129
9. 虚假相关性		√	131
10. 不符合必要条件	√		133
11. 不满足充分条件		√	135
12. 虚假类比	√		138
13. 偏离方向	√		141
14. 共谋	√（2）		141
15. 排除		√	141
16. 没有根据的跳跃	√（2）		144—145
17. 情绪化的语言	√（3）		145
18. 攻击个人	√		146
19. 虚假陈述	√		148
20. 琐碎化		√	149
21. 同义反复	√		149
22. 引用不当	√（2）		206—209 239—242

全球变暖需要全球性的解决方案

  2015年,《巴黎协定》作为限制长期气候变化或"全球变暖"的手段被通过,它要求各国签署,以减少温室气体的排放。它试图在未来几年内将全球气温的整体上升幅度限制在 2 摄氏度以内。[6] 尽管有许多国家、绝大多数的发达国家都签署了这项协定,但还是有一些发展中国家没有签署。

  联合国政府间气候变化专门委员会(IPCC)指出,我们签署协定、做出改变的时间可能已经太晚了。即使今天完全停止排放二氧化碳,气候变化和全球变暖仍将持续,导致海平面上升、饮用水污染之类的问题。如果幸运的话,它将带来破坏性的影响;如果不幸,那影响可能就是灾难性的。我们必须现在就采取行动,将否认气候变化判定为犯罪行为。[10]

  考虑到气候变化的后果,不签署协定的国家是疯狂的。[17]这些国家为此给出了许多理由,从质疑气候变化的相关研究,一直到二氧化碳不是污染物。[7]这表明,有些国家在否认温室气体排放的原因和影响。[18, 16]我们挣扎、努力了很多年,想令发达国家减少排放量,现在却面临着许多发展中国家拒绝签署协定的局面。发达国家的财政支持为这项协定提供了基础,但一些人认为,发展中国家需要的不只是这些,发展中国家应该不签署协议,以增加在全球舞台上的政治影响力。

  这一论辩肯定令发达国家非常难受。[17]发达国家一直努力减少温室气体的排放量,还通过了《巴黎协定》,而这时,发展中国家突然决定,希望有更利于自己的交易。发展中国家抱怨发达

评论

6. 缺乏精确性。"未来几年"含义模糊。《巴黎协定》于 2016 年开始生效,每 5 年为一个周期。

10. 论辩(将否认气候变化判定为犯罪行为)的必要条件没有被满足。作者也没有说明,为什么将某一观点判定为犯罪对缓解全球变暖是必要的。

17. 使用情绪化的语言("疯狂的")。

7. 假设。作者假设,没有证据可以证明二氧化碳不是污染物,却没有给出证据说明它是污染物。

18. 攻击个人。用"否认"一词,会在没有分析原因的情况下就破坏他们的论辩。

16. 没有根据的跳跃。作者假设,因为反对者不接受某些研究的观点,所以他们一定是错的。

17. 情绪化的语言,例如"难受"(表达也相当口语化)。

国家在工业中使用化石燃料产生的影响,然后认为,现在增加排放促进自己的工业化是合理的。拉曼[22]认为,发展中国家不需要签署《巴黎协定》,因为大多数发达国家并不真正关心气候变化[3],也不会费心履行1997年《京都议定书》中规定的义务。[19]这表明,他对发达国家及其对限制气候变化做出的承诺缺乏信任,有点像孩子长大后,抱怨父母吸烟,但一有机会就养成了每天吸60支烟的习惯。[12]

22. 引用不当。拉曼的资料没有出现在文末的参考文献中,也没有标注出日期(可以与练习1的文章进行比较)。

3. 刻板印象。认为大多数发达国家都不真正关心全球变暖。

19. 虚假陈述。作者歪曲了拉曼的观点。拉曼没有建议发展中国家不签署协定,而是认为发达国家应首先履行《京都议定书》规定的责任。

12. 虚假类比。表面看来,这个类比是合理的,它暗示着伪善的行为。但是它并不恰当,因为父母与子女的关系不同于发达国家与发展中国家的关系。发达国家和发展中国家在以矿物燃料、劳动力或产品的形式,争夺有限的资源,两者之间是争夺有限资源的问题。吸烟是健康和生活方式的问题,是否吸烟通常不取决于香烟的供应情况。

当人们看到发展中国家对《巴黎协定》犹豫不决的真正原因时,这种空洞论辩的感觉就更强烈了。发展中国家使用廉价的化石燃料,可以降低自己的工业成本,因而可以从发达国家抢走生意。[7] 尽管有明显的证据表明,这种行为会对地球造成伤害,但一些无知的[17]发展中国家仍然认为,最重要的是自己应该被允许通过污染的方式实现全面工业化![7, 14]

7. 假设。作者假设发展中国家会抢走发达国家的生意,没有给出证据。

17. 情绪化的语言("无知的")。

7. 假设。作者假设发展中国家首先考虑工业化,但没有给出证据。

14. 共谋。这里的表达方式和感叹号的使用,表明作者试图让受众觉得自己必须同意作者的观点,否则他们很可能也会被认为是"无知的"。

发展中国家[6]认为,发达国家期望自己签署《巴黎协定》是不公平的,因为这意味着要采取行动,并引入发达国家不愿意引入的限制。[22] 大多数情况下,发展中国家是为了发达国家而使用更多的化石燃料,因为发达国家已经停止了许多污染活动,但仍然想从发展中国家低价购买产品或服务。虽然一些发展中国家抱怨发达国家在支持可再生能源方面做得不够,但自身非常热衷于保持使用化石燃料所带来的经济优势。眼睁睁看着协定失败符合发展中国家的既得利益。[16]

6. 缺乏精确性。作者没有指出是哪些发展中国家。

22. 引用不当。参考文献中虽有相关文章,但与这一表述没有直接关系。

16. 毫无根据的跳跃。没有证据表明,发展中国家看着协定失败会有既得利益。

最终,各国不能解决的温室气体排放问题,终将会自食其果。长期的全球变暖预计将导致重大的气候变化,各国将不得不应对城市和旅游区的洪水以及农业区的干旱。然而,由于这两点都无法对这些国家的企业或政府产生影响,因此他们认为,赚钱和保护自身利益的短期战略是合理的。[1] 他们声称,只有发展中国家可以做发达国家做过的事情才是公平的。他们提出的是经济性的论辩,而不是道德的论辩。他们认为,经济优势比人们的生活

1. 假前提。发展中国家的政府和企业不会受到洪水和干旱的影响,是假前提。它们可能会受到非常大的影响,甚至遭到极大的破坏。

更加重要[21],考虑到他们的行为对全人类的影响,这显然是不可接受的。[13] 每个人都知道我们正面临着气候灾难。[14] 全球变暖是关系到每一个人的问题,人们不能仅仅因为它不适合自己就选择退出。

21. 同义反复。两个句子用不同的词语表达了相同的含义。这是不必要的重复,让论辩无法向前推进。

13. 偏离方向。作者用"显然"来暗示论点已经被证明,但实际并非如此。

14. 共谋。"每个人都知道",这句话使受众处于一种难以反对论辩的境地。这并非基于推理。

参考文献[22]

United Nations Treaty Collection *The Paris Agreement* https://treaties.un.org/pages/ViewDetails.aspx?src=TREATY&mtdsg_no=XXVII-7-d&chapter=27&lang=en.

M. Le Page, (2016) -*Developing Nations Urged to Boycott Paris Agreement Signing,* Climate Home http://www.climatechangenews.com/2016/03/29/developing-nations-urged-to-boycott-paris-agreement-signing downloaded 15/4/16

Grassroots Global Justice Alliance - *Call to Action: The COP21 Failed Humanity,* http://ggjalliance.org/ParisFailure2015.

Feeling the Heat: The Politics of Climate Change in Rapidly Industrializing Countries (2012) (Basingstoke: Palgrave Macmillan). Bailey, I. and Compston, H.

22. 引用不当。参考文献的列表不完整,格式不正确,有的文献没有日期。

练习 3：论辩的特点

阅读《存在巨链》一文，找出论辩的特点，可以使用下面有编号的提示来帮助你。

在评论区域为你的答案加上标签和序号。使用与下面提示表中相同的数字，将有助于你检查自己的答案。

提示	完成（√）
1. 找出概括主要论辩的句子。	
2. 找出作者的立场。	
3. 找出总结性的结论。	
4. 找出总体的逻辑性结论。	
5. 找出支持逻辑结论的主要理由。	
6. 找出所有作为理由的过渡结论。在空白处解释过渡结论的目的（即为什么作者需要该过渡结论来推动论辩过程）。	
7. 找出支持理由的证据。	
8. 找出为受众提供背景信息的描述性文本。	
9. 找出用来表示论辩发展的词汇（表示主要论辩或引出过渡结论的词汇）。	
10. 找出作者提出的所有敌对论辩。	
11. 找出作者用来处理敌对论辩的论据。	
12. 找出使用一手资料的地方。	
13. 找出使用二手资料的地方。	

存在巨链　　　　　　　　　　　　　　　　　　　　　　　　　　　　　　　　**评论**

讨论"'存在巨链'和宇宙自然秩序的概念在18世纪以及之后仍发挥着意识形态的作用"

"存在巨链"的观念在中世纪的欧洲很普遍。对于相信此链条的人来说，一切存在物都归属于某个预先指定的位置，就像梯子有高处和低处。宇宙中最低级的事物处在链条的底部，而人类则更接近顶端。人低于天使，但高于动物。

在思考存在之链对18世纪的影响时，有两个方面的内容需要被考虑。首先，存在之链思想在18世纪是否为人们所熟知；其次，它是否被用来支持这一时期重要辩论中的政治或意识形态立场。

首先，有人提出存在之链的概念在18世纪非常活跃。这种观点并没有得到广泛认可。有人认为，17世纪中叶时，人们就已经不再谈论存在之链了（巴尔金，1957；麦迪逊，1967）。麦迪逊说，存在之链的宇宙观已经被以科学观察为基础的开明思想取代。或者说，战争和贸易为人们接触新思想、新意识形态提供了越来越多的机会。

然而，尽管人们的看法发生了这样的变化，旧的观念仍然处于支配地位。18世纪末，甚至是19世纪初期的文学作品中，还时常提及存在之链。比如，彭德尔顿（1976）分析了1802—1803年出版的宣传册，发现每10本宣传册中就有一本提到了存在之链。这是很大的比例了。更多的宣传册提到了与存在之链相关的概念，如社会的"自然秩序"。一直到19世纪早期，存在之链的概念，以及宇宙存在固有秩序的观点，仍然盛行于英国。

彭德尔顿的研究表明，18世纪末仍然有许多宣传人员认为，英国的统治阶级是一种优越的人类，他们处于存在之链的高处，更接近上帝。许多当权者相信，自己的社会阶层更聪明、美丽，也更有道德。他们认为社会中大多数人不够聪明善良，是更丑陋的生物，在存在之链中更接近动物，因而在各个方面都不值得被考虑（拉瓦特尔，1797）。人们被要求"了解自己的位置"，一直按照该位置行事。处于存在之链高层的概念，有助于证明他们在社会中优越地位的合法性。

自然的等级秩序也被用于为政治和经济上的不平等辩护。18、19 世纪时，很少有人可以在选举中进行投票、组织政治性的活动，或者公开反对那些比他们"更好"的人。绝大多数人仍没有投票权，在财富、健康和福利方面存在巨大差异（汤普森，1963）。自然的存在之链概念被用来论证这种差异是自然或"天意"的意图。

进一步来说，即使在 18 世纪之后，社会等级秩序仍然被呈现为一个神圣的计划，所有人都需要追随相同的信仰。这种神圣的秩序被用来恐吓人们，让人屈服。1802 年，贴在伦敦附近的一张海报（或传单）宣称，"应该有无数的等级，这是上帝的命令"，"正如星与星的亮度不同，等级的规则也应该贯穿整个地球的体系"。有人认为，一些人拥有权力和财富，另一些人没有，这是很正常的。例如，一本宣传册的作者（普拉特，1803）说，自然的等级秩序发生变化，将会"扰乱整个天体系统，行星会互相撞击……地球会像卷纸一样被太阳的火花烧掉"。如果宇宙中的各项事物共同构成了一个连续的链条，那么改变其中的任何一部分，都可能会破坏整个链条，导致社会的终结，甚至是宇宙的崩溃。社会等级的意识形态与宗教的结合让自然秩序的观念变得特别重要。

此外，1802—1803 年间，这种论调在培养支持对法战争的爱国情怀方面具有特别重要的意义。政治精英们彼此鼓励，积极地说服穷人，告诉他们自己的利益在什么地方（阿什克罗夫特，1977）。他们担心大部分民众会欢迎法国入侵，因为法国承诺给予民众在社会、经济、政治和宗教上的自由，就像他们在 1789 年法国大革命后宣布的那样。有些政治精英表示自己很担心，如果武装英国民众保卫国家，这些民众会用武器来反对自己的主人（乔姆利，1803）。所以他们没有冒风险武装民众，而是发起了一场宣传运动。他们声称，自然秩序是最好的，如果法国攻入英国，英国人应该接受他们的侵犯，但不可以加入法国。宣传者认为，如果自然秩序发生变化，就会出现饥荒、疾病和死亡。

和麦迪逊的言论不同，存在之链的概念在18世纪时并没有过时，科学家们仍然积极地研究等级制度，看其中是否可能出现新的等级层次。他们根据肤色、阶层和地理位置，测量人的骨骼，并以与自己相同肤色的骨骼作为完美的标准，试图建立一个从好到坏的骨骼等级制度（怀特，1779）。1797年，拉瓦特尔的著作被翻译成英文，他认为这种现象是"从残暴畸形到理想之美的转变"，而美是道德的标志。拉瓦特尔设计了一个以骨骼结构和外观为基础的等级测量系统。他的著作被大量出版，在英国形成了深远的影响。随着时间的流逝，"存在之链"这个词语已经逐渐不再被使用，但人对自然等级制度的信仰，以及该信仰对政治和社会不平等的支持方面，仍有重要力量。

宇宙的等级秩序概念几乎可以证明所有形式的不平等或压迫，这一点很重要。马里·沃斯通克拉夫特（1792）认为，自然秩序的概念被用于为各种不公正辩护，比如虐待动物和儿童、奴隶贸易，以及剥夺女性的政治和经济权利。书籍中也运用自然等级的观念，比较各种类型的、不属于英国统治阶级和中产阶级的人们。例如，1797年版本的《大英百科全书》就比较了非洲人、英国工人阶级和法国革命者的行为，认为他们有共同的特征，如"缺乏道德原则"和"缺乏自然情感"。在接下来的一个半世纪里，这些思想被人们利用和拓展，为种族和社会的不公平辩护。

因此，基于存在之链的那些观念，在18世纪时并没有衰落，而是得到了进一步的发展。法国大革命和提议入侵英国所带来的危险，增加了确立已久的自然秩序的力量，特别是在1802—1804年反侵略和反革命的宣传之后，这种力量更加强大。18世纪的科学方法虽然带来了一些发现，但它们似乎证明了自然等级秩序概念的合理性。虽然"存在之链"这个词语渐渐不再被使用，但在接下来的两个世纪里，这个概念在加强，并且被用于强化负面的社会、性别和种族的刻板印象。因此，"存在巨链"这一概念在18世纪及以后仍然具有重要的意识形态意义。

参考文献

一手资料

Anon. (1803) *Such is Buonaparte* (London: J. Ginger).

Ashcroft, M. Y. (1977) *To Escape a Monster's Clutches: Notes and Documents Illustrating Preparations in North Yorkshire to Repel the Invasion.* North Yorkshire, CRO Public No. 15.

Cholmeley, C. (1803) Letter of Catherine Cholmeley to Francis Cholmeley, 16 August 1803. In M.Y. Ashcroft (1977) *To Escape a Monster's Clutches: Notes and Documents Illustrating Preparations in North Yorkshire to Repel the Invasion.* North Yorkshire, CRO Public No. 15.

Encyclopaedia Britannica (1797) 3rd edition, Edinburgh.

Lavater, J. K. (1797) *Essays on Physiognomy*, translated by Rev. C. Moore and illustrated after Lavater by Barlow (London: London Publishers).

'Pratt' (1803) *Pratt's Address to His Countrymen or the True Born Englishman's Castle* (London: J. Asperne).

White, C. (1779) *An Account of the Infinite Gradations in Man, and in Different Animals and Vegetables; and from the Former to the Latter.* Read to the Literary and Philosophical Society of Manchester at Different Meetings (Manchester: Literary and Philosophical Society).

Wollstonecraft, M. (1792) *Vindication of the Rights of Women.* (Republished in 1975 by Penguin, Harmondsworth, Middlesex.)

二手资料

Barking, J. K. (1957) *Changes in Conceptions of the Universe* (Cotteridge: Poltergeist Press).*

Madison, S. (1967) 'The End of the Chain of Being: the Impact of Descartian Philosophy on Medieval Conceptions of Being'. *Journal of Medieval and Enlightenment Studies*, 66, 7.*

Pendleton, G. (1976) 'English Conservative Propaganda During the French Revolution, 1780–1802', Ph. D. (unpub.), Emory University.

Thompson, E. P. (1963) *The Making of the English Working Class* (Harmondsworth, Middlesex: Penguin).

* 这两个参考文献是专门为此练习虚构的，其他参考文献是真实的。

练习 3 的答案：论辩的特点

存在巨链	评论
讨论"'存在巨链'和宇宙自然秩序的概念在 18 世纪以及之后仍发挥着意识形态的作用"	
"存在巨链"的观念在中世纪的欧洲很普遍。对于相信此链条的人来说，一切存在物都归属于某个预先指定的位置，就像梯子有高处和低处。宇宙中最低级的事物处在链条的底部，而人类则更接近顶端。人低于天使，但高于动物。[8]	8. 这段描述性的话，简要告诉受众"存在巨链"是什么。这是必要的背景信息。
在思考存在之链对 18 世纪的影响时，有两个方面的内容需要被考虑。首先，存在之链思想在 18 世纪是否为人们所熟知；其次，它是否被用来支持这一时期重要辩论中的政治或意识形态立场。[2]	2. 这两个句子阐述了作者打算如何处理论辩。作者将论辩分成两个部分，以帮助受众在后面能够认识到论辩的各个阶段。
首先[9]，有人提出存在之链的概念在 18 世纪非常活跃。[1] 这种观点并没有得到广泛认可。有人认为，17 世纪中叶时，人们就已经不再谈论存在之链了（巴尔金，1957；麦迪逊，1967）。麦迪逊说，存在之链的宇宙观已经被以科学观察为基础的开明思想取代。[10, 13] 或者说，战争和贸易为人们接触新思想、新意识形态提供了越来越多的机会。	9. 信号词，介绍作者的第一个理由。 1. 这句话概括了主要的论辩。 10. 作者在这里讨论了敌对论辩。 13. 使用了二手资料。
然而，尽管人们的看法发生了这样的变化，旧的观念仍然处于支配地位。[11] 18 世纪末，甚至是 19 世纪初期的文学作品中，还时常提及存在之链。比如，彭德尔顿（1976）分析了 1802—1803 年出版的宣传册，发现每 10 本宣传册中就有一本提到了存在之链。[7, 13] 这是很大的比例了。更多的宣传册提到了与存在之链相关的概念，如社会的"自然秩序"。一直到 19 世纪早期，存在之链的概念，以及宇宙存在固有秩序的观点，仍然盛行于英国。[6]	11. 本段处理了巴尔金提出的敌对论辩，该论辩认为，存在之链的观点已经消失。整篇文章都在处理麦迪逊提出的敌对论辩，下一段单独对之做出解释。 7. 此证据有助于支持总的结论（存在之链仍具有意识形态意义）。

彭德尔顿的研究表明，18世纪末仍然有许多宣传人员认为，英国的统治阶级是一种优越的人类，他们处于存在之链的高处，更接近上帝。许多当权者相信，自己的社会阶层更聪明、美丽，也更有道德。他们认为社会中大多数人不够聪明善良，是更丑陋的生物，在存在之链中更接近动物，因而在各个方面都不值得被考虑（拉瓦特尔，1797）。[12] 人们被要求"了解自己的位置"，一直按照该位置行事。处于存在之链高层的概念，有助于证明他们在社会中优越地位的合法性。[5, 6]

　　自然的等级秩序也[9]被用于为政治和经济上的不平等辩护。[5, 6] 18、19世纪时，很少有人可以在选举中进行投票、组织政治性的活动，或者公开反对那些比他们"更好"的人。绝大多数人仍没有投票权，在财富、健康和福利方面存在巨大差异（汤普森，1963）。[7, 8, 13] 自然的存在之链概念被用来论证这种差异是自然或"天意"的意图。

---

13. 使用了二手资料，不过宣传册本身是一手资料。

6. 作为理由的过渡结论。作者确认了存在之链的观念仍然流行，理由是：
- 不难找到例子。
- 彭德尔顿的研究。

12. 使用了一手资料。

5, 6. 作为理由的过渡结论。笔者指出了存在之链对维护社会结构的意义，这有助于支持总的结论（存在之链仍具有意识形态意义）。

9. 信号词，向受众表明作者正在增加理由以支持推理线。

5, 6. 作为理由的过渡结论。作者指出存在之链对维持政治、经济现有状态的意义。这支持总的结论。

8. 简短地陈述18世纪的社会状况，这是必要的。它可以支持推理，阐明存在之链的政治意义。

7, 13. 二手资料，让受众知道结论的证据来源。

进一步来说[9]，即使在18世纪之后，社会等级秩序仍然被呈现为一个神圣的计划，所有人都需要追随相同的信仰。这种神圣的秩序被用来恐吓人们，让人屈服。[6]1802年，贴在伦敦附近的一张海报（或传单）宣称，"应该有无数的等级，这是上帝的命令"，"正如星与星的亮度不同，等级的规则也应该贯穿整个地球的体系"。[12,7]有人认为，一些人拥有权力和财富，另一些人没有，这是很正常的。例如，一本宣传册的作者（普拉特，1803）说，自然的等级秩序发生变化，将会"扰乱整个天体系统，行星会互相撞击……地球会像卷纸一样被太阳的火花烧掉"。[12]如果宇宙中的各项事物共同构成了一个连续的链条，那么改变其中的任何一部分，都可能会破坏整个链条，导致社会的终结，甚至是宇宙的崩溃。社会等级的意识形态与宗教的结合让自然秩序的观念变得特别重要。[7]

　　此外[9]，1802—1803年间，这种论调在培养支持对法战争的爱国情怀方面具有特别重要的意义。[6]政治精英们彼此鼓励，积极地说服穷人，告诉他们自己的利益在什么地方（阿什克罗夫特，1977）。[12,13]他们担心大部分民众会欢迎法国入侵，因为法国承诺给予民众在社会、经济、政治和宗教上的自由，就像他们在1789年法国大革命后宣布的那样。[8]有些政治精英表示自己很担心，如果武装英国民众保卫国家，这些民众会用武器来反对自己的主人（乔姆利，1803）。[12]所以他们没有冒风险武装民众，而是发起了一场宣传运动。他们声称，自然秩序是最好的，如果法国攻入英国，英国人应该接受他们的侵犯，但不可以加入法国。[5]宣传者认为，如果自然秩序发生变化，就会出现饥荒、疾病和死亡。

9. 信号词，表示论辩沿着原方向发展。

6. 过渡结论：这个概念被用来恐吓人们，让人屈服。

12. 一手资料。

7. 本段中的一手资料被用作证据，支持总的结论（存在之链仍具有意识形态意义）。

12. 一手资料。

7. 一手资料被用作证据，支持总的结论。

9. "此外"表示推理线正在继续。

6. 过渡结论：存在之链的概念在特定历史阶段有重要意义。

12, 13. 这是1977年出版的一手资料。（出版时间比较接近现代的资料，不一定就是二手资料。）

8. 这是必要的背景信息，用以说明存在之链的概念在某一特定政治时刻的重要性。

12. 一手资料。

5. 支持本段过渡结论的理由是：政治精英们用存在之链的宣传作为反抗法国的手段，而不是武装民众。

和麦迪逊的言论不同，存在之链的概念在 18 世纪时并没有过时，科学家们仍然积极地研究等级制度，看其中是否可能出现新的等级层次。[11] 他们根据肤色、阶层和地理位置，测量人的骨骼，并以与自己相同肤色的骨骼作为完美的标准，试图建立一个从好到坏的骨骼等级制度（怀特，1779）。[12] 1797 年，拉瓦特尔的著作被翻译成英文，他认为这种现象是"从残暴畸形到理想之美的转变"，而美是道德的标志。拉瓦特尔设计了一个以骨骼结构和外观为基础的等级测量系统。他的著作被大量出版，在英国形成了深远的影响。随着时间的流逝，"存在之链"这个词语已经逐渐不再被使用，但人对自然等级制度的信仰，以及该信仰对政治和社会不平等的支持方面，仍有重要力量。[6,5]

宇宙的等级秩序概念几乎可以证明所有形式的不平等或压迫，这一点很重要[9]。马里·沃斯通克拉夫特（1792）认为，自然秩序的概念被用于为各种不公正辩护，比如虐待动物和儿童、奴隶贸易，以及剥夺女性的政治和经济权利。[12] 书籍中也运用自然等级的观念，比较各种类型的、不属于英国统治阶级和中产阶级的人们。例如，1797 年版本的《大英百科全书》（*Encyclopaedia Britannica*）就比较了非洲人、英国工人阶级和法国革命者的行为，认为他们有共同的特征，如"缺乏道德原则"和"缺乏自然情感"。[12] 在接下来的一个半世纪里，这些思想被人们利用和拓展，为种族和社会的不公平辩护。[6,5]

11. 这里处理了敌对论辩。

12. 一手资料。

6. 作为理由的过渡结论。作者说明，科学家们进一步发展了存在之链的假设，并赋予它新生。支持这一过渡结论的理由是，虽然"存在之链"的术语不再被使用，但它的假设仍在发挥作用。

5. 过渡结论支持总的结论（存在之链仍具有意识形态意义）。

9. "这一点很重要"以前面的理由为基础，用于表示论辩的另一个方面。

12. 一手资料。

6. 这里的过渡结论为，存在之链的概念被用于为各种压迫辩护。从同时代的马里·沃斯通克拉夫特的言论、1797 年的《大英百科全书》及其用途中提取的证据支持这一过渡结论。

5. 过渡结论支持总的结论（存在之链仍具有意识形态意义）。

因此[9]，基于存在之链的那些观念，在18世纪时并没有衰落，而是得到了进一步的发展。[3] 法国大革命和提议入侵英国所带来的危险，增加了确立已久的自然秩序的力量，特别是在1802—1804年反侵略和反革命的宣传之后，这种力量更加强大。18世纪的科学方法虽然带来了一些发现，但它们似乎证明了自然等级秩序概念的合理性。虽然"存在之链"这个词语渐渐不再被使用，但在接下来的两个世纪里，这个概念在加强，并且被用于强化负面的社会、性别和种族的刻板印象。因此，"存在巨链"这一概念在18世纪及以后仍然具有重要的意识形态意义。[4]

9. 表示结论的信号词。

3. 这一句主要是总结性的结论，总结了前面几段的要点。

4. 最后一句提供了逻辑性的结论，它根据整个推理过程进行推论。**注意**，这句话与标题呼应，向受众指出，标题中提出的主要问题已经被解决。

参考文献

一手资料

Anon. (1803) *Such is Buonaparte* (London: J. Ginger).

Ashcroft, M. Y. (1977) *To Escape a Monster's Clutches: Notes and Documents Illustrating Preparations in North Yorkshire to Repel the Invasion.* North Yorkshire, CRO Public No. 15.

Cholmeley, C. (1803) Letter of Catherine Cholmeley to Francis Cholmeley, 16 August 1803. In M. Y. Ashcroft (1977) *To Escape a Monster's Clutches: Notes and Documents Illustrating Preparations in North Yorkshire to Repel the Invasion.* North Yorkshire, CRO Public No. 15.

Encyclopaedia Britannica (1797) 3rd edition, Edinburgh.

Lavater, J. K. (1797) *Essays on Physiognomy*, translated by Rev. C. Moore and illustrated after Lavater by Barlow (London: London Publishers).

'Pratt' (1803) *Pratt's Address to His Countrymen or the True Born Englishman's Castle* (London: J. Asperne).

White, C. (1779) *An Account of the Infinite Gradations in Man, and in Different Animals and Vegetables; and from the Former to the Latter.* Read to the Literary and Philosophical Society of Manchester at Different Meetings (Manchester: Literary and Philosophical Society).

Wollstonecraft, M. (1792) *Vindication of the Rights of Women*. (Republished in 1975 by Penguin, Harmondsworth, Middlesex.)

二手资料

Barking, J. K. (1957) *Changes in Conceptions of the Universe* (Cotteridge: Poltergeist Press).[*]

Madison, S. (1967) 'The End of the Chain of Being: the Impact of Descartian Philosophy on Medieval Conceptions of Being'. *Journal of Medieval and Enlightenment Studies*, 66, 7.[*]

Pendleton, G. (1976) 'English Conservative Propaganda During the French Revolution, 1780–1802', Ph. D. (unpub.), Emory University.

Thompson, E. P. (1963) *The Making of the English Working Class* (Harmondsworth, Middlesex: Penguin).

* 这两份资料是专门为此练习虚构的，其他的资料是真实的。

练习 4：找出论辩中的缺陷

阅读关于"存在巨链"的第二篇文章，找出论辩中的缺陷。

注意，练习文章不包含清单上的所有缺陷，而且有些缺陷不止一次出现。你可以使用清单来记录相关的例子，以便更容易地检查你的答案。

在评论区域空白处为你的答案加上标签和序号。使用与下面提示表中相同的数字，将有助于你检查自己的答案。

提示	找到的例子	没有例子	参阅页码
1. 假前提			113
2. 错上加错			150
3. 刻板印象			123
4. 论辩缺乏一致性			84，87
5. 不必要的背景信息			74，216
6. 缺乏精确性			85
7. 证据不支持的假设			107—113
8. 假定因果关系			129
9. 虚假相关性			131
10. 不符合必要条件			133
11. 不满足充分条件			135
12. 虚假类比			138
13. 偏离方向			141
14. 共谋			141
15. 排除			141
16. 没有根据的跳跃			144—145
17. 情绪化的语言			145
18. 攻击个人			146
19. 虚假陈述			148
20. 琐碎化			149
21. 同义反复			149
22. 引用不当			206—209 239—242

存在巨链

讨论"'存在巨链'和宇宙自然秩序的概念在 18 世纪以及之后仍发挥着意识形态的作用"

18 世纪之前的许多世纪里,"存在巨链"的概念主宰着人的思维和写作领域。实际上,莎士比亚和其他 17 世纪的伟大作家都是从这个概念中获取灵感的。18 世纪时,这一情况发生了根本性的变化。对于欧洲国家(包括英国在内)来说,18 世纪是知识和地理上的扩张时期。在与美洲殖民地的对抗中,在帝国不断扩张的战争之中,士兵们走遍世界,旧的想法逐渐消失(科利,2003),商人与东方的人们进行更广泛的贸易。巴尔金(1957)和麦迪逊(1967)认为,启蒙思想和科学观念取代了更传统的思想。富人家中开始发生品味革命,充满了来自中国的艺术。年轻人通过游历欧洲来表示成年。存在之链的观念正在被现代世界更熟悉的其他观念所取代。

在这个探索与变革的时期,英国与革命的法国之间发生了持续不断的战争,这导致了大量政治宣传的产生。彭德尔顿对此的分析表明,许多宣传册使用存在之链的概念来鼓励人们支持战争。宣传者在运用自然秩序的概念方面,有很多种方法,以鼓励民众对抗法国人拥护的革命意识,让民众在法国入侵时保卫英国。宣传册和其他主战作品的创作者使用自然秩序的概念,谴责法国的自由平等理论,主张英国民众应该以爱国之情保卫他们的王国。

这种宣传是对法国人和他们的新思想的侮辱,很容易引起外交争端,让战争提前爆发。幸运的是,英国与法国之间相距数百英里,在 18 世纪时,这个距离非常重要。它意味着法国的领导人拿破仑不会看到该宣传,因而也不会发动全面入侵战争。

自然秩序的观念被用于为拥有社会经济地位的人增强权威。马里·沃斯通克拉夫特(1792)认为,自然秩序的概念被用来为各种不公正辩护。

她认为,那些残忍对待动物和儿童的人,也可能会同意奴隶贸易、压迫妇女,而这些是她所反对的。不过,她显然认为,将动物与缺乏权利的人类相提并论是可以被接受的。当时,动物处

评论

于存在之链的底层，她将动物和缺乏权利的人类进行比较，表明她认为穷人和奴隶也属于存在之链的底层。她的偏见在那个时期统治阶级的女性中很典型。

显然，18世纪的富人们已经意识到自然秩序的观念是对自己有益的。想想那时的穷人有多么脆弱，生活多么悲惨，又多么依赖上层人士的一句好话，这种情况简直让人无法忍受。民众被教导，要把比自己富有的人视为"更好的人"，把富人称作主人。他们需要接受，有人因出身而比自己优越，而自己需要服从一切。

一直到20世纪初时，自然秩序观念的影响还很强烈。1914—1918年的第一次世界大战后，劳动者获得了投票的权利，社会的流动性增强了。战争之后做仆人工作的人少了很多。在平等的条件下进行投票，让人们意识到民主是好的，这似乎使他们不那么热衷于仆人的工作了。如果每个人都有投票权，那么每个人在法律面前都是平等的。如果是这样，那就显然不存在自然秩序了。自然秩序的观念注定会消失，投票权将会导致社会等级制度的终结。

这样的改变是会被欢迎的。许多法官、牧师、政治家和教育家认为，存在之链是上帝计划的一部分。这实际上是在恐吓民众，迫使他们服从国家的运行方式。神职人员沃森（兰达夫的主教）写道，上帝让人们变得富有、强大。这显示了他对存在之链的认同，证明了他们的优越感。还有一些作者写过类似的话。比如，1802年的一张海报上写道，世界被划分为不同的存在等级，这是"上帝的旨意"。另一位写宣传册的作者（普拉特，1803）认为，改变上帝建立的秩序会"扰乱整个天体系统，行星会互相撞击……地球会像卷纸一样被太阳的火花烧掉"。然而，普拉特显然不是很聪明，也不太懂科学，因此不太可能被他同时代的人看重。

瑞士科学家卡什帕·拉瓦特尔对延续自然秩序的思想做出了重大贡献。他的作品被翻译成多种语言，受过教育的人在雇佣新仆人或者评判刚认识的人时，往往将其作为指南书来使用。拉瓦特尔发明了一种新的科学，名为"相面术"，它证明了可以从人的面部特征和头骨形状读出其性格。拉瓦特尔认为，某些特征代表了更高级的阶层，这一阶层的人更有道德，是更加典型的欧洲统治阶级。他还认为其他一些特征（比如穷人和肤色较深的人所共有的特征）是劣等品质的迹象，更像是动物。显然，这是无稽之谈，没有一个正常人会相信头骨之类的身体特征可以反映一个人的道德或价值。这就像是假设人的走路方式可以告诉你他们的健康状态一样。然而，当时却有许多人坚信这种判断人优劣的方法。

在18世纪，人们更可能会相信周围的世界处于进步和变化之中，而不是相信像自然秩序这样的静态观念。有些人以工具性的方式使用存在之链的概念，来恐吓或强迫人们相信自己无法改变命运。有些富人认同自然秩序的某些方面，但这可能只是一时的风尚，就像现在杂志上的小游戏一样。另外一些人则利用这个观念来增强自己的优越感。不过，大多数人不太会认真对待这个观念，将之应用到自己的生活和选择之中。从这个角度看，到18世纪末的时候，关于存在巨链和自然秩序的观念已经不再重要了。

参考文献（请与练习3的参考文献对照）

一手资料

Anon (1802) *Such is Buonaparte*, London.

Kaspar Lavater *Essays on Physiognomy*, Translated by Rev. C. Moore and illustrated after Lavater by Barlow, London, 1797.

Pratt, *Pratt's Address to His Countrymen or the True Born Englishman's Castle*. London.

Bishop of Llandaff

Mary Wollstonecraft (1792) *Vindication of the Rights of Women*. Middlesex.

White, C. *An Account of the Infinite Gradations in Man* (Read to the Literary and Philosophical Society of Manchester at Different Meetings) (1779).

二手资料

Madison. (1967) 'The end of the Chain of Being: the impact of Descartian. *Journal of Medieval and Enlightenment Studies*, 66; 7.*

Barking, J. K. (1957) *Changes in Conceptions of the Universe*. Cotteridge: Poltergeist Press*

Linda Colley (2003) Captives.

Holmes, Geoffrey. (1977) 'Gregory King and the social structure of pre-industrial England' *Transactions of the Royal History Society*, 27

Pendleton

E. P. Thompson *The Making of the English Working Class* (1963) Middlesex: Penguin

* 这两份资料是为此练习虚构的，其他的资料是真实的。

练习 4 的答案：找出论辩中的缺陷

提示	找到的例子	没有例子	参阅页码
1. 假前提	√		113
2. 错上加错		√	150
3. 刻板印象	√		123
4. 论辩缺乏一致性	√（3）		84，87
5. 不必要的背景信息	√（2）		74，216
6. 缺乏精确性	√（2）		85
7. 证据不支持的假设	√（4）		107—113
8. 假定因果关系	√		129
9. 虚假相关性	√		131
10. 不符合必要条件	√		133
11. 不满足充分条件	√		135
12. 虚假类比	√		138
13. 偏离方向	√		141
14. 共谋	√		141
15. 排除		√	141
16. 没有根据的跳跃	√（2）		144—145
17. 情绪化的语言	√		145
18. 攻击个人	√		146
19. 虚假陈述	√		148
20. 琐碎化		√	149
21. 同义反复	√		149
22. 引用不当	√（3）		206—209 239—242

存在巨链

讨论 "'存在巨链'和宇宙自然秩序的概念在 18 世纪以及之后仍发挥着意识形态的作用"

18 世纪之前的许多世纪里,"存在巨链"的概念主宰着人的思维和写作领域。实际上,莎士比亚和其他 17 世纪的伟大作家都是从这个概念中获取灵感的。18 世纪时,这一情况发生了根本性的变化。对于欧洲国家(包括英国在内)来说,18 世纪是知识和地理上的扩张时期。在与美洲殖民地的对抗中,在帝国不断扩张的战争之中,士兵们走遍世界,旧的想法逐渐消失(科利,2003),商人与东方的人们进行更广泛的贸易。巴尔金(1957)和麦迪逊(1967)认为,启蒙思想和科学观念取代了更传统的思想。富人家中开始发生品味革命,充满了来自中国的艺术。年轻人通过游历欧洲来表示成年。[5] 存在之链的观念正在被现代世界更熟悉的其他观念所取代。[4]

在这个探索与变革的时期,英国与革命的法国之间发生了持续不断的战争,这导致了大量政治宣传的产生。彭德尔顿[22]对此的分析表明,许多[6]宣传册使用存在之链的概念来鼓励人们支持战争。[4] 宣传者在运用自然秩序的概念方面,有很多种方法,以鼓励民众对抗法国人拥护的革命意识,让民众在法国入侵时保卫英国。宣传册和其他主战作品的创作者使用自然秩序的概念,谴责法国的自由平等理论,主张英国民众应该以爱国之情保卫他们的王国。[21]

评论

5. 不必要的背景信息,与存在之链的概念无关。从另一个角度看,这里缺少重要的背景信息,比如解释什么是存在之链。

4. 缺乏一致性。这里指出存在之链观念的影响力在减弱,下一段标 4 处,作者则暗示存在之链的概念仍然被广泛使用。作者没有说明,这两个明显矛盾的观点为什么都是正确的。这种明显的矛盾需要被解释和处理。

22. 引用不当。没有提供日期,参考文献中也没有对彭德尔顿的说明,因此受众很难核实信息来源。

6. 缺乏精确性。"许多"含义模糊,受众需要知道具体有多少,占多大比例。

21. 同义反复。这段话用不同的语句将同样的观点表达了三次。比如,最后一句既没有推进论辩,也没有为受众提供任何新的信息。

这种宣传是对法国人和他们的新思想的侮辱，很容易引起外交争端，让战争提前爆发。幸运的是，英国与法国之间相距数百英里，在 18 世纪时，这个距离非常重要。它意味着法国的领导人拿破仑不会看到该宣传，因而也不会发动全面入侵战争。[5,1,7,16]

5. 宣传对法国战争的影响是不必要的背景信息，与讨论没有直接关系。

1. 假前提。英国和法国相距数百英里，不会成为法国领导者没有看到该宣传的理由。这篇文章在第一段中暗示了大量的旅行与思想交流，如果这个论述是真的，该宣传就可能会出现在法国。

7. 拿破仑没有发动全面入侵战争的假设，没有被证据支持。

16. 没有根据的跳跃。作者从一个未经证实的观点（该宣传可能导致入侵）跳到了另一个观点（拿破仑不会看到该宣传），得出了一个未经证实的结论，以说明为什么没有发生全面入侵战争。

自然秩序的观念被用于为拥有社会经济地位的人增强权威。马里·沃斯通克拉夫特（1792）认为，自然秩序的概念被用来为各种不公正辩护。

她认为，那些残忍对待动物和儿童的人，也可能会同意奴隶贸易、压迫妇女，而这些是她所反对的。不过，她显然认为，将动物与缺乏权利的人类相提并论是可以被接受的。当时，动物处于存在之链的底层，她将动物和缺乏权利的人类进行比较，表明她认为穷人和奴隶也属于存在之链的底层。[19] 她的偏见在那个时期统治阶级的女性中很典型。[3]

19. 虚假陈述。马里·沃斯通克拉夫特比较了不同类型的压迫，因为她从中看出了相同的残忍。因为当时其他的人认可存在之链的观念，作者歪曲了马显然，18 世纪的富人们已经意识到自然秩序的观念是对自己有益的。[13] 想想那时的穷人有多么脆弱，生活多么悲惨，又多么依赖上层人士的一句好话，这种情况简直让人无法忍受。[17] 民众被教导，要把比自己富有的人视为"更好的人"，把富人称作主人。他们需要接受，有人因出身而比自己优越，而自己需要服从一切。

一直到 20 世纪初时，自然秩序观念的影响还很强烈。1914—1918 年的第一次世界大战后，劳动者获得了投票的权利，社会的流动性增强了。战争之后做仆人工作的人少了很多。在平等的条件下进行投票，让人们意识到民主是好的，这似乎使他们不那么热衷于仆人的工作了。[8,9] 如果每个人都有投票权，那么每个人在法律面前都是平等的。如果每个人都是平等的，那就显然不存在自然秩序了。自然秩序的观念注定会消失，投票权将会导致社会等级制度的终结。[16,7]

里的意图，声称马里认为穷人、奴隶和动物一样，处于存在之链的底层。

3. 刻板印象。作者根据马里所在阶级其他女性可能持有这种带偏见的观点，就认为马里也持有这种观点，但没有给出任何证据。

13. 偏离方向。"显然"一词表明，作者已经确定 18 世纪的富人是如何使用自然秩序观念的。这会让受众意识不到作者其实没有提供足够的证据来证明这一观点。

17. 情绪化的语言。使用"多么脆弱""多么悲惨""让人无法忍受"之类的短语来唤起受众的情绪，而不是通过事实和推理以强化论辩。

8. 假定因果关系。作者在投票范围的扩大与仆人数量的减少之间假设了一种偶然的关系。这里没有明显的理由说明为什么拥有投票权会给人带来不同的工作机会。可能是经济方面的变化导致了仆人数量的减少，例如出现了工资更高的新工作，或雇佣仆人的人家不再有能力支付有竞争力的工资。

9. 虚假相关性。作者错误地认为，选举权的扩大（更多的人拥有选举权）和仆人数量的减少之间存在直接的关联。

16，7. 毫无根据的跳跃和证据不支持的假设。在本段的最后一句话中，作者从一个无根据的主张跳到另一个无根据的主张。比如，作者认为人在法律面前的平等会自动带来人在其他方面的平等（社会平等）。但是，社会等级制度并不取决于投票权，它通常与其他方面的因素有关，如对祖先、职业、收入、地理和种族的态度。因此，作者错误地得出结论，即投票导致社会等级制度的终结。

22. 引用不当。没有标出时间，也没有参考文献，受众无法检查其准确性。

这样的改变是会被欢迎的。许多法官、牧师、政治家和教育家认为，存在之链是上帝计划的一部分。这实际上是在恐吓民众，迫使他们服从国家的运行方式。神职人员沃森（兰达夫的主教）[22]写道，上帝让人们变得富有、强大。这显示了他对存在之链的认同，证明了他们的优越感。还有一些作者写过类似的话。比如，1802 年的一张海报上写道，世界被划分为不同的存在等级，这是"上帝的旨意"。另一位写宣传册的作者（普拉特，1803）认为，改变上帝建立的秩序会"扰乱整个天体系统，行星会互相撞击……地球会像卷纸一样被太阳的火花烧掉"。然而，普拉特显然不是很聪明，也不太懂科学，因此不太可能被他同时代的人看重。[7, 18, 4]

瑞士科学家卡什帕·拉瓦特尔对延续自然秩序的思想做出了重大贡献。他的作品被翻译成多种语言，受过教育的人在雇佣新仆人或者评判刚认识的人时，往往将其作为指南书来使用。拉瓦特尔发明了一种新的科学，名为"相面术"，它证明了可以从人的面部特征和头骨形状读出其性格。拉瓦特尔认为，某些特征代表了更高级的阶层，这一阶层的人更有道德，是更加典型的欧洲统治阶级。他还认为其他一些特征（比如穷人和肤色较深的人所共有的特征）是劣等品质的迹象，更像是动物。显然，这是无稽之谈，没有一个正常人会相信头骨之类的身体特征可以反映一个人的道德或价值。[14] 这就像是假设人的走路方式可以告诉你他们的健康状态一样。[12] 然而，当时却有许多人坚信这种判断人优劣的方法。

7. 证据不支持的假设。在这里，作者假设普拉特的同时代人不会看重普拉特，没有提供证据支持这一观点。实际上，很可能有人在传播普拉特的观点。

18. 攻击个人。这里没有对普拉特的观点进行合理的分析，而是在攻击普拉特个人。

4. 缺乏一致性。作者以一种混乱、不一致的方式呈现证据。作者先引用普拉特作为证据，然后又说普拉特不被看重。

14. 共谋。这里作者依赖于共谋的手段，认为受众会自动同意其观点。作者认为，对自己来说显而易见的事物，对他人也一定如此，不必加以说明。如果受众和作者的观点不一致，受众需要给出不一致的理由。

12. 虚假类比。这个类比是无效的。作者认为拉瓦特尔的观点是错的，但一个人的走路方式确实可以反映出很多有关疾病的信息。

在 18 世纪，人们更可能会相信周围的世界处于进步和变化之中，而不是相信像自然秩序这样的静态观念。[7] 有些人以工具性的方式使用存在之链的概念，来恐吓或强迫人们相信自己无法改变命运。有些富人认同自然秩序的某些方面，但这可能只是一时的风尚，就像现在杂志上的小游戏一样。[6, 10] 另外一些人则利用这个观念来增强自己的优越感。不过，大多数人不太会认真对待这个观念，将之应用到自己的生活和选择之中。从这个角度看，到 18 世纪末的时候，关于存在巨链和自然秩序的观念已经不再重要了。[11]

7. 证据不支持的假设。这一段中有许多证据不足的假设。这些假设被用于支持最后一句所提出的结论。

6. 缺乏精确性，没有足够的细节。

10. 不满足必要条件。不符合确定该过渡结论的必要条件。要证明自然秩序的观念仅是一时风尚，作者必须：

- 提供证据证明该观念在某一群体中广泛流行，因而构成"风尚"。

- 提供证据证明自然秩序的观念只在特定时间内以特定的方式流行（因为它是"一时的"）。

- 提供证据证明曾经拥有自然秩序观念的人后来不再采用此观念而表现出相反的行动。也就是说，在某种程度上，自然秩序的观念不是这些人信仰的核心，因而无法支配他们的行为。

11. 不满足充分条件。结论不符合"满足充分条件"，因为作者提供的证据不足以支持此结论。

参考文献（请与第练习 3 的参考文献对照）[22]

一手资料

Anon (1802) *Such is Buonaparte*, London.[3]

Kaspar Lavater[1] *Essays on Physiognomy*, Translated by Rev. C. Moore and illustrated after Lavater by Barlow, London, 1797.

Pratt, *Pratt's Address to His Countrymen or the True Born Englishman's Castle*. London.

Bishop of Llandaff[4][5][6]

Mary Wollstonecraft (1792) *Vindication of the Rights of Women*. Middlesex.[1][6]

White, C. *An Account of the Infinite Gradations in Man* (Read to the Literary and Philosophical Society of Manchester at Different Meetings) (1779).[1][3][5]

二手资料

Madison.[4][5][6] (1967) 'The end of the Chain of Being: the impact of Descartian. *Journal of Medieval and Enlightenment Studies*, 66; 7.*

Barking, J. K. (1957) *Changes in Conceptions of the Universe*. Cotteridge: Poltergeist Press*

Linda Colley (2003) Captives.[1][4][5]

Holmes, Geoffrey. (1977) 'Gregory King and the social structure of pre-industrial England' *Transactions of the Royal History Society*, 27[1][3]

Pendleton[4][5]

E. P. Thompson *The Making of the English Working Class* (1963) Middlesex: Penguin[1][3]

*这两份资料是为此练习虚构的，其他的资料是真实的。

22. 比较练习 3 与练习 4 参考文献的细节，注意：
（1）各条参考文献的内容排列并不一致，例如日期的顺序、姓名或缩写的首字母。
（2）文中所使用的参考文献并没有全部列在此处。
（3）参考文献中，有些条目的内容没有出现在文本中。作者可能使用了这个资料，但引用并不正确。
（4）参考文献的某些条目中，作者资料并不完整，将会导致受众无法查阅这些资料。
（5）有些书名不完整（对照练习 3 中的参考文献）。
（6）参考文献没有按照字母顺序排列。

附录 3
练习的答案

第二章 你擅长思考吗？——提高你的思维能力
第 1 节 评估你的思维能力
请用 30—31 页的计分表记录你的得分。

1. 比较

1.E。除 E 之外，其他所有的方框中，第二行中的圆圈都比其他三行大。答对得 1 分。

2.A。除 A 之外，其他所有的方框中，右下角的剪刀都是白色刀片，而方框 A 中是黑色刀片。答对得 1 分。

3.D。方框 D 左下角图案的方向与其他方框不同。答对得 1 分。

4.F。方框 F 中间的图案与其他不同。答对得 1 分。

2. 序列

1.A。前三个方框的图案相同，尾巴向右，下一组重复此模式，尾巴向左。答案正确得 1 分，理由正确得 1 分。

2.D。每隔一个方框重复一次图案。答案正确得 1 分，理由正确得 1 分。

3.E。前一个方框第一行的图案移动至下一个方框的第三行，第二、三行的图案依次上移。答案正确得 1 分，理由正确得 1 分。

4.B。前三个方框中，星星在递增，到第四个方框时，星星又变成一个，继而是两个，由此可以推出第六个方框中星星也是三个。序列中，星星图案从顶部到底部交替出现。第四、五个方框分别重复第一、二方框中的线条图案，但上下位置相反。答案正确得 1 分，理由正确得 2 分。

3. 分类

1.（1）电脑的配件：鼠标 驱动器 打印机 显示器 屏幕

（2）表示动作的词语：打字 说话 滚动 进食

分类正确得 1 分，第一组的分类标准正确得 1 分，第二组的分类标准正确得 1 分。

2.（1）与埃及有关的词语：金字塔 绿洲 棕榈树 沙漠 尼罗河

（2）形容某事物很大的词语：巨大的 广大的 硕大的 极大的 庞大的

分类正确得 1 分，第一组的分类标准正确得 1 分，第二组的分类标准正确得 2 分。

3.（1）宝石：玛瑙 黄玉 红宝石 蛋白石

（2）贵重金属：银 金 铂金

分类正确得 1 分，第一组的分类标准正确得 1 分，第二组的分类标准正确得 2 分。

4.（1）首字母为大写的单词：Empty Gate Shoal Divan Kenya Pound

（2）首字母为小写的单词：burst chops hertz micro

分类正确得 1 分，第一组的分类标准正确得 1 分，第二组的分类标准正确得 1 分。

4. 遵循指示

这项练习的目的，是让你能够检验自己遵循指示的能力。学术工作和考试通常会需要你严格按照要求作答。

1.D。如果你选择了 C，请再看一下问题的措辞。此处只问了牛有多少条腿。答对得 2 分。

2.A。其他选项可能也是正确的，但不是对问题的准确回答。

5. 精读
例文 2.1

每答对一题得 1 分。

1.B。虽然例文提到了北极地区夏季很短，但主要论辩是北极的气候条件恶劣。

2.C。例文没有提到这个问题，它可能是对的，也可能是错的。

3.B。例文指出，北极地区一年中有三个月是极夜，但其他的时间是有日光的。

4.A。例文指出，北极地区一年中有三个月是极夜，可以推出剩下的九个月会有全天日照或部分日照。

5.C。例文没有提到这个问题，需要更多信息才能判断。

例文 2.2

6.B。例文中，卡弗是科学家，罗斯福为其建立纪念碑。此论述与例文不合。答对得 1 分。

7.C。例文没有说明卡弗去世的具体时间，所以无法判断。答对得 2 分。

8.B。例文指出，卡弗的生平故事被加入了传奇色彩，并暗示这是因为他是一个伟人。例文没有说卡弗的一生整体上都是虚构的。答对得 1 分。

9.A。例文指出，由于卡弗称上帝是自己的灵感来源，宗教团体认可卡弗的发明，认为那是上帝对唯物主义的祝福。答对得 1 分。

10.C。需要更多的信息才能够判断。例文只说卡弗是他所就读的大学录取的第一个黑人学生，没有说是美国全部的院校。答对得 2 分。

11.B。例文认为，这是卡弗所带来的，与此观点相反。答对得 1 分。

12.C。例文指出，卡弗从农作物中开发出了 100 多种新产品，但没有说其中有多少产品来自大豆本身，有多少来自其他农作物。答对得 2 分。

6. 找出相似之处

每题的答案正确得 1 分，理由正确得 1 分。

1.A。选项 B 指出，居民喜欢住在北极地区，例文 2.1 中没有此信息。

2.C。选项 C 是对例文 2.2 要点的总结，含义最接近例文 2.2。选项 A 和 B 只关注到例文的部分方面，并做出了例文中没有的假设。选项 A 表达了例文中没有的宗教观点，选项 B 错误地说明了修建纪念碑的原因，例文 2.2 并没有明确给出原因。

第 2 节　集中注意力

练习：找到"t"

Terrifying torrents and long dark tunnels are used to create the excitement of the thrilling train ride at the park.

这句话中有 14 个"t"。

即使集中注意力，关注了每一个字母，第一次没有找到 14 个"t"也是很正常的。这很可能是因为大脑使用了"自动导航"的功能，将"to""the"之类简短的单词与旁边的单词当作整体一起阅读，而不是将其看作字母序列。如果你也是这样，这可能表明，你的大脑能够有效地服务于大多数阅读目的。

练习：识别差异

1.F　2.B　3.A　4.F　5.F　6.E　7.A　8.E　9.F　10.B　11.B　12.D

练习：识别序列

1.B。从左到右，方框中图案数量递增。

2.E。前两个方框中的图案依次重复出现。

3.C。前两个方框中的图案依次重复出现。

4.D。从左到右，方框中图案数量递增。

5.E。从左到右，符号在方框内逆时针转动，每次移动一个位置。

6.B。偶数方框的图案与前一个奇数方框相同。

7.F。偶数方框中的第一行与第三行和前一个奇数方框相同，第二行与自身的第三行相同。

8.A。第一个方框中第一行的图案，每两个方框移动一次位置，先是在第一行，然后到第四行，再回到第一行。第一个方框中第二行的图案，每两个方框移动一次位置，先是在第二行，然后到第三行，再回到第二行。第一个方框中第三行的图案，每次下移一行，触底时回到顶部，然后继续下移，移动轨迹左中右，至右侧时返回左侧。第一个方框中第四行的图案，每次上移一行，至顶部后回到底层，然后重复上移。

9.D。每换一个方框，位于左侧的符号移动到右侧，右侧的符号则下移一行至左侧。符号到达右下角时，下一次则回到左上角。

10.F。第一行中，前两个方框中的图案依次重复出现。第二行中，前三个方框的图案与后三个方框左右对称。第三行中，前三个方框中的图案依次重复出现。

11.E。第一个方框各行的图案，每次下移一行，触底后回到第一行。第一个方框中第一行的图案在下移时不变。第一个方框中第二行的图案在下移时模式发生变化，奇数框的小菱形到偶数框时变成大菱形，奇数框的大菱形在偶数框变成小菱形。第一个方框中第三行的图案，在下移的同时数量发生变化，偶数框中图案数量为 2，奇数框时图案数量为 1。第一个方框中第四行的图案，在下移的同时每一个小图案向右移动，至右侧时回到左侧。

12.B。第一个方框中第一行的图案沿着方框四边顺时针转动。第一个方框第二行的图案，在第二行和第一行交替出现，当它在第一行时，图形数量为 2。第一个方框第三行的图案，在第三行和第二行交替出现，当它在第二行时，图形数量为 3。第一个方框中第四行的图案，在第四行和第三行交替出现，当它在第三行时，圆形图案在左侧。

第 3 节　分类

练习：分类

1. 水体
2. 国籍
3. 动物栖息处
4. 科学的门类
5. 七个字母的单词
6. 前缀为"de"的单词或以"de"开头的单词
7. 包含"eve"的单词
8. 认知方面的能力
9. 身体器官的炎症
10. 正着看和反着看都一样的单词

11. 7 的倍数
12. 各种生物类型的集合名词

练习：将文章分类

例文 2.3

A 和 B 是最相似的，二者都描述了分类的方式，而 C 对此进行了价值判断。

例文 2.4

B 和 C 最相似。A 断言混合精油是在埃格福斯时代发明的，而 B 和 C 只认可了这种可能性。

例文 2.5

B 和 C 最相似。A 认为左右脑无论哪部分受损都可能会导致人出现认知问题，而 B 和 C 认为只有右脑与此有关。A 还主张右脑受损通常会令人丧失想象力，B 和 C 没有提到这一点。

第 4 节　精读

例文 2.6

1.A。可以从例文的最后一句话推断出来。

2.A。可以从例文的第二、三句话推断出来。

3.C。例文只涉及美洲神话，因而没有足够的信息以对此做出判断。

4.B。例文没有提到与方向感相关的任何信息。

5.B。无法从例文中推断出这一点。

6.A。与例文的内容一致。

例文 2.7

7.B。例文并没有说明这一点，也无法根据例文合逻辑地推断出来。

8.C。例文没有说明这一点，我们需要更多的数据来了解大多数人是否认为疾病是变革性的。

9.A。符合例文的内容。

例文 2.8

10.A。这个说法与例文的观点一致。例文指出，几乎没有证据表明抑郁症与血清素水平有关。

11.A。这个说法与例文的观点一致。例文指出，原始数据很少被公布，而表明药物有益的试验结果更有可能被公布。

12. C。例文没有提到与年龄增长相关的药物效果信息。
13. B。这个说法与例文的观点不一致。例文认为，制药公司不会发表全部的试验数据，而基于已发表数据的学术文章可能会非常不准确。
14. B。这个说法与例文的观点不一致。例文认为，几乎没有证据表明抑郁症与血清素水平有关。

例文 2.9
15. C。例文没有提供相关信息。
16. B。这与例文的信息相矛盾，例文指出，除醉酒情况之外，帮助受害者的意愿没有明显的种族差异。
17. A。与例文一致。例文的第三句话指出，三分之一的人更愿意帮助跛脚的人。
18. A。与例文一致。例文指出，如果认为帮助有用，人们更有可能提供帮助。
19. A。与例文一致。例文的第一句话肯定了这个说法，中间部分"如果帮忙的成本低或善意的行为有用，人们会更愿意提供帮助"则对此做出了说明。

第三章 他们的观点是什么？——识别论辩
第1节 作者的立场
练习：找到作者的立场
例文 3.1
作者的立场：找到适合自己的法庭工作是有可能的。例文建议有抱负的出庭律师根据自己想在法庭上花费多少时间来选择自己的职业领域。

例文 3.2
作者的立场：科赫对医药史上方法论的进步做出了重要贡献。例文通过科赫实验证明了细菌致病的理论来支持这一立场。

例文 3.3
作者的立场：撒哈拉值得历史爱好者探索。例文引用了隐藏在沙漠下的文化遗迹来支持这一立场。

例文 3.4
作者的立场：如果任务对孩子有意义，幼小的孩子也可以完成超出人们预期的高难度任务。例文认为，如果用孩子能够理解的语言来表达任务，他们会表现得更好。

第3节 识别论辩
练习：识别简单的论辩
例文 3.7
这是一个论辩。结论是"这是一幅好画"。支持论辩的理由是：色彩的运用效果和有趣且画得很好的人物。

例文 3.8
这不是一个论辩。即使重新排列句子，也无法找到基于其他句子的结论。

例文 3.9
这不是一个论辩。即使重新排列句子，也无法找到基于其他句子的结论。与科学研究有关并不能使其成为论辩。

例文 3.10
这是一个论辩。结论是，花衣魔笛手的行为是一种报复。支持这一论辩的理由是：花衣魔笛手对镇上的人很生气，因为他们不支付报酬；花衣魔笛手故意把孩子带走，让孩子永远消失。

例文 3.11
它虽然简短，但仍是一个论辩。结论为"一定是信号故障"，而做出这个推断的理由是火车晚点了。

例文 3.12
这只是相关信息的集合，不是论辩。所有的陈述都不能成为其他信息的结论。

例文 3.13
虽然你可能不认同例文作者的观点，但这是一个论辩。结论是"一定是有鬼"。支持的理由是窗户、门的声音，还有紧张的气氛。

例文 3.14
这是一个论辩。结论为"许多人在成年以后才开始学习阅读"。支持这一论辩的理由是：约翰和米兰达成年后阅读能力赶上了同龄人，近100

万人通过成人课程提高了阅读能力。

例文 3.15

这不是一个论辩。例文描述了一个过程,作者并没有试图说服受众接受某一立场或结论。

练习：理由与结论

例文 3.16

主要论辩：河水上涨将骸骨冲了上来。

理由 1：河边发现了一具人类骸骨。

理由 2：警方排除了当地某户人家参与其中的可能性。

理由 3：骸骨被认为有数百年历史。

理由 4：历史学家证实,该河流经古代墓地附近。

理由 5：过去有其他的尸骸被河水冲上来过。

理由 6：最近的暴风雨导致河水上涨半米。

结论：这具人类骸骨并不是涉及当地某个家庭的谋杀案,它是被涨水的河流从它的安息地冲上来的。

例文 3.17

主要论辩：海草很重要。

理由 1：海草是浅水区主要的植被形式。

理由 2：海草供养着大量的海洋生物。

理由 3：海草为许多鱼类（包括不少可供商用的鱼类）提供营养。

理由 4：如果没有海草,沿海地区的生物多样性将严重衰退。

结论：海草对海岸生态系统有重要贡献。

例文 3.18

主要论辩：现代社会的人之所以不高兴,是因为过于关注世界的现状以及短期目标的实现,而不是思考如何长期与他人、环境更和谐地生活。

理由 1：人们忘记了要友好、善良。

理由 2：人们首先满足自己的需求,不考虑更贫困的人。

理由 3：人们忽略了自己知道环境的需求。

理由 4：人们关注即时的满足和短期的收益,不考虑长期后果。

结论：人类现在面临的挑战是找到一种让彼此更融洽、与我们生活的宇宙更加和谐的行为方式。

例文 3.19

主要论辩：孕妇和免疫力较差的人需要意识到猫传播弓形虫病的潜在危险。

理由 1：猫是弓形虫的宿主,而弓形虫会在人类中引起弓形虫病。

理由 2：如果孕妇被弓形虫感染,其胎儿可能会失去视力,并有运动缺陷。

理由 3：在免疫力较差或患有艾滋病的人群中,弓形虫病可导致癫痫发作和死亡。

理由 4：感染弓形虫病的猫没有明显症状。

结论：孕妇和免疫系统差的人需要意识到猫的潜在危险。

第四章　这是一个论辩吗？——论辩与非论辩

第 1 节　论辩与分歧

练习：论辩与分歧

例文 4.1

A。这是论辩。总论点是,第二语言或多种语言有很多益处。理由：（1）使用多种语言的人对语言的结构有更好的理解；（2）第二语言可以帮助人理解母语。

例文 4.2

B。例文的最后一句表达了作者不认为补充疗法可以与药物治疗竞争,但没有给出相关的理由,所以它不是论辩。

例文 4.3

B。例文的最后一句表达了作者不同意雇主对保护雇员的生命无能为力的说法,但例文没有给出相关的理由,所以它不是论辩。

例文 4.4

A。这是论辩。结论"现在,人们的政治意识比以往任何时候都要弱"在第一行。理由：（1）过去,人们为造福他人的事业而奋斗；（2）过去,人们在政治问题上承担了更多的风险；（3）过去,人们有更国际化的视野；（4）现在选举的投票率比过去低。

例文 4.5

B。例文的最后一句表达了作者不同意反对全球变暖的论辩，但例文没有给出相关的理由，所以它不是论辩。

例文 4.6

A。这是论辩。打孩子会伤害孩子的身心健康是结论，它出现在例文的第二句。理由：(1) 打人是对人的侵犯；(2) 这种侵犯是成年人拒绝接受的；(3) 打孩子会形成一种恶性循环。

第 2 节 非论辩

练习：这是什么类型的信息？

例文 4.7

描述。描述太空发射的关键方面。

例文 4.8

论辩。论辩和母亲一起睡觉对婴儿有好处。

例文 4.9

总结。总结普拉特克的研究的一篇文章。

例文 4.10

描述。描述了村庄的位置。

例文 4.11

解释。解释为什么狗需要用气味来识别玩具老鼠，而不是通过颜色。

例文 4.12

总结。总结了莎士比亚的一部戏剧的情节。

例文 4.13

解释。解释学生迟到的原因。

例文 4.14

解释。解释洞穴中的壁画为什么到 2003 年才被发现。

例文 4.15

论辩。论辩在冰河时期欧洲大陆和英国之间的文化联系比以前人们认为的更紧密。

例文 4.16

描述。描述专家对洞穴中壁画的反应。

第五章 他们说得怎么样？——清晰、一致与结构

第 1 节 作者的立场有多清晰？

例文 5.1

不清晰。作者提出了太多的问题，却没有给出答案。文中有许多事实，但这些事实不能帮助作者澄清自己的立场。作者可以在开头介绍论辩，或在最后总结论辩，为受众提供更多论辩方向的指导，从而让论辩变得更清晰。

例文 5.2

不清晰。作者意识到了存在不同的观点，这是好的。但他在不同的观点之间徘徊，却没有明确指出希望受众接受哪个观点。作者没有完全同意某一个观点，也没有完全不同意任何观点，更没有建议第三种观点。这会让受众觉得作者似乎都不知道应该相信什么。作者需要整理要点，将相似的观点放在一起，对之进行排序，以得出结论。同时，作者需要确定自己的立场，哪怕只是说明某一个观点比另一个观点更有优势。

例文 5.3

不清晰。报告的目的是考察该地区是否需要新建一个体育中心。例文讨论了支持建立和反对两个方面的观点，这是恰当的，但这两个方面的内容混淆了。先陈述支持建立体育中心的理由，再陈述反对的理由，会令论辩更清晰，两个方面观点的比重也会更恰当。另外，作者还需要给出一些是否需要新建体育中心的暗示，以表明自己的立场。

第 2 节 内部一致性

练习：内部一致性

例文 5.4

B。不一致。作者以药物会给人带来不正当的优势为理由，认为应该禁用能够提高成绩的药物，不管服药者是否有意作弊。但到后面，"不正当的优势"被医疗需求和作弊意图取代。为了保持论辩的一致性，作者应该坚持自己的最初的

立场，即服用能够提高成绩的药物是不正当的，或者像例文 5.5 那样，采取更温和的立场。

例文 5.5

A。一致。作者认为，出于健康的考虑，通常不鼓励服用药物，但如果个人健康需要使用药物，则可以允许使用。

例文 5.6

B。不一致。作者首先指出，真人秀无法提供公众想要的东西。但之后又说，几乎整个国家的人都在观看真人秀，这表明它很受公众欢迎。作者可以通过以下方式使论辩更加一致：

- 解释为什么公众会看自己并不想看的节目。
- 提供证据证明公众没有其他的选择。
- 提供证据证明公众想看更好的其他类型的节目。

例文 5.7

B。不一致。作者提出，乡村正在消失，但引用的证据只是迄今为止有 8% 的乡村被开发。作者需要提出进一步的证据，说明为什么其他 92% 的农村也确实有消失的风险，才能保持论辩的一致性。

例文 5.8

B。不一致。作者提出，在哥伦布之前，"人们都相信世界是平的"，但却给出了几个例子，说明有些人不相信世界是平的。这种不一致在论辩中并不罕见。人们经常复述一些普遍的信念，例如中世纪的教会认为世界是平的，却没有注意到自己引用了相互矛盾的证据。为了保持一致，作者可以主张，与那些持有普遍观点的人相比，哥伦布更加勇敢。例如，可以说，在无法预知距离和结果的情况下，哥伦布勇敢地坚持航行。

第 3 节　逻辑一致性
练习：逻辑一致性

例文 5.9

B。不一致。有些动物可以在没有光的情况下生存，无法说明所有的动物都可以。

例文 5.10

B。不一致。无法从理由中推出明年事故数量增加的结论。

例文 5.11

B。不一致。根据例文所提供的理由，更合逻辑的结论应该是，要给予体育、媒体、大众文化之类的学科更重要的地位。如果学科的地位与学习该学科学生的社会阶层直接相关，那么学生改变自己学习的学科会令新学科的地位也下降，于是他们还是只能从事低收入的工作，导致问题继续存在。

例文 5.12

A。一致。熔岩穿过已有的沉积岩形成火成岩，所以火成岩总是比沉积岩更年轻。

例文 5.13

B。不一致。找不到安静的地方，并不意味着噪声污染正在增加。现在的噪声水平可能和以前相同，也可能不同，论辩没有提供证据说明这一点。

例文 5.14

B。不一致。计算机没有情感能力与计算机在各个方面都将超越人类相矛盾。

第 4 节　联合理由和独立理由
练习：联合理由和独立理由

例文 5.15

联合理由。这些理由共同支持年轻人的权利和责任。

例文 5.16

独立理由。理由涉及环境（垃圾）、价值（几乎没有有用的发现）、经济（扭曲了当地的经济）和安全四个方面。

例文 5.17

独立理由。为说谎辩护的理由有：真相伤人；它可以提供有用的应对机制；谎言和真相有时候难以区分；说谎有社会效益。

例文 5.18

独立理由。例文认为,这本书忠实地再现了乐队的生活,理由分为三个方面:知识(作者对乐队的了解)、经验(作者本人的乐队经历)、客观性(作者与乐队没有竞争关系)。

例文 5.19

独立理由。理由分为三个方面:资源的有效利用、企业形象、对员工的帮助。

例文 5.20

联合理由。所有的理由都支持论辩,即马格利特几乎没有留下线索帮助人解读自己的作品。

第 5 节 过渡结论

练习:过渡结论

例文 5.21

总论点在例文的结尾:政府应该采取强有力的措施,提高人们对吸烟危害的认识,并在公共场所禁烟。

过渡结论为粗体部分:

> 虽然大多数吸烟者都说他们喜欢吸烟,但他们中的许多人还是希望自己不吸烟。一位记者写过:"感觉我就像在烧钱。"香烟可以占到个人消费总支出的一半。通常来说,随着人们借款的增多以及支付利息,香烟的总消费有时会被隐藏起来。然而,许多吸烟者都很清楚,**吸烟浪费金钱。**
> **吸烟对长期健康同样具有毁灭性的影响。**就像吸烟者常在银行累积债务一样,他们的健康也在累积着看不见的赤字。人们很容易忘记吸烟对健康的影响。疾病和死亡的警告似乎还要很久才会真正出现。不幸的是,一旦肠癌、肺癌、喉癌或胃癌发作,任何行动往往都为时已晚。此外,这些疾病在吸烟者还年轻的时候就会突然发作。
> **吸烟者在他们的周围散发强烈的、令人不快的气味,在未经他人同意的情况下影响了别人。**吸烟会损害嗅觉,所以吸烟者没有意识到他们给别人带来了多少难闻的气味。有些人认为在户外吸烟可以清除那些难闻的气味,但事实显然并非如此。此外,研究发现,常在户外吸烟的人所住房屋中属于香烟的化学物质的含量是不吸烟者房屋的 7 倍以上。有毒化学物质挥之不去,影响其他人的健康,这有时甚至是致命的。**无论是在室外还是室内,吸烟不仅会伤害吸烟者,还会伤害其他人,这种伤害是应该被禁止的。**政府应该采取强有力的措施,提高人们对吸烟危害的认识,并在公共场所禁烟。

第 6 节 作为理由的过渡结论

练习:作为理由的过渡结论

过渡结论为粗体部分。

例文 5.22

攻击他人是违法的。打耳光是一种攻击形式,它即使不会造成身体上的伤害,也会造成心理上的伤害。**它应该一直被视为违法行为。**这条规则适用于成年人,但在儿童身上却常常不被承认。打耳光被认为是一种有用和必要的纪律形式。也有人认为孩子不是独立的存在。这不是一个有效的论点。**儿童**可能依赖于成人,但他们**仍然是人**。因此,打孩子也应该算作法律上的侵犯。

在这里,要论辩打孩子是违法行为,作者需要确定:

- 打人是违法行为。
- 儿童也是人。

例文 5.23

很多人在讨论中说得太快,因为他们担心会出现沉默。当被问及这个问题时,人们通常会承认他们说得早是为了确保讨论中没有间隙。**他们不习惯在谈话中沉默,也不知道如何巧妙地应对沉默。**他们会觉得在讨论中沉默是令人不安和尴尬的事情。**然而,沉默可以是有益的。**首先,它为反思留出了时间,使发言者能够做出深思熟虑而准确的回应，为讨论做出更多贡献。其次，它给更多人提供了首先发言的机会。为了更有效地进行讨论，我们需要有技巧地管理沉默。

作者需要先确定两个过渡结论，以作为自己论辩的理由或证据：

- 讨论中人们说话太快，是因为他们不知道如何应对沉默。

  如果这一点成立，那就可以进一步支持结论，即有技巧地管理沉默将会改善讨论的状态。作者首先引用了人们的回答，证明了这个过渡结论的准确性；然后指出讨论中人们不习惯沉默，是因为无法巧妙地管理沉默。

- 沉默可以促进讨论。

  作者通过两个独立理由来证明这一过渡结论。首先，沉默为反思留出时间，让人能够更好地回应；其次，沉默让更多的人有机会先发言。

第 7 节　总结性结论和逻辑性结论
练习：总结性结论和逻辑性结论
例文 5.24
逻辑性结论。作者权衡了两组不同的论据，得出环境比基因对犯罪行为有更深影响的结论，所以它是论辩。

例文 5.25
总结性结论。作者总结了两种立场，但对真人秀是否对电视节目有益的问题没有得出结论。例文没有以理由为基础的逻辑性结论，所以它不是论辩。

例文 5.26
逻辑性结论。作者对取消发展中国家债务后银行将承担的经济损失做出了判断。这个判断是从理由中推理出来的，所以它是论辩。

例文 5.27
总结性结论。作者只是总结了两个观点，没有对有机食品是否味道更好做出判断。因为例文中没有基于理由的逻辑性结论，所以它不是论辩。

第 8 节　逻辑顺序
练习：逻辑顺序
例文 5.28
这篇文章的结构混乱，因为：

- 作者在不同的观点之间来回跳跃，没有将相似的观点组合在一起。
- 没有明显的介绍性引言。
- 结论和作者的立场不明显。
- 缺乏表明论辩方向的词语。

请对比原文和下面的版本。二者材料几乎完全相同，但顺序不同，下面的版本还添加了一些词语（粗体），以指明逻辑关联。

> **昼夜节律**
>
> 5：我们的身体对生物节律的反应比对时钟时间、外界干扰的反应更敏感。10：这些生物节律被称为昼夜节律，它在鸟类中的作用尤其强烈。11：对人类来说，它特别受到我们大脑底部、下丘脑前部的视交叉上核控制。12：**我们知道这一点，是因为**如果这部分大脑受损，人就会失去正常的 24 小时生物钟的感觉，那样的话，只要睡着，就是夜间。13：对其他人来说，昼夜节律比预期的要强烈得多。1：**例如**，实验中，人类志愿者在地下恒定的光线里待了几个星期。2：一开始，他们的生物钟和睡眠模式被打乱了。3：**但是**，几个星期后，他们的生物钟恢复到正常的 24 小时昼夜节律，跟外面的世界大致一致。4：**不过**，我们通过暴露在阳光下来调节自己的生物钟，它会对光线和黑暗的模式做出反应。14：长期与太阳节律失去联系的宇航员会发现自己很难适应昼夜节律。15：许多人需要药物来帮助他们入睡。16：夜班工人即使上了 20 年的夜班，也无法调整昼夜节律来适应夜间工作的需要。17：某些疾病，如消化性溃疡和心脏病，以及车祸风险的增加，在夜班工人中更为常见。
>
> 6：自从人类基因图谱成为基因组计划的一部分，我们对昼夜节律及其在遗传条件中的作用逐渐有

了更深入的了解。7：有些家庭的遗传条件使人对昼夜节律不那么敏感。8：这或许有助于解释这些家庭中出现的睡眠障碍模式。19：一些精神疾病，如精神分裂症和双相情感障碍，可能也与昼夜节律的功能失调有关。

9：工作模式、休息模式、建筑、照明、食品、药物和医疗都在与我们的生物钟竞争。18：由于扰乱昼夜节律的长期影响尚未被发现，我们应该注意确保轮班工人和因遗传条件而对24小时生物钟不敏感的人的健康。

这不是唯一的排序选择，还可以是：

5、10、11、12

6、7、8、13

9、1、2、3、4、14、15

16、17、19、18

即：

昼夜节律

5：我们的身体对生物节律的反应比对时钟时间、外界干扰的反应更敏感。10：这些生物节律被称为昼夜节律，它在鸟类中的作用尤其强烈。11：对人类来说，它特别受到我们大脑底部、下丘脑前部的视交叉上核控制。12：如果这部分大脑受损，人就会失去正常的24小时生物钟的感觉，那样的话，只要睡着，就是夜间。

6：自从人类基因图谱成为基因组计划的一部分，我们对昼夜节律及其在遗传条件中的作用逐渐有了更深入的了解。7：有些家庭的遗传条件使人对昼夜节律不那么敏感。8：这或许有助于解释这些家庭中出现的睡眠障碍模式。13：对其他人来说，昼夜节律比预期的要强烈得多。

9：工作模式、休息模式、建筑、照明、食品、药物和医疗都在与我们的生物钟竞争。1：实验中，人类志愿者在地下恒定的光线里待了几个星期。2：一开始，他们的生物钟和睡眠模式被打乱了。3：几个星期后，他们的生物钟恢复到正常的24小时昼夜节律，跟外面的世界大致一致。4：我们通过暴露在阳光下来调节自己的生物钟，它会对光线和黑暗的模式做出反应。14：长期与太阳节律失去联系的宇航员会发现自己很难适应昼夜节律。15：许多人需要药物来帮助他们入睡。16：夜班工人即使上了20年的夜班，也无法调整昼夜节律来适应夜间工作的需要。17：某些疾病，如消化性溃疡和心脏病，以及车祸风险的增加，在夜班工人中更为常见。19：一些精神疾病，如精神分裂症和双相情感障碍，可能也与昼夜节律的功能失调有关。18：由于扰乱昼夜节律的长期影响尚未被发现，我们应该注意确保轮班工人和因遗传条件而对24小时生物钟不敏感的人的健康。

第六章 读懂言外之意——识别潜在假设和隐式论辩

第1节 假设

练习：识别潜在的假设

例文 6.1

潜在假设：抗议核武器的运动是衡量人是否关心政治的标准。

然而，不同年代的人可能关心不同的政治问题。

例文 6.2

潜在假设：只要房价快速上涨，就一定会暴跌而导致人们赔钱。

房价上涨时的投资模式或利率可能不同，因此不一定会发生暴跌，给人们带来经济损失。

例文 6.3

潜在假设：以孩子为目标的广告导致了过度的同侪压力。

这可能是真的，也可能是假的。例文本身并没有确定广告和同侪压力之间的关系。

例文 6.4

潜在假设：互联网上的检索量大意味着所有人都知道该信息。

这有可能是真的，但更可能的是，很多人都没有听说过埃米格瓦利。点击量高的网站可能只有部分人群访问过，同样的人群也可能会多次访问该网站。

例文 6.5

潜在假设：所有工作都可以转移到劳动力成本低的国家中。

只有这个假设为真，高工资国家很快就会没有工作岗位的结论才会为真。但这个假设不太可能是真的。医药、餐饮、零售、教学、护理之类的许多工作，都需要在当地才能够提供，因此在高工资的国家里"没有工作"是不可能的。例文还假设只有公司能够提供工作，但其他的组织和个人也可能会提供工作岗位。

例文 6.6

潜在假设：有些消费者不理解 E 加数字的含义。

如果没有这个假设，就无法得出标签上数字未必有用、人们需要知道确切含义的结论。E 加数字，是指"所有欧洲国家都批准使用"，包括维生素，也包括其他一些被认为不健康的化学成分。E300 是维生素 C。例文还有一个假设，即消费者都希望吃得更健康，这可能不是事实。

第 3 节 被用作理由的隐藏假设

练习：被用作理由的隐藏假设

例文 6.7

结论：可以承担家务、协助建造的类人机器人研究进展如此之小，制造出节省劳动力的机器人的梦想可能永远也不会实现了。

被用作理由的隐藏假设：

- 由很久以前达·芬奇设计出第一个类人机器人，推出从那时起人们就一直在研究设计能够做家务、协助建造的机器人。没有证据证明这一点。
- 如果某件事情在特定时间之前没有做到，那就永远也做不到。在所描述的机器人案例中，作者没有提供证据证明这一点。

例文 6.8

结论：停止邮寄选票的投票方式将确保恢复公平的选举。

邮寄选票的投票方式没有其他的投票方式公平，这可能是真的，也可能是假的。

被用作理由的隐藏假设：

- 在开始使用邮寄选票的投票方式之前，选举都是公平的。例文没有证明这一点。比如，那些选举日时不在家中而无法投票的人可能不会认为选举是公平的，那些在医院和在海外工作的人可能无法投票。
- 其他的投票方式不会遇到恐吓。例文没有证明这一点。在其他的投票方式中，选民可能被恐吓而交出选票。
- 在邮寄选票进行投票的情况下，没有办法可以减少或终止恐吓。

例文 6.9

结论：运用植物的叶子和根茎治疗疾病比大规模生产的药物好。

被用作理由的隐藏假设：

- 植物在治疗疾病方面和现代药物一样有效。这可能是真的，也可能是假的，例文没有给出证据证明它。现代药物往往将浓缩形式的植物与无法直接获得的其他化学成分结合使用，这可能会改善或破坏植物在治疗方面的效果。
- 现代药物治疗的疾病与过去相同。
- 有充足的植物可以用于治疗疾病。考虑到药剂师储物架上储存的大量浓缩化学物质，我们很难想象药效相同的植物可以随时找到。

例文 6.10

结论：我们应该继续改善卫生和饮食，以进一步延长我们的预期寿命。

被用作理由的隐藏假设：卫生和饮食使人的预期寿命增加了。这可能是事实，但例文没有给出理由证明它是真的。例如，有人可能会争辩，有些人卫生和饮食状况良好，还是死于流行病或战争。例文中还有其他的隐藏假设，比如，饮食、卫生有进一步改善、预期寿命有望增加的可能性，而预期寿命的增加对人是好事。并不是所有人都同意这些。

例文 6.11
结论：为了维持生意，餐饮企业应该在立住脚之后，再开始装新的厨房。

被用作理由的隐藏假设：对于新餐厅来说，花钱装新的厨房是没有必要的，还会导致年底资金短缺。这是一个合理的假设，但无法从例文前面的内容中推理出来。这是逻辑跳跃，结论似乎是凭空跳出的，没有遵循推理顺序。

例文 6.12
结论：应该做更多的事情来减少世界人口，让粮食能够够用。

被用作理由的隐藏假设：世界上人口的规模是人营养不良或吃不饱饭的原因。例文还假设了粮食不够用。这可能是事实，也可能不是，例文中没有证据支持它。营养不良可能是由于食物选择不当，未必是因为食物不足。有些国家耗费的粮食远超其人口的实际需求，所以可能会有人争辩，认为改变粮食分配状况比控制人口更重要。

第4节 假前提

练习：假前提

例文 6.13
不是假前提。根据例文给出的理由，汽油价格确实可能会上涨。

例文 6.14
假前提。论辩的前提为：淋雨会让人感冒。这是一个假前提，因为淋雨和感冒之间没有直接关系。大部分情况下，淋雨之后人不会感冒。

例文 6.15
假前提。论辩的前提为：每年的结婚率都相同。这是不太可能的。例文没有考虑到其他人群，比如儿童，他们无法结婚，还有一些人可能不会选择结婚。

例文 6.16
假前提。论辩的前提是：好的菜单会让一个新餐厅每天都满座。这是假前提。大多数新开的餐厅都生存艰难，例文中提到的其他本地餐厅也都没有满座。好的食物、实惠的价格、更好的地理位置可能才是餐厅满座的原因。

例文 6.17
假前提。论辩的前提是：选择越多，节目的质量就越好。这是假前提。例文没有提供证据证明它，且很多人都会持相反的观点。

例文 6.18
不是假前提。印度电影吸引了大量非印度观众，被发行到更多的国家，获得了国际声誉，所以印度电影在世界范围内越来越受欢迎。

例文 6.19
假前提。论辩的前提是：人行为的相似性是由基因导致的。首先，可以从人的行为中解读国籍可能是真的，但原因未必是基因，它也可能是文化的结果。其次，英国人、法国人祖先非常多样，所以基因差异会很大，他们仍有相似的行为，则进一步说明了行为与基因的关系不大。

例文 6.20
假前提。论辩的前提是：农村的空气没有被污染。事实上，有许多污染物在影响农村居民的生活，比如杀虫剂。

第5节 隐式论辩

练习：隐式论辩

例文 6.21
隐式论辩是：如果员工不按规定行事，他们很可能会失去工作，或遭受严重的惩罚（比如无法晋升）。这没有被明确说明，是一种隐含的威胁。

例文 6.22
隐式论辩是：候选人在说自己为国家而战、没有窃取国家财富时撒了谎，且不会遵守自己对税收问题的承诺。这没有被明确说明，但有暗示。

例文 6.23
隐式论辩是：朱利安和伊恩偷了铜管。如果例文有可识别的结构，例文中的陈述将成为一系列的理由。朱利安和伊恩"工作到很晚"，这意味着其他人都回家了；他们都能驾驶卡车，意味着他们开了卡车；他们没有给出不在场证明，说明他们没有不在场证明。也就是说，他们一定偷了东西。

例文 6.24

隐式论辩是：移民者不诚实。例文没有给出证据支持这一论辩。

例文 6.25

隐式论辩是：由于大多数人都希望允许死刑，所以应该引入死刑。例文没有明确说明这一点。

练习：意识形态的假设

例文 6.26

例文中，20 岁的人仍然被认为是孩子。在不同历史时期、不同社会条件下，人成年的年龄不同。

例文 6.27

例文认为，文中所提到的工作条件很好。它认为孩子不上学去工作是可以被接受的，每天 12 小时的工作时间是合理的，且认可工人可以没有额外的假期。在例文中，工作被当作是一种道德，不工作被认为是一种罪恶。19 世纪早期小说描述的工作条件，在当时并不罕见。

例文 6.28

本例中意识形态的假设为女性不能继承遗产。这在英国持续了几百年，直到 20 世纪才逐渐消失。

例文 6.29

例文假设女性都很情绪化，无法进行严肃报道。在英国，很长一段时间女性都不被允许阅读新闻，这种论调非常常见。人们认为，听到痛苦的消息，女性会大哭起来；人们还主张如果女性阅读了某则新闻，该新闻就会显得微不足道，因为女性只和琐碎的事情有关。

第 6 节 外延和内涵

练习：关联与论辩

1.F 2.A 3.E 4.B 5.G 6.C 7.D

练习：刻板印象

1. 所有女孩都喜欢粉红色。
2. 飞行员是男性的工作，乘务员是女性的工作。

3. 英国人只想吃烤牛肉，不想吃来自其他国家的食物。
4. 红头发的人都脾气暴躁。
5. 加勒比地区的人们都喜欢雷鬼乐且只想听雷鬼乐，而西班牙的人们都喜欢弗拉门戈且只想欣赏弗拉门戈。
6. 球迷都会制造麻烦。
7. 学生都很懒惰，无法自理。学生的父母都住得很近，可以经常回去。它没有考虑到无父母的学生、父母很老的学生或父母在海外的学生等。
8. 人们一旦达到一定年龄就会对时尚或电脑不感兴趣。

第七章 这说得通吗？——找出论辩的缺陷

第 1 节 假定因果关系

练习：假定因果关系

例文 7.1

假定因果关系：因为肥胖症，所以人的预期寿命提高了。

从例文给出的理由中，无法推理出这种因果关系。例文中，既没有研究表明肥胖者的寿命更长，也没有解释为什么肥胖症会提高人的预期寿命。

例文 7.2

假定因果关系：因为在屋顶抗议，所以囚犯获释，而不是因为他们被认定无罪、对他们不利的证据被认定有缺陷或他们已结束刑期。

只发生过两次的事情并不能成为固定的规律。

例文 7.3

假定因果关系：有人闯入杀了一个人。

实际上，可能没有发生谋杀案。

第 2 节 相关性与虚假相关性

练习：相关性与虚假相关性

例文 7.4

A。理由通过因果关系支持结论：孩子吃糖，而糖会损害牙齿，所以孩子的牙齿会受损。

例文 7.5

B。要得出该结论，还需要这样的假设：学生使用互联网学习和提交作业会更容易被发现抄袭。例文假设电脑或互联网的某些功能会导致这种情况，例如有某些软件能够识别在互联网上抄袭的学生。

例文 7.6

C。长发与成为一名伟大的科学家之间看似有某种联系，但这种联系很容易被推翻，只要举出短发科学家的例子就可以，而这种例子有很多。这个论辩是不合逻辑的，因为它假设长发是常量，但头发的长度其实可以在相对较短的时间内变化。如果要证明例文中的结论，作者必须指出，剪头发会降低人的科研能力，而头发变长则会让人的科研能力增加。

例文 7.7

B。要得出该结论，还需要这样的假设：球员的工资主要来自比赛门票，而不是俱乐部的其他筹款方式，比如广告、奖金和转播费。

例文 7.8

B。要得出这个结论，还需要这样的假设：刺猬能够进入快餐店存放冰激凌的容器中。例文还假定，除了刺猬之外，没有其他动物或人会造成这种消耗，且这个地区有刺猬。

例文 7.9

A。理由通过因果关系支持结论：迪拜为外国人提供就业机会和住房，吸引了许多外国人定居，所以迪拜的人口在增长。

练习：必要条件与充分条件

	命题	是否符合必要条件	是否满足充分条件
例子	鸟有翅膀。该物体有翅膀。因此，它是只鸟。	是。翅膀是物体为鸟类的必要条件。	否。给出的理由不满足鸟类的定义。该定义包括：通常能飞，是有生命的，下蛋，有两条腿，有羽毛。所提供的信息无法排除该物体是飞机或玩具的可能性。
1.	这个报告提到了树枝。它一定是关于树的报告。	否。关于树的报告并不一定要提及树枝。	否。提到树枝的报告并不一定是关于树的，它的核心可能是其他事物。
2.	这个拳击手不吃肉，只吃乳制品和蔬菜。这位拳击手是个素食主义者。	是。不吃肉是成为素食主义者的必要条件。	是。不吃肉的人是素食主义者。
3.	阿米尔不到20岁。青少年指的是不到20岁的人。阿米尔一定是个青少年。	是。不到20岁是青少年的必要条件。	否。不到20岁不是青少年的充分条件，不到20岁的人也可能是儿童。
4.	克莱尔不会演奏任何乐器。因此，她不是个音乐家。	否。会演奏乐器不是成为音乐家的必要条件，指挥家、作曲家可能不会演奏任何乐器。	否。不会演奏乐器无法证明克莱尔不是音乐家。我们还需要其他的信息，比如，克莱尔也不是作曲家或指挥家，不满足"音乐家"的定义。

(续表)

	命题	是否符合必要条件	是否满足充分条件
5.	主教是乘双轮车来的，一个轮子在另一个轮子的前面。主教一定是骑自行车来的。	是。一个轮子在前、一个轮子在后的双轮车，是自行车的必要条件。	否。一个轮子在前、一个轮子在后的双轮车并不一定是自行车，还有可能是踏板、摩托等。
6.	电视机通常比收音机贵。这个电视机比收音机便宜，所以一定是打折产品。	否。电视机比收音机便宜不是它是打折产品的必要条件。	否。我们无法得知该收音机的价格是否与多数收音机一样。如果该收音机定价特殊，电视机在正常定价下也可能比收音机便宜。要判断电视机是否在打折，我们需要知道具体的原因，比如它在某种程度上是被损坏的。
7.	李阳的童年很快乐。她一定是个快乐的成年人。	否。快乐的童年并不是成年后快乐的必要条件。一个人的童年可能不幸福，但成年后状态会改变。	否。快乐的童年并不是成年后快乐的充分条件，可能发生很多事情，让一个人变得不快乐。

第 5 节 虚假类比
练习：虚假类比

例文 7.10

例文把地球的大气层比作毯子，是比较有效的，因为二者都为覆盖物提供保护和温暖。

例文 7.11

例文把论辩的基础比作建筑物的地基，这是比较有效的，二者都为其上的事物提供基础结构。如果基础不牢固，上面的事物可能就不会稳定。

例文 7.12

为了证明情绪无法控制，例文将情绪比作高压锅。这种比较并不正确，因为二者没有足够的相似性，人的情绪与压力之下的蒸汽并不相像。论辩建立在假前提的基础上，即情绪是无法控制的，高压锅会在沸点爆炸。然而，有些方法可以管理情绪，高压锅中的蒸汽也可以被释放以避免爆炸。这种比较并不能帮助人理解为什么被告不能控制自己的情绪。

例文 7.13

例文将股价下跌与人体的健康进行类比，这并不准确。例文建立在一个假设的基础上，即遇到事故、健康受损的人应该得到赔偿，但这一点并不成立，它取决于国家和保险的情况。作者试图通过将经济损失与其他重大问题的类比，让获得赔偿的论辩更合理，这种比较是无效的，因为：

- 遭遇事故、健康受损的人并不一定应该得到赔偿。
- 即使在遭遇重大健康问题时，人应该得到经济补偿，类比仍然是无效的。因为在健康和金融的问题上，人的选择空间、对风险的控制、为避免后果可提前采取的行动完全不一样。

第八章 证据在哪里？——寻找证据来源并进行评估

第 5 节 真实性和有效性
练习：真实性

1. 很可能是真的。这些文件出自大教堂，很可能被遗落在大教堂的书架上。大教堂的神职人员不太可能会伪造一份文件，因为伪造总会暴露，这对他们的声誉会有负面影响。不过，还需要检查手稿的年代和出处。

2. 很可能不是真的。这类文件很少见，一般只有在图书馆、博物馆、宗教机构和私人收藏机构中才能找到。

3. 很可能不是真的。1000张猫王的签名照是非常有价值的物品，更有可能在收藏机构中拍卖，而不是随意在网上售卖。

4. 很可能不是真的。这样一本日记只有极低的可能会落入一个小学生手中。

5. 很可能是真的。关于法国大革命的收藏品中很可能会有这类信件。

6. 很可能不是真的。这样有价值的画偶尔会出现在老房子的阁楼中或其他绘画的后面，但通常不会出现在现代的车库里，也不会有那么多。

7. 很可能是真的。可以用放射性碳来测定它的年代。

8. 很可能是真的。这些物品很可能被保存在监狱里，监狱长可以保管好它们。

第13节 控制变量
练习：控制变量

例文 8.4
该实验需要设置一个对照组，比较吃胡萝卜提取物胶囊和不吃胡萝卜提取物胶囊的人夜间视力的变化。同时，还需要控制一些变量：可能影响实验结果的饮食、可能会使眼睛疲劳的活动、原本的视力水平和问题、参与者是否已经吃过类似的胡萝卜提取物（已无进一步改善的空间）。

例文 8.5
这项调查应该考虑一些变量，比如参与者是否喜欢有香味的香料，二者的味道是否同样强烈。如果不是，参与者可能会根据香味浓度而不是味道本身来做出选择。

例文 8.6
有很多变量可能会影响调查结果，调查人员还需要检查以下细节：参与者与死者的关系有多密切；死者在世时，参与者与他接触的频率、方式和互动方式；参与者是否参加了葬礼；参与者的工作类型；在经历丧亲之前，参与者通常有多长时间会离开工作岗位；是否有其他疾病或特殊情况可能会让参与者离开工作岗位。每一种条件都需要有大致相同的参与者。不过，某些特定的变量组合可能会对参与者离开工作岗位的时间产生影响，这在初次调查中很难被控制。

第16节 三角互证法
练习：三角互证法

1. 联系演出的主办方，看看当晚是否真有便宜的票。

2. 可以与其他汽车制造商该方面的报告相比较；也可以阅读消费者杂志，看看有没有关于刹车系统的信息。如果你能找到购买该型号汽车的人，可以问问他们的意见；如果你自己会开车，可以亲自试试刹车系统。

3. 如果这本书提供了参考文献，你可以核查原始资料，看看该书是否准确地呈现了原始资料中的信息。你可能会看到《济贫法》(Poor Law)关于乞讨的规定和相关信息。你也可以查看其他书籍，看看它们是否与概述的内容矛盾。不过，这些书可能参考了同一份错误的二手资料，所以还是要尽可能自己查看一手资料或相关出版物。

第17节 评估证据体系
练习：识别可靠的信息来源

1. 归类

非常可靠：文本3（期刊文章）、文本8（学术书籍中的一章）、文本10（期刊文章）、文本11（期刊文章）、文本12（期刊文章）。

有些可靠：文本2（流行杂志）、文本4（地方报纸上的社论）、文本6（贸易杂志）、文本7（全国性报纸的专栏作家）。

不太可靠：文本1（网络聊天室）、文本5（给一家全国性报纸的信）、文本9（个人网站）。

2. 作者有既得利益的文本

文本1：作者自己也会免费下载。

文本 2：作者可能在讨好受众，并从中获利。

文本 5（文本 9 可能也是）：论辩看起来是在将免费下载合理化。

3. 可靠的信息来源：

互联网用户自己写的文本最能够表明互联网用户的想法，基于证据的调查在这个方面也具有可靠性。这时，文本 1、文本 5 和文本 9 也有参考价值。不过还需要更多的信息，以确定文本 5 和文本 9 确实是互联网用户写的。文本 12 以研究为基础，提供了互联网用户行为的细节，这些行为能够展现出互联网用户的信念。不过，还需要更多的调查以检验这些用户付费的动机。

第九章 批判性阅读和做笔记 ——对原始资料的选择、解释与记录

第 3 节 理论与论辩的关系

练习：识别理论

只有两个文本有明确的理论立场，它们是：

文本 10：道德和伦理问题不仅仅是对错的问题，而更应该被视为一种两难的困境。

文本 12：人的道德行为主要受到行事容易程度的影响。

第 4 节 分类与选择

练习：论辩的分类

文本 1：诡辩、美学和慈善

文本 2：诡辩和慈善

文本 3：经济和法律

文本 4：经济

文本 5：慈善和诡辩

文本 6：经济

文本 7：法律、经济、伦理

文本 8：诡辩和法律

文本 9：诡辩和法律

文本 10：伦理、法律

文本 11：上述分类都不合适

文本 12：伦理、经济

第 5 节 准确解读阅读的内容

例文 9.1

B。例文并没有说作者本人正在提供服务。

例文 9.2

A。

例文 9.3

B。文本 3 认为盗版是盗窃，没有例外。例文 9.3 淡化了这一点，使用"通常"这样的词语，暗示可能存在例外情况。

例文 9.4

A。

例文 9.5

B。作者的论辩是，免费赠送剪枝的人欺骗了培育新品种植物的人。文本 7 确实暗示了小的种植者在现实中不会被起诉，但这并非本来的论辩。

例文 9.6

B。文本 10 认为，法律对对错问题的最终判定并没有经过民主程序，有时候人们站出来坚持自己的信念会带来积极的变化，但没有给出建议。文本 10 的论辩是更加抽象的，它指出了对错问题的复杂性，认为应该以不同的方式看待伦理问题。这意味着应该对正义的概念进行更多的讨论，而不是主张人们应因此不遵守法律。

第十章 批判分析型写作——写作时的批判性思维

第 2 节 为受众设置情境

练习：为受众设置情境

例文 10.1

例文很好地介绍了这个话题，让没有相关知识的受众也能够了解它。作者指出了"生产主义"的含义，并总结了该理论产生的原因。例文还介绍了本文所涉及的生产主义理论的积极方面和消极方面，清楚地表达了作者的立场以及文章的结论，以帮助受众理解论辩。

例文 10.2

例文以一种华丽的、戏剧性的风格写成，并做出了宏大的概括性陈述。然而，这种风格不利于没有背景知识的受众了解生产主义。作者的立场是明确的，但没有告诉受众论辩将如何发展。

例文 10.3

例文过快地进入话题，没有为受众介绍相关的背景信息。作者举例说明了生产主义的影响，但没有解释是什么样的影响以及生产主义是如何造成这些影响的。

例文 10.4

例文过多地概括了人类社会，其中有些可能是真的，但很难被证明，且与文章没有直接关系。因此，这篇文章开头进展过于缓慢，大部分内容与论辩没有太大关联。

第 7 节 用来指示结论的词汇

如果你使用的信号词与答案不同，请对照 226—227 页的表格看你是否使用了合适的替代性信号词。信号词已用黑体标出。

例文 10.5

失聪者拥有自己的语言，这种语言以手势、身体的姿势和面部表情为基础。**然而**，由于很少有听力正常的人能够理解这种语言，失聪者和听力正常的人之间的交流常常不是很有效。**虽然**失聪者会形成强大的社会和文化群体，**但是**他们往往被排斥在主流文化之外，在经济中，他们的才能也无法得到有效的发挥。**同样**，听力正常的人会觉得自己被排斥在失聪者的交谈之外，不知道在失聪者面前时应该如何表现。**因此**，如果能在学校教导手语，使听不见的孩子和听力正常的孩子长大以后能够有效地相互交流，将会对二者都有益。

例文 10.6

全球化似乎已不可避免，但对于这种发展究竟是好是坏，人们的看法存在分歧。**一方面**，有人认为，不同国家之间的交往可以增进理解，减少未来发生战争的可能性。**而且**他们看到了通过电子手段广泛传播信息对民主和人权的好处，这让不同的国家可以相互参照、借鉴。**另一方面**，一些人认为，全球化是一种破坏性的力量。他们主张，随着更强大国家的语言在国际政治和经济上的使用，相对弱小的民族将会逐渐失去他们的本土语言。**此外**，他们认为，全球化往往意味着大企业在较贫穷的国家购买资源和土地，破坏当地的经济，耗尽其资源。**因此**，尽管全球化有一些潜在的好处，但为了保护较贫穷的经济体，让其免受剥削，还是需要采取一些控制措施。

第十三章 对未来职业和就业能力的批判性思考

第 7 节 求职者的错误

练习：求职者的错误

例文 13.1

塞里纳可能不会给雇主留下好的印象，原因如下：她询问雇主是否可以去参观，并提出时间要在周末，对雇主来说，这意味着：

（1）塞里纳没有充分了解招聘信息。雇主已经说明，4 月 20 日晚上可以去学校参观。这表明塞里纳不够仔细或不能遵循指示。

（2）塞里纳没有考虑到雇主的需要，周末参观可能会给雇主造成不便。

这对其他工作也是适用的，而不仅仅是教师职位。塞里纳的申请并没有给人一种已经考虑过任职要求的感觉。小学教师可能在学期开始之前就需要开始工作，帮助规划新的学期，为之做好准备。在学期一开始就出现，在这个关键的时刻帮忙安置好孩子对这份工作非常重要。许多工作都会根据年度工作周期招聘新人，如开放给毕业生的岗位。雇主有充分的理由期望雇员在指定的日期开始工作，特别是在有特定任务、培训或规划的情况下。

雇主会希望求职者能够了解岗位的性质，提前安排好个人事务以适应岗位的需求。他们不愿意自己来指出这些。塞里纳的询问表明她要么不了解这个岗位，要么不够关心这个岗位。

这样的询问为雇主提供了线索，帮助其了解求职者的态度，判断求职者是否适合这份工作。

例文 13.2

阿尔诺很可能是在浪费时间。雇主显然是在寻找在该领域内有一定的工作经验，并能够了解专业性质的人。副主任的岗位所需要的经验远超阿尔诺拥有的经验。

管理 500 英镑的预算并不等于管理服务项目预算。虽然个人经验通常是有价值的，但并不够，还需要真正相关的工作经验。

如果阿尔诺对这个领域的工作感兴趣，他可以在服务部门找一份级别更低一点的工作，积累经验之后再申请更高级的岗位。

例文 13.3

金应该把时间集中在少数工作上，准备出更好的申请资料。在对"独立工作与团队协作能力"的回应上，金的回答在以下几个方面被削弱了：

（1）金把"Kiaru Holdings"错写成了"Kairu Holdings"。

（2）金没有对"独立工作"做出回应，因而在这方面不会得到任何分数。

（3）虽然金提供了自己作为团队成员的经历，但其中缺少有意义的细节，无法帮助雇主了解金在团队中的优势，以及这些优势如何与该工作相关。

（4）"有人跟我说，我很好相处"是含糊不清的，实际上没有增加任何有价值的内容。

作为无线电协会的活跃成员，金本可以这样写："我独自工作时可以自力更生，和团队一起工作时也可以高效协作。我曾是大学无线电协会的活跃成员，负责每周发布企业报告。这包括就内容向团队提出建议，研究项目，书写建议，与团队商定草案，并确保报告能够准时完成、按时发布。

"在团队工作中，我的优势在于团队内外的沟通，确保所有人的意见都能够被大家知道。我组织核心小组，运用社交网络来实现团队目标。我相信这些技能在起亚控股公司（Kiaru Holdings）的工作中会非常有用。"

例文 13.4

雇主对莉齐的印象不会很好，原因如下：

（1）莉齐的申请资料语句不通、逻辑混乱，显得粗心大意，雇主可能无法理解申请资料。

（2）显然莉齐用该资料申请过 MTZ-Co（另一家公司）的工作，她忘记了把公司的名字替换掉。虽然雇主都知道求职者会同时申请多份工作，但这样的错误会令他们很不满意。

（3）她申请这份工作的原因（想留在首都）与企业本身无关。如果求职者能够说明自己对企业本身特别感兴趣，比如企业的价值观、使命、培训计划、客户、工作的性质，那么雇主更有可能为他们提供工作机会。

（4）莉齐似乎没有意识到自己是在浪费雇主的时间。她相当"健谈"，过于详细地谈论雇主不需要知道的细节。

（5）任职要求中"愿意出差，能够接受弹性工作时间"指的是工作时间上的灵活性，而莉齐只谈论了迁居首都的灵活性。

（6）招聘信息明确表示求职者不需要提供简历，莉齐还是附上了简历。雇主可能会觉得这令人恼火，将之作为莉齐无法遵循指示或不够细心的证据。

附录 4
在线检索文献：精选的搜索引擎和数据库

Cinhal——www.ebscohost.com
护理和医疗保健数据库。

Embase——www.embase.com
以订阅为基础的生物医学和制药数据库。

Google Scholar——https://scholar.google.co.uk
找学术文章的好地方。

Ingenta Connect——www.ingentaconnect.com
可以查找三万多种期刊和其他出版物的摘要。如果学校已经订阅了这些出版物，你也可以从学校的网站上阅读文章全文。

Magazines——www.magportal.com
可以在线阅读杂志。

PsycInfo——www.apa.org/psycinfo
以订阅为基础的数据库，可以找到 19 世纪的心理学文章。

PubMed——www.ncbi.nlm.nih.gov//pubmed/
大型生物医学和生命科学数据库。

ScienceDirect——www.sciencedirect.com
致力于科技的搜索引擎，可以搜索书籍、期刊和其他开放访问的内容。

World Wide Arts Resources——www.wwar.com
艺术新闻、艺术史和当代艺术家资料。

参考文献[1]

Anon. (1803) *Such is Buonaparte* (London: J. Ginger).

Arnheim, R. (1954, 1974) *Art and Visual Perception: The Psychology of the Creative Eye* (Berkeley: University of California Press).

Ashcroft, M. Y. (1977) To Escape a Monster's Clutches: Notes and Documents Illustrating Preparations in North Yorkshire to Repel the Invasion. North Yorkshire, CRO Public No. 15.

Bailey, I. and Compston, H. (2012) *Feeling the Heat: The Politics of Climate Change in Rapidly Industrializing Countries* (Basingstoke: Palgrave Macmillan).

Barrell, J. (1980) *The Dark Side of the Landscape: The Rural Poor in English Painting, 1730–1840* (Cambridge: Cambridge University Press).

Bodner, G. M. (1988) 'Consumer Chemistry: Critical Thinking at the Concrete Level'. *Journal of Chemistry Education*, 65 (3), 212–13.

Borton, T. (1970) *Reach, Touch and Teach* (London: Hutchinson).

Boud, D., Keogh, R. and Walker, D. (eds) (1985) *Reflection: Turning Experience into Learning* (London: Routledge).

Bowlby, J. (1980) *Attachment and Loss*, Vol. 3: *Loss, Sadness and Depression* (New York: Basic Books).

Boyle, F. (1997) *The Guardian Careers Guide: Law* (London: Fourth Estate).

British Council (2013) *Skills Development in South Asia*. Economist Intelligence Unit Report commissioned by the British Council, cited surveys by India's National Skill Development Corporation (NSDC) (https://www.britishcouncil.org/sites/default/files/south-asia-skills-report-

---

[1] 参考文献部分直接引自本书的英文版。

summary.pdf).

British Council (2014) *India Employability Survey Report*. Foreword by Rob Lynes (www.kcl.ac.uk).

Campbell, A. (1984) *The Girls in the Gang* (Oxford: Basil Blackwell).

Carwell, H. (1977) *Blacks in Science: Astrophysicist to Zoologist* (Hicksville, NY: Exposition Press).

CBI and UUK (2009) *Future Fit: Preparing Graduates for the World of Work* (www.cbi.org.uk).

Chan, J., Goh, J. and Prest, K. (eds) (2015) *Soft Skills, Hard Challenges. Understanding the Nature of China's Skills Gap* (British Council) (www.britishcouncil.org/education/ihe).

Cholmeley, C. (1803) Letter of Catherine Cholmeley to Francis Cholmeley, 16 August 1803. In M.Y. Ashcroft (1977) *To Escape a Monster's Clutches: Notes and Documents Illustrating Preparations in North Yorkshire to Repel the Invasion*. North Yorkshire, CRO Public No. 15.

Colley, L. (2003) Captives: Britain, Empire and the World 1600–1850 (London: Pimlico).

Collins, P. (1998) 'Negotiating Selves: Reflections on "Unstructured" Interviewing'. *Sociological Research Online*, 3 (3) (www.socresonline.org. uk/3/3/2.html, January 2001).

Coren, A. (1997) *A Psychodynamic Approach to Education* (London: Sheldon Press).

Cottrell, S. (2010) *Skills for Success: The Personal Development Planning Handbook*, 2nd edn (Basingstoke: Palgrave Macmillan).

Cottrell, S. (2015) *Skills for Success: Personal Development and Employability*, 3rd edn (London: Palgrave).

Cowell, B., Keeley, S., Shemberg, M. and Zinnbauer, M. (1995) 'Coping with Student Resistance to Critical Thinking: What the Psychotherapy Literature Can Tell Us'. *College Teaching*, 43 (4).

Crane, T. (2001) *Elements of Mind: An Introduction to the Philosophy of Mind* (Oxford: Oxford University Press).

Csikszentmihalyi, M. (1992) *Flow: The Psychology of Happiness* (London: Random House).

Diamond, A., Walkley, L., Forbes, P., Hughes, T. and Sheen, J. (2011) *Global Graduates into Global Leaders.* Report of the CIHE, AGR and CFE (www.cfe.org.uk).

Donaldson, M. (1978) *Children's Minds* (London: Fontana).

Driscoll, J. (1994) 'Reflective Practice for Practice'. *Senior Nurse*, 13 (7), 47–50.

Dunbar, R. (1996) *Grooming, Gossip and the Evolution of Language* (London: Faber & Faber).

Eco, U. (1998) *Serendipities: Language and Lunacy* (London: Weidenfeld & Nicolson).

Elliott, J. H. (1972) *The Old World and the New, 1492– 1650* (Cambridge: Cambridge University Press).

Elliot, L. (2015) 'Can the World Economy Survive without Fossil Fuels?' *The Guardian* 8/4/15, http://www.theguardian.com/news/2015/apr/08/can-world-economy-survive-without-fossil-fuels, downloaded 14/4/16. *Encyclopaedia Britannica* (1797) 3rd edition, Edinburgh.

Ennis, R. H. (1987) 'A Taxonomy of Critical Thinking Dispositions and Abilities'. In J. Baron and R. Sternberg (eds), *Teaching Thinking Skills: Theory and Practice* (New York: W.H. Freeman).

Farndon, J. (1994) *Dictionary of the Earth* (London: Dorling Kindersley).

Farrar, S. (2004a) 'It's Very Evolved of Us to Ape a Yawn'. *Times Higher Educational Supplement*, 12 March 2004, p. 13.

Farrar, S. (2004b) 'It's Brit Art, but Not as we Know it'. *Times Higher Educational Supplement*, 9 July 2004, p. 8.

Farrar, S. (2004c) 'Old Sea Chart is So Current'. *Times Higher Educational Supplement*, 16 July 2004, p. 5.

Fillion, L. and Arazi, S. (2002) 'Does Organic Food Taste Better? A Claim Substantiation Approach'. *Nutrition & Food Science*, 32 (4), 153–7.

Fischer, K. (2012) 'Job Preparation and International Collaboration Are Themes of Indian Higher-Education Conference'. Chronicle of Higher Education, 6 November 2012 (http://chronicle.com/article/Job-Preparation and/135584/ accessed 8/8/16).

Fisher, A. (2004) *The Logic of Real Arguments*, 2nd edn (Cambridge: Cambridge University Press).

Fisher, D. and Hanstock, T. (1998) *Citing References* (Oxford: Blackwell).

Foster, R. (2004) *Rhythms of Life* (London: Profile Books).

Gates, L. (ed) (1984), *Black Literature and Literary Theory* (pp. 263–83) (New York: Methuen).

Garnham, A. and Oakhill, J. (1994) *Thinking and Reasoning* (Oxford: Blackwell).

Gibbs, G. (1988) *Learning by Doing: A Guide to Reading and Learning Methods* (Oxford: Further Education Unit, Oxford Polytechnic).

Gilligan, C. (1977) 'In a Different Voice: Women's Conceptions of Self and Morality'. *Harvard*

Educational Review, 47, 418–517.

Grassroots Global Justice Alliance (2015) *Call to Action: The COP21 Failed Humanity*, http://ggja lliance.org/ParisFailure2015, downloaded 16/4/16.

Green, E. P. and Short, F.T. (2004) *World Atlas of Sea Grasses* (Berkeley: University of California Press).

Greenfield, S. (1997) *The Human Brain: A Guided Tour* (London: Phoenix).

Hammacher, A. M. (1986) *Magritte* (London: Thames & Hudson).

Hart Research Associates (2013) *It Takes More than a Major: Employer Priorities for College Learning and Student Success. An online survey conducted on behalf of the Association of American Colleges and Universities, (AACU)* (Washington DC: Hart Research Associates).

Hogan, C. (2004) 'Giving Lawyers the Slip'. *The Times*, 24 August 2004, p. 26.

ISEC (n. d.) *International Scholarly Exchange Curriculum Program* (Bejing: ISEC, Chinese Ministry of Education).

Jacobs, P. A., Brunton, M., Melville, M.M., Brittain, R. P. and McClermont, W. F. (1965) 'Aggressive Behaviour, Mental Subnormality and the XYY Male'. *Nature*, 208, 1351–2.

Jamet, M., *What do Green NGOs make of the COP21 Climate Deal?*, http://www.euronews.com/2015/12/14/what-do-green-ngos-make-of-cop21-climate-deal, downloaded 16/4/16.

Johns, C. and Freshwater, D. (1998) *Transforming Nursing through Reflective Practice* (Oxford: Blackwell Scientific).

Kahneman, D. (2011) *Thinking, Fast and Slow* (London: Penguin).

Kohlberg, L. (1981) *Essays on Moral Development*, vol. 1 (New York: Harper & Row).

Korn, M. (2014) 'Bosses Seek "Critical Thinking" but What Is That?' *Wall Street Journal*, 21 October 2014.

Lane, H. (1984) *When the Mind Hears: A History of Deaf People and Their Language* (Cambridge: Cambridge University Press).

Lang, T. and Heasman, M.A. (2004) *Food Wars: The Global Battle for Mouths, Minds and Markets* (London; Sterling, VA: Earthscan).

Lavater, J. K. (1797) *Essays on Physiognomy*, translated by Rev. C. Moore and illustrated after Lavater by Barlow (London: London Publishers).

Le Page, M. (2016) *Developing Nations Urged to Boycott Paris Agreement Signing*, Climate Home, http://www.climatechangenews.com/2016/03/29/developing-nations-urged-to boycottparisagreement-signing, downloaded 15/4/16.

Loftus, E. F. (1979) *Eyewitness Testimony* (Cambridge, MA: Harvard University Press).

Lowden, K., Hall, S., Elliot, D. and Lewin, J. (2011) *Employers' Perceptions of the Employability Skills of New Graduates* (London: Edge Foundation).

McMurray, L. (1981) *George Washington Carver* (New York: Oxford University Press).

McPeck, J. H. (1981) *Critical Thinking and Education* (New York: St Martin's Press).

Miles, S. (1988) *British Sign Language: A Beginner's Guide* (London: BBC Books).

Morris, S. (2004) *Life's Solution: Inevitable Humans in a Lonely Universe* (Cambridge: Cambridge University Press).

National Committee of Inquiry into Higher Education (1997) *Higher Education in the Learning Society* (London: HMSO).

Pagel, M. (2004) 'No Banana-eating Snakes or Flying Donkeys are to be Found Here'. *Times Higher Educational Supplement*, 16 July 2004.

Palmer, T. (2004) *Perilous Planet Earth: Catastrophes and Catastrophism Through the Ages* (Cambridge: Cambridge University Press).

Papers in the Bodleian Library. Curzon Collection, vol. 22, ff. 89–90. Letter from Henry Peter Lord Brougham to C. H. Parry, 3 September 1803.

Pears, R. and Shields, G. (2016) *Cite them Right: The Essential Referencing Guide*, 10th edn (London: Palgrave).

Pendleton, G. (1976) 'English Conservative Propaganda During the French Revolution, 1780–1802', Ph. D. (unpub.), Emory University.

Peters, R. S. (1974) 'Moral Development: a Plea for Pluralism'. In R.S. Peters (ed.), *Psychology and Ethical Development* (London: Allen & Unwin).

Piliavin, J. A., Dovidio, J. F., Gaertner, S.L. and Clark, R. D. (1981) *Emergency Intervention* (New York: Academic Press).

Platek, S. M., Critton, S. R., Myers, T.E. and Gallup, G. G. Jr (2003) 'Contagious Yawning: the Role of Self-awareness and Mental State Attribution'. *Cognitive Brain Research*, 17 (2), 223–7.

Postgate, J. (1994) *The Outer Reaches of Life* (Cambridge: Cambridge University Press).

'Pratt' (1803) *Pratt's Address to His Countrymen or the True Born Englishman's Castle* (London: J. Asperne).

Raman, M. (2016) *The Signing Ceremony of the Paris Agreement in New York on 22nd April –*

Why There is no Need to 'Rush' into Signing, Third World Network, https://www.scribd.com/doc/306273316/ Note-on-the-Signing Ceremony-in-New-York, downloaded 17/4/16.

Rose, S. (2004) *The New Brain Sciences: Perils and Prospects* (Milton Keynes: Open University Press).

Rowbotham, M. (2000) *Goodbye America! Globalisation, Debt and the Dollar Empire* (New York: John Carpenter).

Sachs, O. (1985) *The Man who Mistook his Wife for a Hat* (London: Picador).

Salzberger-Wittenberg, I., Williams, G. and Osborne, E. (1983) *The Emotional Experience of Learning and Teaching* (London: Karnac Books).

Sattin, A. (2004) *The Gates of Africa: Death, Discovery and the Search for Timbuktu* (London: HarperCollins).

Shulman, L. (1986) 'Those who Understand: Knowledge Growth in Teaching'. *Educational Researcher*, 15 (2), 4–14.

Smith, L. (1992) 'Ethical Issues in Interviewing'. *Journal of Advanced Nursing*, 17, 98–103.

Stein, C. (1997) *Lying: Achieving Emotional Literacy* (London: Bloomsbury).

Tajfel, H. (1981) *Human Groups and Social Categories* (Cambridge: Cambridge University Press).

Thompson, E.P. (1963) *The Making of the English Working Class* (Harmondsworth, Middlesex: Penguin).

Trevathan, W., McKenna, J. and Smith, E. O. (1999) *Evolutionary Medicine* (Oxford: Oxford University Press).

United Nations Treaty Collection (2015) *The Paris Agreement*, https://treaties.un.org/pages/ViewDetails.aspx?src=TREATY&mtdsg_no=XXVII-7-d&chapter=27〈=en, downloaded 11/4/16.

Vidal, J. and Vaughan, A. (2015) 'Paris Climate Agreement "May Signal End of Fossil Fuel Era"'. *The Guardian* 13/12/15, http://www.theguardian.com/environment/2015/dec/13/paris-climateagreement-signal-end-of-fossil-fuelera, downloaded 15/4/16.

White, C. (1779) *An Account of the Infinite Gradations in Man, and in Different Animals and Vegetables; and from the Former to the Latter*. Read to the Literary and Philosophical Society of Manchester at Different Meetings (Manchester: Literary and Philosophical Society).

Williams, G. (1997) *Internal Landscapes and Foreign Bodies: Eating Disorders and Other Pathologies* (London: Tavistock Clinic Series, Duckworth).

Willis, S. (1994) 'Eruptions of Funk: Historicizing Toni Morrison'. In L. Gates, Jr (ed.), *Black Literature and Literary Theory* (New York: Methuen).

Wilson, J. Q. and Hernstein, R. J. (1985) *Crime and Human Nature* (New York: Simon).

Wollstonecraft, M. (1792) *Vindication of the Rights of Women*. (Republished in 1975 by Penguin, Harmondsworth, Middlesex.)

Worwood, V. A. (1999) *The Fragrant Heavens: The Spiritual Dimension of Fragrance and Aromatherapy* (London: Bantam Books).

www.emeagwali.com for the scientist Emeagwali.

www.princeton.edu/~mcbrown/display/carver.html George Washington Carver, Jr: Chemurgist; 6/8/2004.

致　谢

在此，我想向许多人表示感谢，他们的想法、思考、反馈和工作为这本书的出版提供了很大的帮助。

首先，我要感谢学生们，他们通过技能培训课程、电子邮件、研讨会和谈话的方式，讨论他们在批判性思考中遇到的困难，让我知道什么能够帮助他们理解书中的内容。对许多人来说，谈论自己遇到的困难是很难的。我希望这些学生的勇气、开放和努力也能帮助到其他人，尤其是那些在工作中收到"需要更多批判性分析"反馈却不知道应该如何改善的人。

其次，我感谢所有不辞辛苦的老师们，他们让学生知道自己需要提高批判分析能力，并为学生提供方向上的帮助。

再次，我感谢本书初稿的读者，他们为这本书提供了宝贵的建议。如果还有什么不足之处，是我自己的原因。

在为不同背景的受众开发相关的案例时，我借鉴了各个学科的研究成果。如果这些资料被用作背景读物，我会在相关章节的末尾或参考文献中注明。

我向允许我使用其作业的学生致谢，特别是夏洛特·弗伦奇和索菲·卡恩，感谢她们在利兹大学就读期间，从反思日记、项目摘要和项目总结中摘录的内容。我还要感谢雅基·安布勒为学生项目所做的工作以及带给我的种种思考。

同以往一样，我非常感谢帕尔格雷夫·麦克米伦出版社的工作人员，他们密切关注教材的流通情况，从教职员工和学生那里收集宝贵的反馈，并努力将书中的各个方面结合起来。我要感谢海伦·康斯、乔治亚·沃尔特斯、奥利维娅·林奇和安·埃德蒙森。

特别感谢苏珊娜·布里伍德和克莱尔·多勒，他们是我灵感和动力的源泉。没有他们，这本书就无法出版。